钢管再生混凝土框架结构抗震性能及设计方法

张向冈　陈宗平　薛建阳　著

中国建筑工业出版社

图书在版编目（CIP）数据

钢管再生混凝土框架结构抗震性能及设计方法/张向冈，陈宗平，薛建阳著．—北京：中国建筑工业出版社，2022.4（2023.11重印）

ISBN 978-7-112-27249-5

Ⅰ.①钢… Ⅱ.①张…②陈…③薛… Ⅲ.①再生混凝土-钢管混凝土结构-框架结构-抗震性能-研究 Ⅳ.①TU375.4

中国版本图书馆 CIP 数据核字（2022）第 051618 号

本书系统地研究和探讨了钢管再生混凝土框架结构抗震性能及设计方法。全书共8章，主要内容包括绪论、钢管再生混凝土柱抗震性能试验研究、钢管再生混凝土柱抗震性能有限元分析、钢管再生混凝土柱抗震性能指标计算与模型建立、钢管再生混凝土框架抗震性能试验研究、钢管再生混凝土框架抗震性能有限元分析、钢管再生混凝土框架抗震性能指标计算与模型建立、钢管再生混凝土框架结构基于位移的抗震设计方法。

本书可供土木工程领域的科技人员及高等院校相关专业的研究生和高年级本科生参考使用。

责任编辑：辛海丽
责任校对：赵　颖

钢管再生混凝土框架结构抗震性能及设计方法
张向冈　陈宗平　薛建阳　著
*
中国建筑工业出版社出版、发行（北京海淀三里河路9号）
各地新华书店、建筑书店经销
北京龙达新润科技有限公司制版
建工社（河北）印刷有限公司印刷
*
开本：787毫米×1092毫米　1/16　印张：13¼　字数：319千字
2022年6月第一版　2023年11月第二次印刷
定价：**58.00**元
ISBN 978-7-112-27249-5
（38935）

前言

当前，我国建筑垃圾存量增量巨大，建筑垃圾资源化利用率远低于欧盟、日本和韩国等，建筑垃圾已成为威胁国民健康和环境安全的重大隐患。同时，随着国家“新基建”政策的实施和“一带一路”倡议的推进，我国建设仍然需要大量的砂石骨料。如此大规模砂石骨料需求，仅仅依靠开采来满足，必将造成环境的污染、有限自然资源的消耗和生态环境的破坏。

再生混凝土技术不仅从源头解决建筑垃圾占用耕地、污染环境问题，还可弥补基础设施建设对砂石骨料的巨量需求，这将促进土木工程建设的良性循环，符合节能环保和可持续发展的国家战略需求。钢管再生混凝土结构是钢管普通混凝土和再生混凝土相结合而产生的一种新材料结构体系，它不仅继承了钢管普通混凝土结构承载力高、变形性能好等优点，而且有效地解决了建筑垃圾资源化利用的问题。本书从构件和结构两大层面上，采用试验研究、有限元模拟和理论分析等研究手段，对钢管再生混凝土框架结构的抗震性能进行了系统的研究与分析。全书共8章，第1章阐述了钢管再生混凝土结构的研究背景及相关研究现状，第2、3、5、6章开展了低周反复荷载作用下钢管再生混凝土柱与框架的抗震性能试验研究与有限元分析，第4、7章探讨了钢管再生混凝土柱与框架承载力、刚度、损伤、恢复力模型等抗震性能指标计算理论与模型建立方法，第8章提出了钢管再生混凝土框架结构基于位移的抗震设计方法。上述研究工作以期为钢管再生混凝土结构的性能、计算与设计提供参考和借鉴。

本书由张向冈、薛建阳、陈宗平执笔撰写。作者的研究生杨俊娜、张松鹏、周高强、刘栩言、郭书奇、牛吉祥、沈友传、骆成易等为本书的出版做了许多重要工作。在本书撰写过程中，先后得到河南理工大学丁亚红教授、王树仁教授、王兴国教授、杨健辉教授的指导和帮助。本书的研究工作得到国家自然科学基金（U1904188）、河南省重点研发与推广专项项目

(212102310288)、河南省高校基本科研业务费专项项目(NSFRF200320)、河南省高等学校重点科研项目(20A560012)以及河南理工大学青年骨干教师资助计划(2019XQG-15)的资助和支持。在此一并深表感谢和敬意。

由于作者学识水平和阅历所限，书中难免存在不当甚至谬误之处，敬请广大读者给予批评指正。

目 录

第 1 章　绪论 / 001

第 2 章　钢管再生混凝土柱抗震性能试验研究 / 006

第 3 章　钢管再生混凝土柱抗震性能有限元分析 / 047

第 4 章　钢管再生混凝土柱抗震性能指标计算与模型建立 / 088

第 5 章　钢管再生混凝土框架抗震性能试验研究 / 121

第 6 章 钢管再生混凝土框架抗震性能有限元分析 / 141

第 7 章 钢管再生混凝土框架抗震性能指标计算与模型建立 / 165

第1章 绪论

1.1 研究背景和意义

据国家统计局统计，我国每年产生的建筑垃圾约20亿t，其中，废弃混凝土约占30%～40%。然而，全国建筑垃圾资源化利用率仅为5%，远低于欧盟（90%）、日本（97%以上）和韩国（97%以上）等。目前，我国对于建筑垃圾的处理方式仍处在相对粗放的填埋及堆放阶段，这种处理方法具有严重的弊端：(1）按1万t的建筑垃圾占地2亩计（堆高5m），我国每年因建筑垃圾对土地资源的占用将超过40万亩；(2）在清运、堆放过程中，粉尘、灰沙到处飞扬，污染环境；(3）填埋方式会破坏土壤结构，造成地表沉降。与此同时，随着国家“新基建”政策的实施和“一带一路”倡议的推进，我国建设每年需要100亿t的砂石骨料。如此大规模砂石骨料需求，仅仅依靠开采来满足，必将造成环境的污染、有限自然资源的过度消耗和生态环境的破坏。

再生混凝土（Recycled Aggregate Concrete，简称RAC）技术是指将建筑垃圾进行回收利用，经破碎、清洗与分级后，按一定的比例与级配混合形成再生骨料，部分或全部代替天然砂石后，与水泥、水、外加剂与掺和料等原材料混合搅拌，配制成为新混凝土的一整套技术。目前，再生混凝土技术不仅可以从源头解决建筑垃圾占用耕地、污染环境等问题，还可以弥补基础设施建设对砂石骨料的巨量需求，这将有利于土木工程建设的可持续发展，符合节能环保和可持续发展的国家战略需求。再生混凝土具有明显的社会效益、经济效益和环保效益，被认为是实现建筑资源环境可持续发展的绿色混凝土。近年来，国家先后出台了相关政策鼓励和支持建筑垃圾循环利用，如国务院颁布的《绿色建筑行动方案》（国办发［2013］1号）、工信部与住房和城乡建设部颁布的《建筑垃圾资源化利用行业规范条件》（2016年第71号）。尤其近三年，有关建筑垃圾处理的法规或方案密集颁布。例如，2020年9月，《中华人民共和国固体废物污染环境防治法》明确支持建筑及工业固废的再生利用，对建筑垃圾实行集中处置。2021年7月，《“十四五”循环经济发展规划》明确指出，到2025年，建筑垃圾综合利用率达到60%，建筑垃圾资源化利用示范工程被列入重点任务和重点工程。2021年10月，国务院印发《2030年前碳达峰行动方案》（国发［2021］23号）中指出，以煤矸石、粉煤灰、尾矿、共伴生矿、冶炼渣、工业副产石膏、建筑垃圾、农作物秸秆等大宗固废为重点，支持大掺量、规模化、高值化利用。李秋义等、Souche等有关RAC研究结果表明：RAC基本能满足普通混凝土的性能要求，然而，再生骨料存在孔隙率大、表观密度低、压碎指标高等固有缺陷，降低了再生混凝土力学、耐久等性能，造成再生混凝土的推广和使用依然处于谨慎或试点应用阶段。虽然，上海、北京等地相继出台了相关应用标准（《再生混凝土应用技术规程》DG/TJ 08—2018—2007、《再生混凝土结构设计规程》DB11/T 803—2011 等），但均建议将再生粗骨料取代率限制在 50%以内。再生骨料取代率限值较低，普通的再生混凝土难以实现建筑垃圾的高效循环利用。因此，有效改善高取代率下再生混凝土的基本性能成为亟须解决的重要问题。

钢管再生混凝土（Recycled Aggregate Concrete-Filled Steel Tube，简称 RACFST）结构是在钢管混凝土（Concrete-Filled Steel Tube，简称 CFST）结构研究基础之上提出的，指在钢管内部浇筑 RAC 形成一种新型的承重结构体系。RACFST 结构通过钢管对核心 RAC 的约束作用，使其处于三向受压状态，RAC 的抗压强度和变形能力得到提高；同时，核心 RAC 的支撑作用，延缓或阻止了钢管的内凹屈曲，外部钢管的稳定性得到加强。RACFST 结构能够在很大程度上改善 RAC 强度低、变形性能差的特点，从而有望改善高取代率下再生混凝土的力学性能，实现建筑垃圾的高效循环利用。

尽管 RACFST 结构能够在一定程度上继承钢管混凝土结构承载力高、抗震性能优、塑性变形能力强、施工快捷以及经济效果好等优点，但是，与传统的 CFST 结构相比，由于钢管内部填充材料在物理、力学性能等方面的差异，可能会导致构件及结构在受力性能上的差异，因此，采用的力学性能计算模型及设计方法可能不同。作为一种具有良好应用前景的新型结构，对其进行系统深入的研究既有必要也有意义。通过试验研究揭示 RACFST 结构内在本质、破坏机理，从而研究建立低周反复荷载作用下力学性能计算模型，并提出实用有效的结构设计方法，成为推广应用此类新型结构所必须解决的关键问题。

1.2 国内外研究现状

1.2.1 RAC 材料及其结构

第二次世界大战之后，苏联、德国、日本等国家开始研究 RAC 材料及其结构。在随后的几十年内，对 RAC 结构的研究一直井井有条地进行着，并多次召开专门的国际会议或设立专业组织结构。例如，国际材料与结构研究实验室联合会（RILEM）已多次召开有关废弃混凝土再生利用的专题国际会议；早在 1994 年，联合国就增设了“可持续产品开发工作组”，讨论制定了环境协调和制品的标准。目前，RAC 技术已成为世界各国共同关心的热点科研课题，在学术界和工程界引起了强大的科研热潮和广泛的应用构思。

Etxeberria 等、Achtemichuk 等研究了 RAC 的配合比、再生粗骨料的生产过程、再生粗骨料来源和骨料取代率对 RAC 强度的影响，结果表明：RAC 的强度与再生骨料来源、取代率有关，提出了 RAC 的生产工艺和合理的再生骨料含量。

Katz、Evangelista 与 de Brito、Poon 等、Tabsh 与 Abdelfatah 对各种规格再生粗骨料、不同孔隙率和不同取代率的 RAC 进行受力性能试验研究，结果表明：再生骨料的骨料取代率、最大粒径、骨料级配、骨料含水率、水灰比对 RAC 的抗压强度均有影响；随着再生粗骨料取代率的增加，RAC 的抗压强度略有降低；随着水胶比的增大，RAC 的抗压强度降低；再生骨料粒径越大、级配越好的 RAC 强度越高；提出了不同取代率 RAC

应力-应变本构方程及 RAC 的抗拉强度与抗压强度之间的换算公式。

Padmini 等研究了原生混凝土再生骨料对 RAC 受力性能的影响，结果表明：RAC 的强度与原生混凝土强度有关，原生混凝土强度越高，配制的 RAC 强度也高，但不是线性关系。同时，对 RAC 的强度影响因素进行了分析，结果表明：水胶比、骨料级配对 RAC 强度影响较大。

Abbas 等、Evangelista 与 de Brito 对 RAC 的耐久性能进行了研究，结果表明：RAC 的碳化速度较普通混凝土快，耐久性降低。

Zega 与 Di Maio 对 RAC 的高温性能进行了研究，结果表明：RAC 的高温性能与天然骨料混凝土相当。

肖建庄等通过 249 块立方体试块抗压强度试验，研究了水胶比为 0.74、0.55 和 0.43 的不同来源 RAC 抗压强度及概率分布特征。结果表明：不同强度等级废混凝土混合后得到的再生粗集料显著降低 RAC 的抗压强度；不同来源 RAC 抗压强度的均值较单一来源 RAC 的小，而方差和变异系数增大。

王新永等研究了利用简单破碎再生粗（细）骨料、颗粒整形再生粗（细）骨料及天然骨料所配制的 RAC 的用水量和强度。结果表明：再生细骨料对 RAC 的用水量和立方体抗压强度影响显著，颗粒整形可以明显改善再生骨料的性能，其中，经过颗粒整形后的再生粗骨料的性能基本接近天然粗骨料，而经过简单破碎的再生细骨料的性能最差。与立方体抗压强度变化规律截然相反，经过颗粒整形的粗骨料棱角少且表面光滑，导致 RAC 的劈裂抗拉强度比简单破碎的粗骨料低。

刘数华采用再生骨料配制高性能 RAC，通过改变再生骨料取代率，研究再生骨料对高性能 RAC 单轴受压本构的影响规律。结果表明：采用再生骨料能够成功配制高性能 RAC，其单轴受压本构与普通混凝土具有相似的规律，高性能 RAC 延展性随着再生骨料取代率的增加而提高，且由拟合得到的单轴受压本构曲线精度高。

Gonzalez-Fonteboa 与 Martinez-Abella、Xiao 等进行了 RAC 梁承载能力及 RAC 框架抗震性能试验研究，结果表明：骨料取代率对 RAC 梁开裂荷载和极限承载力影响不大，取代率为 50%的 RAC 梁与同条件下取代率为 0 的天然混凝土梁相比，极限承载力提高 6.2%；RAC 框架的延性、耗能能力等抗震性能指标比普通混凝土框架略差，强度及刚度退化较普通混凝土框架快。

尹海鹏等进行了低周反复荷载作用下 1 根普通混凝土柱和 3 根不同再生骨料取代率下 RAC 柱的抗震性能试验研究，结果表明：随着再生骨料取代率的增加，试件的弹性模量明显减小，试件初始刚度明显下降，抗震能力及承载性能呈下降趋势。当轴压比较小时，RAC 柱可用于多层结构抗震设计之中。

李平先等通过 8 根钢筋 RAC 简支梁正截面受弯性能试验，分析了 RAC 梁的正截面受力性能。试验结果表明：在其他条件相同时，RAC 梁的挠度和最大裂缝开展宽度大于钢筋混凝土梁，且随再生骨料取代率的增加，挠度和裂缝宽度有增大的趋势。

陈宗平等设计了 33 个不同再生粗骨料取代率标准试块，研究了不同骨料取代率下 RAC 的抗折强度。试验结果表明：以服役 50 年后 C30 废旧混凝土为粗骨料的 RAC 抗折强度值在 5.1～6.0MPa 之间波动，立方体抗压强度能达到 45MPa；随着再生粗骨料取代率的增加，RAC 的抗折强度呈现先增大后减小的趋势，而立方体抗压强度变化不大。

总体看来，国内外对 RAC 材料本身的物理性能、力学性能和耐久性能研究很多，对构件的研究次之，但对 RAC 结构的研究并不多见。上述研究结果表明：利用建筑垃圾生产的 RAC，基本能满足普通混凝土性能的要求。

1.2.2 RACFST 结构

1. 轴压 RACFST 短柱

轴心受压是 RACFST 构件最基本的受力形式，对 RACFST 构件受力性能的探索起源于轴压短柱。国外 Konno 等在 1997 年首次研究了 RACFST 柱的轴压性能。结果表明：相比于钢管普通混凝土柱，这种新型组合柱刚度、强度和延性较小，但极限承载力仍然较大。国内吴凤英与杨有福在 2005 年最早开展了 10 个 RACFST 短柱的轴压试验。

截至目前，国内外学者已完成了近 300 个 RACFST 试件的轴压试验，主要呈现出以下特点：

（1）在再生粗骨料粒径方面，主要存在两种形式：一种为普通粒径，变化范围为 5～31.5mm，大多数学者均采用了此种粒径；另一种以特征尺寸为 80～150mm 的混凝土块体或长度方向大于 500mm 的混凝土节段为再生粗骨料。

（2）在试件破坏形态方面，研究结论基本一致。RACFST 试件的破坏形式与钢管普通混凝土相似，外部钢管中部鼓曲，核心再生混凝土发生剪切破坏。

（3）在取代率影响因素分析方面，主要存在三种观点。观点一认为：RACFST 的极限强度略低于钢管普通混凝土，且随着再生粗骨料取代率的增大而有减小的趋势。观点二认为：RACFST 的极限承载力均略大于钢管普通混凝土；随着再生粗骨料取代率的增加，RACFST 的极限承载力呈上下波动状态，但波动幅度较小。观点三认为：取代率对试件极限承载力有一定的影响或者影响不大。

2. 轴（偏）压 RACFST 长柱

长柱有中长柱和细长柱之分，对 RACFST 的研究主要针对中长柱。国外仅 Mohanraj 开展了中长柱试件的轴压性能研究，研究结果表明：RACFST 试件的极限承载力略高于钢管普通混凝土试件，采用规范 Eurocode 4 可以较好地预测 RACFST 中长柱试件的极限承载力。国内杨有福等、吴波等、马骥等和张向冈等开展了近 180 个中长柱试件的轴（偏）压性能研究，研究结果表明：RACFST 中长柱的受压极限强度略低于钢管普通混凝土；总体上，RACFST 中长柱的受压力学性能受取代率的影响不大，在钢管内部放置废弃混凝土是建筑垃圾循环再利用的一条有效途径。

3. RACFST 构件抗震

抗震性能对推广和应用 RACFST 结构于抗震设防区的高层及超高层建筑之中至关重要。大连理工大学杨有福等首次采用梁式加载的方法对 10 个圆 RACFST 柱的抗震性能进行了研究，结果表明：与钢管普通混凝土柱相比，RACFST 柱的抗震性能变化不大，在延性和耗能方面，RACFST 柱表现依然良好。

吴波等以特征尺寸为 80～150mm 的混凝土块体作为混凝土的再生粗骨料，进行了 30 个 RACFST 柱和 8 个 RACFST 柱-钢筋 RAC 梁节点的抗震性能试验。试验结果表明：RACFST 构件的抗震性能总体上接近或略低于全现浇混凝土构件；RACFST 构件应用于实际工程完全可行。

肖建庄等完成了 6 个 RACFST 柱的抗震试验，结果表明：随着再生粗骨料取代率的改变，试件的耗能、延性与滞回性能略有变化，RACFST 柱极限承载力受取代率的影响并不明显，总体上，RACFST 柱的抗震性能较为优良。

李卫秋等进行了 3 个空心 RACFST 柱的抗震性能试验。结果表明：空心 RACFST 柱的延性较差，总耗能小，但是极限承载力差别不大。总体上，空心 RACFST 柱的抗震性能劣于空心钢管普通混凝土柱。

刘峰等进行了 6 个圆 RACFST 试件的抗震性能试验，结果表明：通过再生混凝土置换普通混凝土，削弱了 RACFST 试件的抗震性能，但试件的抗侧刚度和极限承载力受再生粗骨料取代率的影响不大。

张锐等开展了 3 个足尺 RACFST 试件的抗震性能试验，结果表明：方 RACFST 试件的峰值承载力随再生粗骨料取代率的增大而出现小幅度的下降，且延性和耗能性能均略有降低。

1.3　本书主要研究工作

本书瞄准学科发展前沿，立足工程实际。通过在钢管内部浇筑新型材料，从构件、结构两大层面上，采用试验研究、有限元模拟和理论分析的研究手段，对钢管再生混凝土框架结构的抗震性能及设计方法进行了深入系统的研究与分析。

开展了低周反复荷载作用下钢管再生混凝土柱与框架试件的抗震性能试验与有限元分析。获取了滞回曲线、骨架曲线、延性、耗能、强度衰减和刚度退化等抗震性能指标，揭示了再生粗骨料取代率、长细比、轴压比、含钢率、梁柱线刚度比和梁柱屈服弯矩比等设计参数对钢管再生混凝土框架结构抗震性能指标的影响规律。

通过采用定点指向、位移幅值承载力突降、模型软化点等特殊处理方法，建立了低周反复荷载作用下钢管再生混凝土柱与框架的三折线恢复力模型，通过引入基于变形和累积耗能控制的双参数地震损伤模型，评价了钢管再生混凝土柱和框架损伤发展过程和抗震能力。

基于性能设计，划分钢管再生混凝土结构的性能水准为正常使用、暂时使用、修复后使用、生命安全和防止倒塌五档，选用水平位移角作为量化指标，确定了基于一定保证率下的水平位移角限值，建立了在不同地震设防水准下不同性能水准所对应的性能目标，提出了钢管再生混凝土框架结构基于位移的抗震设计方法。

第2章 钢管再生混凝土柱抗震性能试验研究

2.1 试件设计与制作

试验所采用的材料为直焊缝焊接圆（方）形钢管、P·O 42.5R级水泥、普通天然河砂、城市自来水以及天然粗骨料和再生粗骨料。天然粗骨料采用连续级配的碎石，再生粗骨料由服役近50年混凝土电杆经过人工初步破碎、机械二次破碎而得。再生粗骨料和天然粗骨料采用同一筛网筛分，最大粒径为20mm，均为连续级配的碎石。清洗再生粗骨料数遍，使其达到含泥量的控制要求，然后晾晒并达到含水率的控制要求。再生粗骨料的取代率以0为基准，共有0、30%、70%、100%四种，混凝土试配强度等级为C40。针对不同再生粗骨料取代率下的RAC，保持水泥、砂子成分不变，在粗骨料总质量相等的前提下，改变天然粗骨料与再生粗骨料的质量组成比例。RAC的配合比见表2-1。

RAC的配合比 　　**表2-1**

取代率(%)	水胶比	砂率(%)	净用水(kg)	水泥(kg)	砂(kg)	天然粗骨料(kg)	再生粗骨料(kg)
0	0.47	33.6	204.8	435.7	564.3	1115.2	0.0
30	0.47	33.6	204.8	435.7	564.3	780.6	334.6
70	0.47	33.6	204.8	435.7	564.3	334.6	780.6
100	0.47	33.6	204.8	435.7	564.3	0.0	1115.2

考虑再生骨料取代率γ、含钢率α、轴压比n和长细比λ四种变化参数，设计了16个柱试件，其中，圆、方RACFST柱试件分别为10个、6个。圆形试件长细比$\lambda=4L_0/D$，L_0为计算高度，取为L，D为钢管外径。C-6试件高度为650mm，长细比为15.64，C-5试件高度为750mm，长细比为18.05，其余圆形试件高度均为850mm，长细比为20.46。方形试件长细比$\lambda=2\sqrt{3}L_0/B$，L_0为计算高度，取为L，方形试件的高度一致，L统一取为850mm，B为方钢管外边长，方形试件长细比为19.51。圆、方形试件具体设计参数分别见表2-2、表2-3。

圆形试件设计参数　　表 2-2

编号	C-1	C-2	C-3	C-4	C-5	C-6	C-7	C-8	C-9	C-10
取代率(%)	0	30	70	100	100	100	100	100	100	100
轴压比	0.8	0.8	0.8	0.8	0.8	0.8	0.8	0.7	0.6	0.5
含钢率	0.12	0.12	0.12	0.12	0.12	0.12	0.07	0.07	0.07	0.07
约束效应系数	1.35	1.36	1.31	1.36	1.36	1.36	0.70	0.70	0.70	0.70

方形试件设计参数　　表 2-3

编号	S-1	S-2	S-3	S-4	S-5	S-6
取代率(%)	0	30	70	100	100	100
轴压比	0.8	0.8	0.8	0.8	0.7	0.6
含钢率	0.15	0.15	0.15	0.15	0.15	0.15
约束效应系数	1.61	1.62	1.56	1.62	1.62	1.62

需要说明的是，由于加载末期，试件的竖向力大部分由核心 RAC 承担，所以为了反映试件最终的传力路径和受力状态，选取的轴压比只与 RAC 有关。轴压比 $n=N/f_cA_c$，其中，N 为试验过程中所施加的轴向力，f_c 为实测的 RAC 轴心抗压强度；含钢率 $\alpha=A_s/A_c$，其中 A_s 为外部钢管的截面面积，A_c 为核心 RAC 的截面面积；约束效应系数 $\theta=A_sf_y/A_cf_c$，f_y 为实测的钢管屈服强度。

试件几何尺寸及配钢如图 2-1 所示。其中，选用钢材牌号为 Q235，第一种圆钢管实测内径为 157.0mm，实测管壁厚度为 4.6mm；第二种圆钢管实测内径为 157.1mm，实

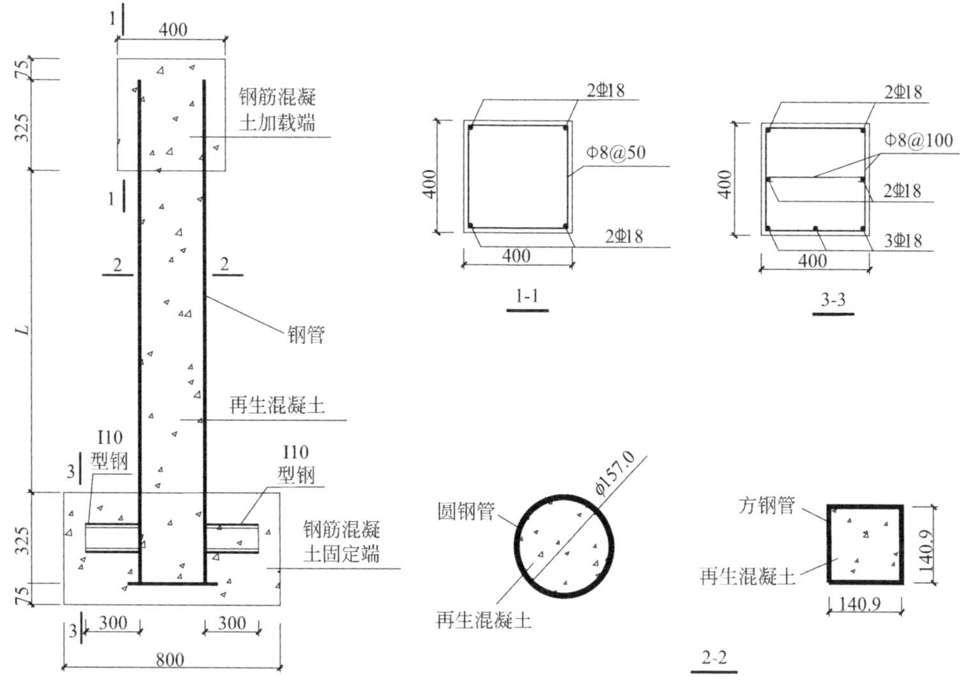

图 2-1　试件几何尺寸及配钢

测管壁厚度为 2.7mm；方钢管实测内边长为 140.9mm，实测管壁厚度为 5.0mm。

采用自搅拌立式浇筑钢管内部再生混凝土，固定端柱脚埋入深度 325mm。为防止因柱脚弯矩过大而引起周边混凝土的局部压溃，出现柱脚抗弯约束小于柱子受弯承载力的不良情况，沿钢管表面与推、拉作用线平行方向焊接 I10 型钢，工字钢长度 300mm。此时，工字钢不仅起到了抗剪栓钉的作用，加强了钢管与管外混凝土协同工作性能，而且将固定端上部压梁作用力有效地传递给 RACFST 柱。

2.2 材料性能

2.2.1 物理性能

根据《建设用卵石、碎石》GB/T 14685—2011，对试验随机预留的天然、再生碎石粗骨料进行物理性能试验，实测的基本性能指标见表 2-4。可见，天然碎石粗骨料的物理性能指标远优于再生碎石粗骨料，这主要与材料的组成成分以及内部微观结构有关。天然粗骨料组成成分单一，内部累积损伤较少，而再生粗骨料表面附着大量的硬化水泥砂浆，使其表面粗糙、孔隙率大，且在机械破碎过程之中，再生粗骨料内部会产生较多的闭合微裂纹或裂缝。

粗骨料基本物理性能 **表 2-4**

粗骨料类型	粒径(mm)	表观密度(kg/m^3)	堆积密度(kg/m^3)	吸水率(%)	含水率(%)
天然粗骨料	5～20	2722	1435	0.05	0.00
再生粗骨料	5～20	2655	1270	3.16	1.82

2.2.2 力学性能

根据《金属材料 拉伸试验 第 1 部分：室温试验方法》GB/T 228.1—2021，针对两种钢管壁厚，分别预留 3 个样品，进行拉伸试验。针对不同的再生粗骨料取代率，分别预留 3 个 150mm×150mm×150mm 立方体试块和 3 个 150mm×150mm×300mm 棱柱体试块，与 RACFST 试件同条件自然养护。在试件试验同一时间内，根据《混凝土物理力学性能试验方法标准》GB/T 50081—2019，进行试块强度及变形试验。钢管、RAC 实测材料性能指标分别见表 2-5、表 2-6，其中，f_y 和 f_u 分别表示钢管屈服强度和极限抗拉强度；E_s 和 E_c 分别表示钢管和 RAC 弹性模量；ε_y 表示钢管屈服应变；f_{cu} 和 f_c 分别表示立方体抗压强度和轴心抗压强度；γ 表示核心 RAC 取代率；ν_s 和 ν_c 分别表示钢管和 RAC 泊松比。

钢管实测力学性能 **表 2-5**

钢管类型	f_y(MPa)	f_u(MPa)	E_s(×10^{5}MPa)	ν_s	ε_y($\mu\varepsilon$)
圆钢管(4.6mm)	416.0	489.4	2.08	0.296	2000
圆钢管(2.7mm)	366.8	431.6	1.98	0.257	1853
方钢管	406.5	478.3	2.18	0.272	1865

RAC 实测强度及变形性能指标 **表 2-6**

取代率(%)	f_{cu}(MPa)	f_c(MPa)	f_c/f_{cu}	ν_c				E_c($\times10^4$MPa)
				$0.2f_c$	$0.4f_c$	$0.6f_c$	$0.8f_c$	
0	46.8	37.1	0.79	0.16	0.19	0.20	0.21	3.72
30	50.8	36.9	0.73	0.17	0.19	0.19	0.22	3.84
70	53.8	38.2	0.71	0.18	0.18	0.21	0.21	3.89
100	50.1	36.8	0.73	0.18	0.19	0.20	0.21	3.67

由表 2-6 可见，随着取代率的增加，强度和弹性模量均有所增加，但取代率为 100%时，强度和弹性模量均减小，呈现出“中间大，两头小”的变化趋势。这与取代率对 RAC 力学性能机理层面的影响有关。一方面，再生粗骨料在机械破碎的过程之中，出现了较多微裂纹及裂缝，骨料内部积累了较多原始损伤，由于再生粗骨料力学性能的降低，势必会影响 RAC 力学性能的降低；另一方面，由于再生粗骨料表面黏附较多老砂浆，其吸水率明显高于天然粗骨料，随着 RAC 取代率的增加，再生粗骨料的吸水量逐渐加大，被吸收的这部分水分并不参与水泥的水化作用，由此便会引起实际水胶比的降低，RAC 的力学性能又会得到提高，这两方面的因素互相作用，再生粗骨料的取代率越大，材料内部损伤越多，材料力学性能降低程度越大，但实际水胶比更低，由此引起材料力学性能的提高幅度越大。当达到某一取代率后，两方面的因素会得到最优化的配置，使得 RAC 的力学性能最优，显然这个取代率即为最优取代率。由于试验条件的限制，取代率有 0、30%、70%和 100%四种情况，从试验实测结果来看，取代率为 30%和 70%时，RAC 的力学性能略有提高。笔者建议选取多种取代率变化参数，开展大量相关试验研究，探讨取代率对力学性能的影响情况，并选出基于强度和变形的最优取代率。

由表 2-6 可见，在同一取代率下，随着应力水平的增加，RAC 的泊松比逐渐增大。但是，在不同取代率下，针对不同的应力水平，RAC 的泊松比始终变化不大，表明随着取代率的增加，RAC 的横向变形性能并没有发生较大的改变。不同取代率下 RAC 的弹性模量变化幅度分别为 3.23%、1.30%和−5.66%，处于工程误差允许范围之内，表明随着取代率的增加，RAC 的纵向变形性能变化较小。

2.2.3 力学性能指标计算

(1) 不同取代率下的立方体抗压强度

由图 2-2 可见，不同取代率下的立方体抗压强度并不一致，而是呈现出一定的规律。基于实测数据变化趋势，提出三次函数模型，如式(2-1) 所示。

$$\frac{f_{cu}}{f_{cu,0}}=A\gamma^3+B\gamma^2+C\gamma+D \tag{2-1}$$

式中，γ 表示再生粗骨料取代率；f_{cu} 表示不同取代率下的立方体抗压强度；$f_{cu,0}$ 表示取代率为 0 时的立方体抗压强度；A、B、C 和 D 分别表示控制参数，由运用最小二乘法原理拟合试验数据得到，$A=-0.4274$，$B=0.2493$，$C=0.2486$，$D=1.0000$，拟合相似度为 1.00。

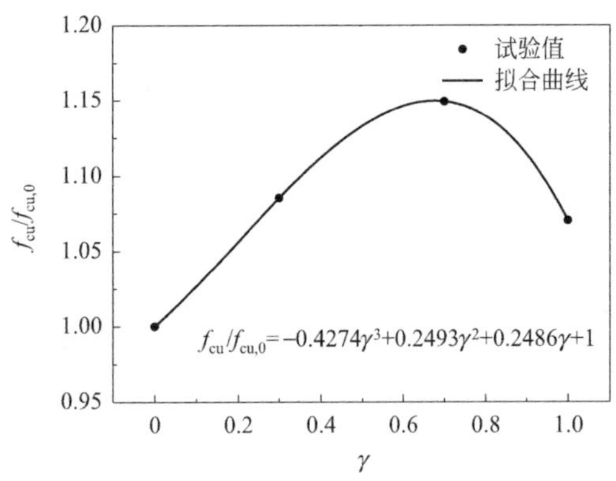

图 2-2　不同取代率下的立方体抗压强度

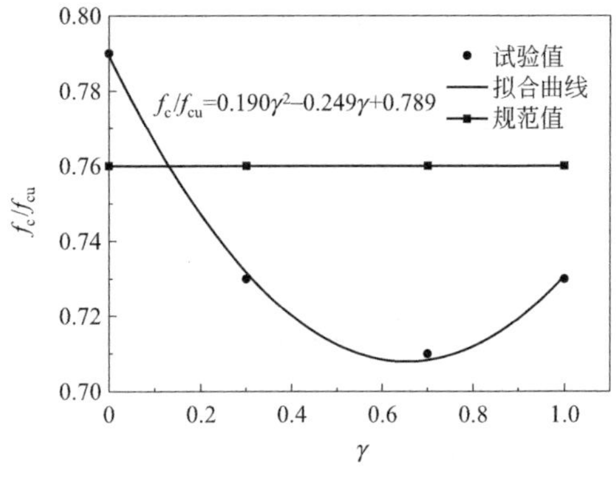

图 2-3　f_c/f_{cu} 与 γ 关系曲线

（2）强度指标换算关系

由图 2-3 可见，取代率为 0 时，f_c/f_{cu} 最大达到 0.79，随着取代率的提高，f_c/f_{cu} 整体上降低，最小达到 0.71。《混凝土结构设计规范》GB 50010—2010 指出，针对 C40 混凝土，$f_c=0.76f_{cu}$，这已不再适用于 RAC。基于实测数据变化趋势，提出如式(2-2)所示的数学模型。

$$\frac{f_c}{f_{cu}}=0.79(1+\gamma T) \tag{2-2}$$

式中，γ 表示再生粗骨料取代率；T 表示与取代率有关的修正方程；$T=\gamma A+B/\gamma+C$，A、B 和 C 为控制参数。将试验数据运用最小二乘法原理拟合得到控制参数，最终建立强度指标换算关系式，即：$f_c/f_{cu}=0.190\gamma^2-0.249\gamma+0.789$，拟合相似度为 0.99。

（3）弹性模量计算

按照《混凝土物理力学性能试验方法标准》GB/T 50081—2019，采用 RMT-201 岩石与混凝土力学试验机，实测 RAC 的弹性模量，试验结果见表 2-6。

弹性模量是反映材料变形性能的一个重要指标，国内外对 RAC 弹性模量取得了一定的研究进展，但更进一步关于弹性模量的数学表达式却鲜有提出。《混凝土结构设计规范》GB 50010—2010 指出，针对普通混凝土：

$$E_c=\frac{10^5}{2.2+\dfrac{34.7}{f_{cu}}} \tag{2-3}$$

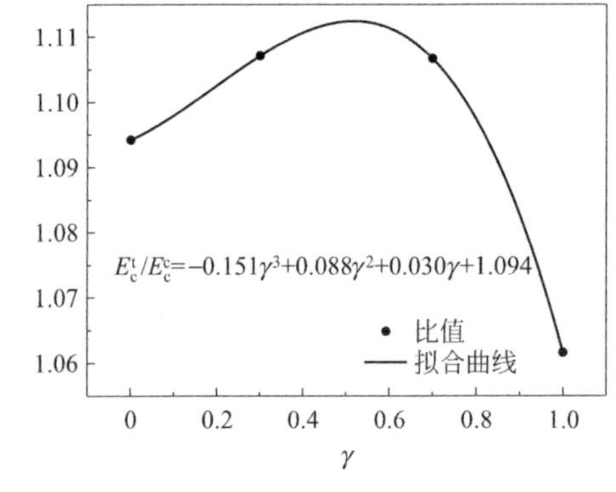

图 2-4　E_c^t/E_c^c 与 γ 关系曲线

将试验实测数据代入上式，得到 RAC 弹性模量计算值，如图 2-4 所示。可见，计算得到的弹性模量值 E_c^c 普遍小于试验值 E_c^t，式(2-3) 已不再适用于 RAC 弹性模量的计算。基于现行的规范公式和实测数据，提出如式(2-4) 所示的修正公式。

$$E_c=\frac{10^5}{2.2+\frac{34.7}{f_{cu}}}(E\gamma^3+F\gamma^3+G\gamma+H) \tag{2-4}$$

式中，E、F、G 和 H 为控制参数。将 E_c^t/E_c^c 与 γ 相关数据运用最小二乘法原理拟合得到控制参数，$E=-0.151$，$F=0.088$，$G=0.030$ 和 $H=1.094$，拟合相似度为 1。即

$$E_c=\frac{10^5}{2.2+\frac{34.7}{f_{cu}}}(-0.151\gamma^3+0.088\gamma^3+0.030\gamma+1.094) \tag{2-5}$$

2.3　加载装置

选用悬臂柱式加载模型对 RACFST 柱进行低周反复荷载试验，试件加载装置如图 2-5 所示。

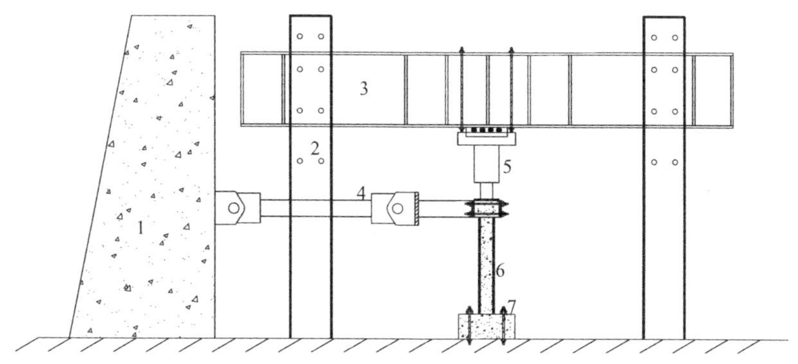

图 2-5　试件加载装置示意图

1—反力墙；2—竖向反力钢架；3—反力钢梁；4—拉压电液伺服作动器；
5—1500kN 油压千斤顶；6—试件；7—钢结构压梁

2.4　加载制度

首先按照预定的试验轴压比，通过 1500kN 油压千斤顶在柱顶施加竖向荷载，并在整个试验全过程保持恒定不变，试件由水平加载至破坏。水平荷载加载制度如图 2-6 所示。按照《建筑抗震试验规程》JGJ/T 101—2015 规定，水平加载采用力和位移联合控制的方式，试件屈服前，采用荷载控制分级加载，加载级数为 5kN，直至试件达到屈服荷载 P_y，对应于每级荷载循环一次；试件屈服后，采用位移控制，取屈服位移 Δ_y 的倍数为级差进行控制加载，对应于每级位移循环三次，直至荷载下降到峰值荷载的 85%左右时停止试验。试验中保持加、卸载速度一致，以保证试验数据的稳定性。

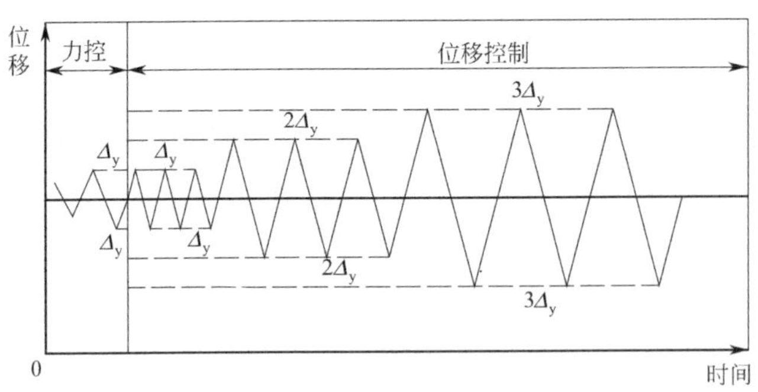

图 2-6　水平荷载加载制度

2.5　宏观破坏特征分析

通过对 10 个圆 RACFST 柱试件和 6 个方 RACFST 柱试件的低周反复加载试验，观察了全部试件的整体破坏过程，圆、方形试件外部钢管破坏形态分别如图 2-7、图 2-8 所示，核心 RAC 破坏形态如图 2-9 所示。

图 2-7　圆形试件外部钢管破坏形态

由图 2-7～图 2-9 可见：

(1) 总体而言，圆、方形试件破坏过程以及破坏形态均与钢管普通混凝土柱试件相似，均表现为钢管底部鼓曲破坏，在试件前后两侧均形成一道较为明显的鼓曲波。

(2) 试验结束后，选取有代表性的圆、方形试件，观察核心 RAC 的破坏形态。沿柱高范围内，均没有发现横向裂缝，RAC 的破坏形态主要表现为底部 RAC 被压碎，由于外部方钢管鼓曲较圆形试件严重，圆形试件核心 RAC 的破坏范围主要集中在距离试件最底部 4cm 范围内，方形试件主要集中在 20cm 范围内。

(3) 所有试件外部钢管的成型方式均采用直焊缝焊接，在整个加载过程，焊缝均没有开裂，焊接水平达到了技术要求。

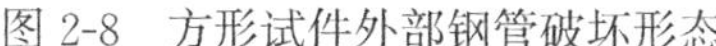

图 2-8　方形试件外部钢管破坏形态

(a) 圆形试件

(b) 方形试件

图 2-9　核心 RAC 破坏形态

（4）针对方形试件，当开始卸载以及负向加载时，鼓曲波逐渐被拉平，同时受压侧钢管鼓曲波越来越明显，这种现象对于圆形试件并不明显。当加载结束时，方形试件钢管角部鼓曲不大，且钢管四面均向外发生鼓曲，钢管底部前后两侧较为明显的压弯塑性铰已经形成，且布满整个钢管截面，在与推拉方向垂直的截面上，钢管的鼓曲程度明显大于与推拉方向平行的截面；圆形试件钢管的鼓曲主要集中在试件前后两个方向，只有轴压比单参数变化试件的塑性铰布满整个截面。

（5）试件破坏前，外部钢管与核心 RAC 粘结性能良好；试件破坏后，发现圆形试件粘结性能依然良好，没有发生脱粘现象，而方形试件从钢管底部开始出现较为严重的脱粘现象，脱粘区高度不等，最高达 64cm，最低为 13cm，表明圆钢管对核心 RAC 的约束效果优于方形试件，在反复推拉的过程之中，圆形试件能够较好地作为一个整体抵抗外界地震作用。

2.6　滞回曲线

试验实测的圆、方 RACFST 柱试件 P-Δ 滞回曲线分别如图 2-10、图 2-11 所示。

其中，P 表示水平荷载，Δ 表示柱端水平位移，“□”表示试件屈服点，“○”表示试件峰值点，“△”表示试件破坏点。可见，圆、方 RACFST 柱试件滞回曲线具有以下特征：

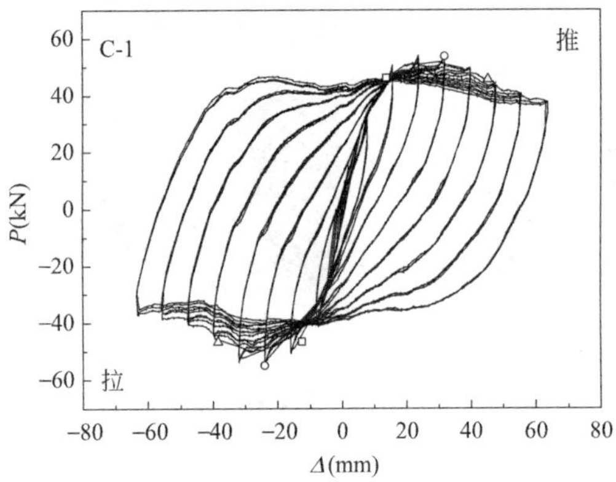

(a) 试件C-1

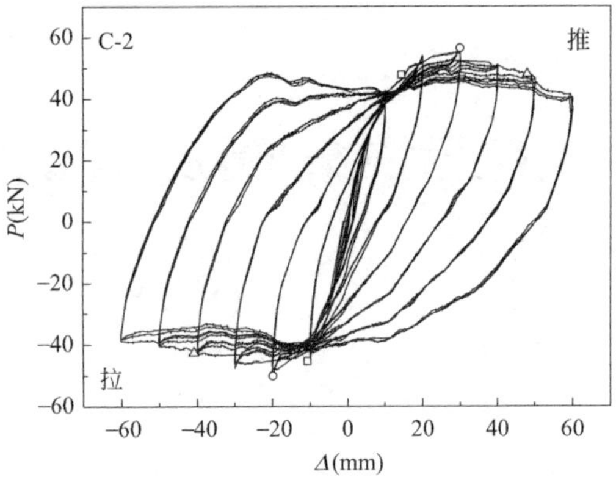

(b) 试件C-2

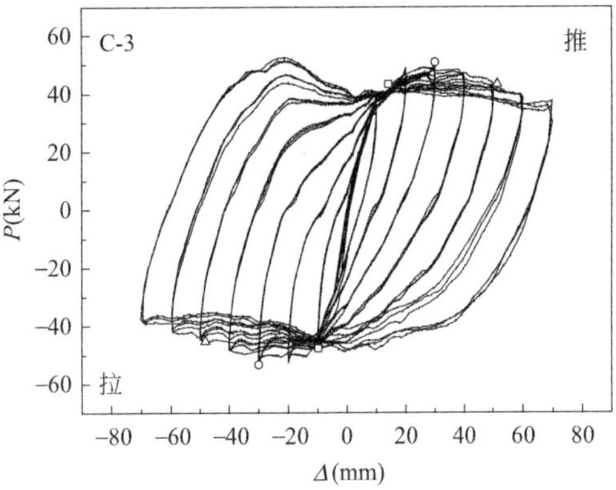

(c) 试件C-3

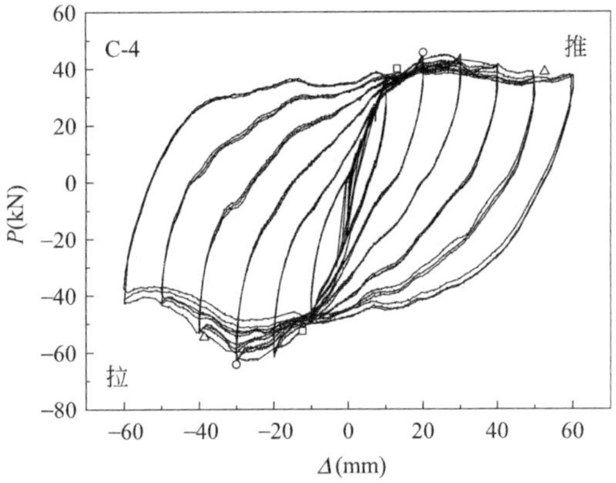

(d) 试件C-4

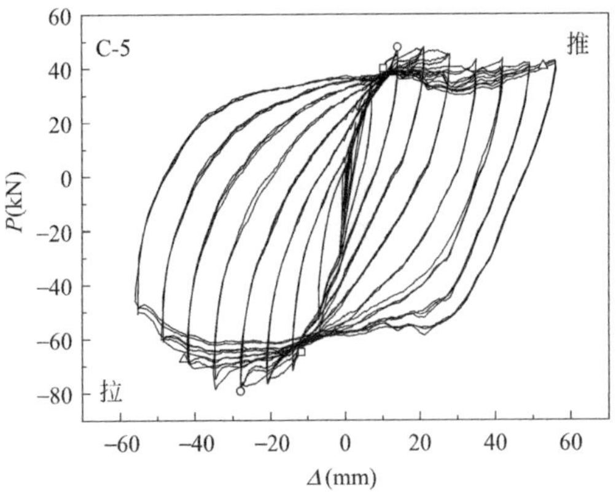

(e) 试件C-5

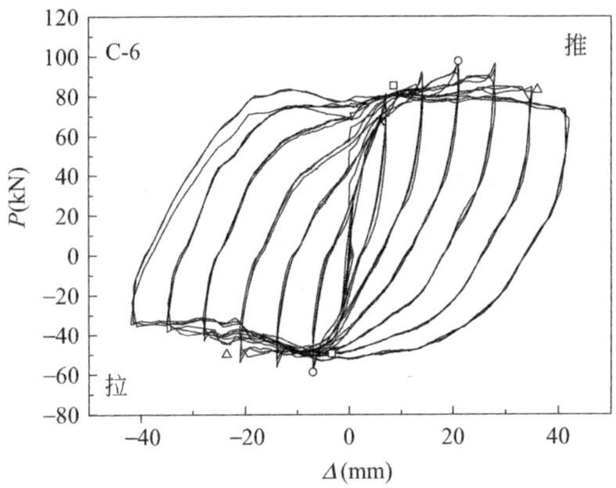

(f) 试件C-6

图 2-10　圆形试件滞回曲线（一）

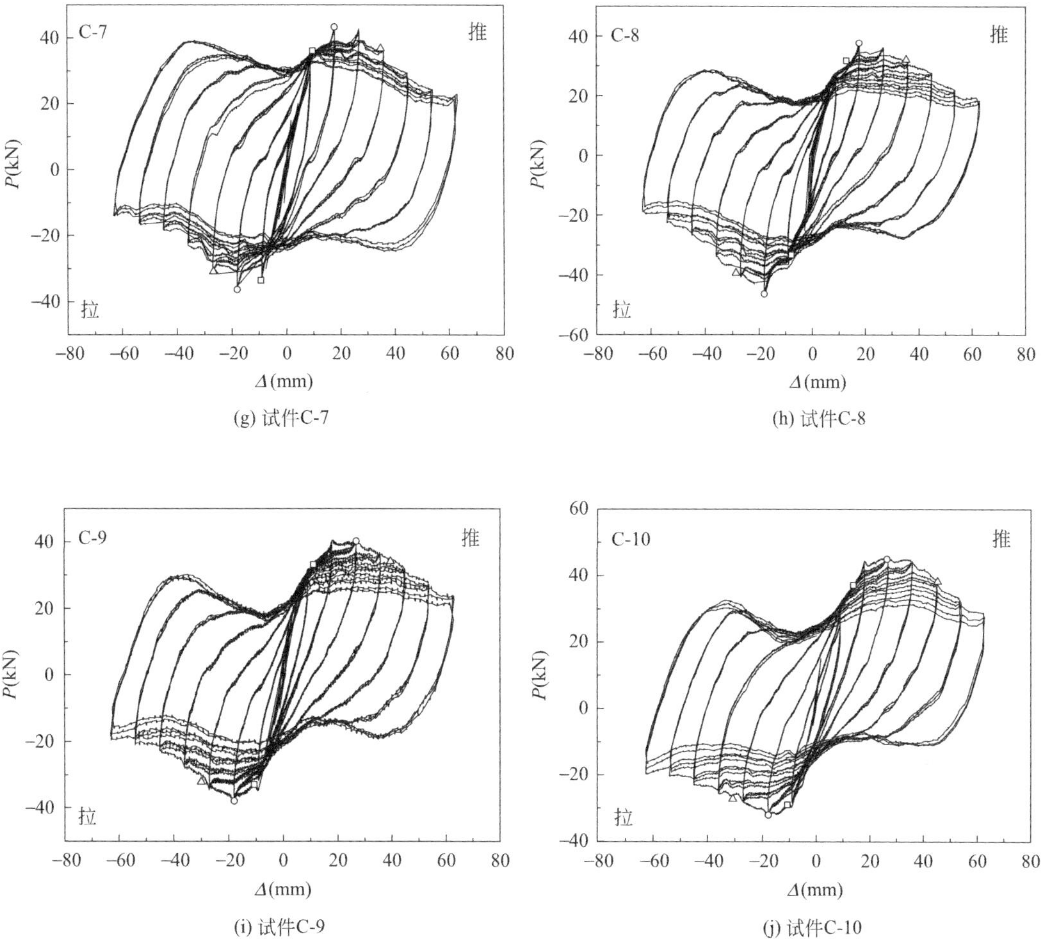

(g) 试件C-7

(h) 试件C-8

(i) 试件C-9

(j) 试件C-10

图 2-10 圆形试件滞回曲线（二）

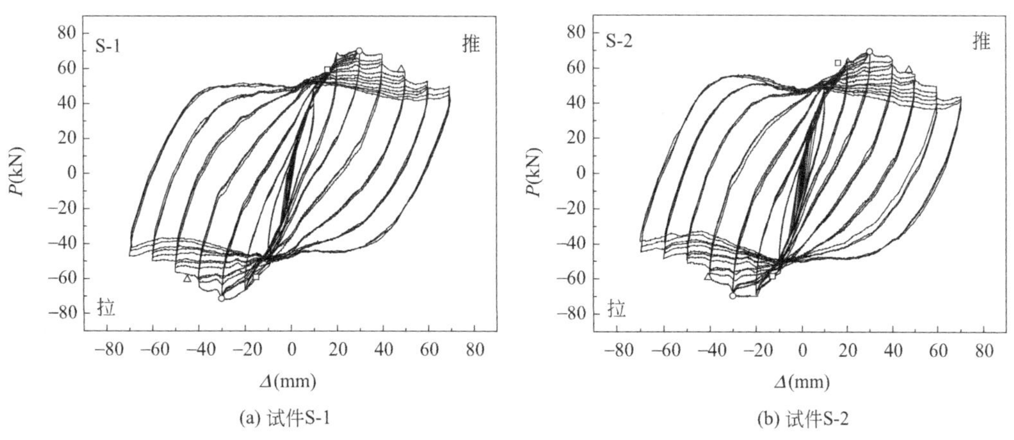

(a) 试件S-1

(b) 试件S-2

图 2-11 方形试件滞回曲线（一）

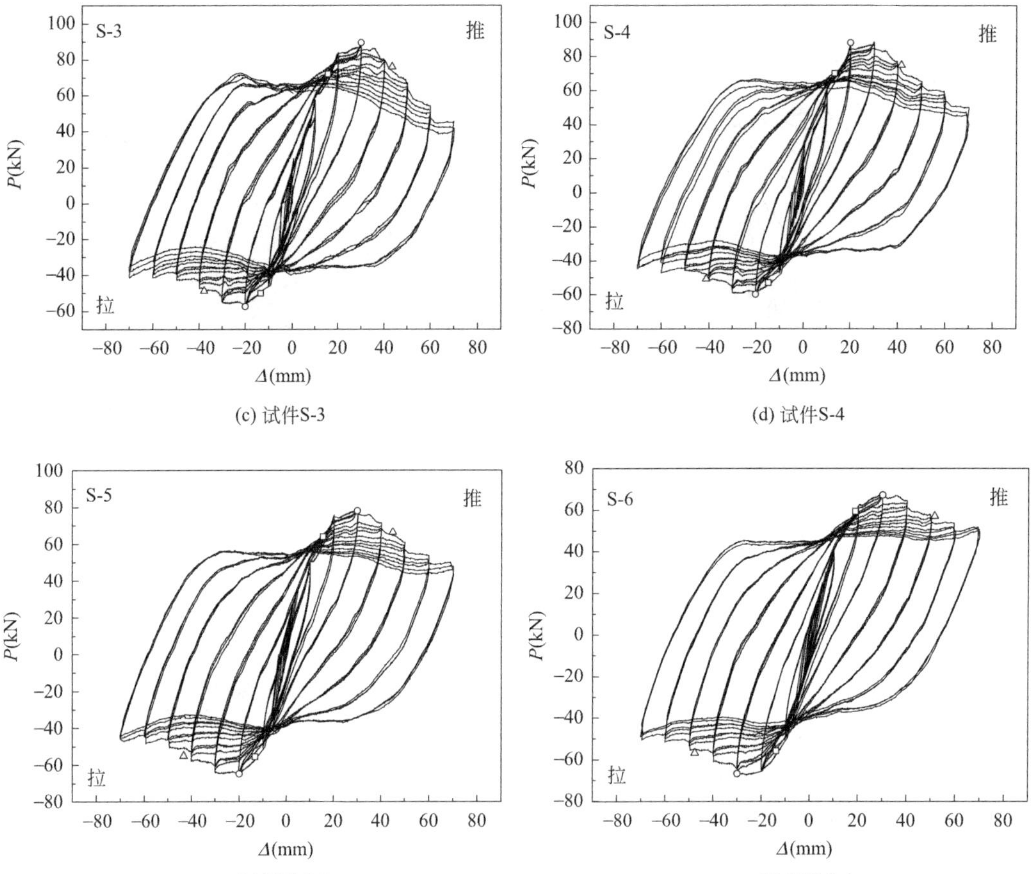

(c) 试件S-3

(d) 试件S-4

(e) 试件S-5

(f) 试件S-6

图 2-11　方形试件滞回曲线（二）

（1）在力控加载阶段，所有试件的滞回曲线呈线性变化，且重合成一条直线，初始弹性刚度无明显变化，力控加载阶段结束时，没有发现明显的残余变形，试件基本处于弹性工作状态。

（2）在位移控制加载阶段，荷载有部分提高，达到峰值荷载之后，承载力开始下降，水平荷载卸载为零时，位移不再为零，此时试件开始存在残余变形，表明与荷载相比，在低周反复加载的过程之中，位移存在一定的滞后性能，且随着位移的增加，残余变形越来越大，位移的滞后性能愈发明显。每级位移三次循环所得到的滞回曲线逐渐地发生倾斜，越来越向位移轴靠拢，反映了加载过程之中，强度和刚度逐级退化，构件的损伤逐级增加。不过，滞回环越来越饱满，其耗能能力逐渐增加。

（3）所有圆、方形试件滞回曲线比较饱满，滞回曲线的形状从梭形发展到弓形，除圆形轴压比单参数变化试件外，试件的滞回曲线捏缩现象不显著，表现出良好的稳定性。

（4）针对再生粗骨料取代率单参数变化圆形试件（C-1、C-2、C-3 和 C-4）和方形试件（S-1、S-2、S-3 和 S-4），其滞回曲线与钢管普通混凝土试件（C-1、S-1）基本相似，表明当再生粗骨料取代率取为 0、30%、70%和 100%时，试件滞回曲线受影响不大。

（5）针对长细比单参数变化试件（C-4、C-5 和 C-6），随长细比的增加，试件的屈服荷载、峰值荷载以及破坏荷载逐渐加大，对应于各特征点处的滞回环越来越饱满，耗能能

力逐渐提高。

(6) 针对轴压比单参数变化圆形试件（C-7、C-8、C-9 和 C-10），后期滞回曲线捏缩现象比较显著，特别是轴压比较小时，该现象更为显著。这是由于试件的钢管壁厚较小，其对核心混凝土的约束作用较弱，尤其是后期加载阶段，钢管底部局部屈曲现象较为严重，其约束作用更是弱上加弱。吴波等在进行薄壁圆钢管再生混合柱的抗震性能试验研究时，也曾有过类似的报道。当轴压比较小时，核心 RAC 的横向变形有可能小于外部钢管，致使钢管与 RAC 没有达到最紧密的接触状态，相应地，钢管对核心 RAC 的环向约束也没有达到最佳的状态。

(7) 针对轴压比单参数变化方形试件（S-4、S-5 和 S-6），滞回曲线捏缩现象并不显著，但滞回曲线呈现出弓形，与圆形试件相比，各特征点处滞回环饱满程度较小，其耗能能力略低，这是由于方钢管对核心 RAC 的约束效果不如圆钢管明显，尤其在方钢管的角部，其约束效果更差。

(8) 针对轴压比单参数变化圆、方形试件，随着轴压比的增加，试件各特征点处承载力变化不大，有的甚至变小，这主要与试验设计的轴压比较小有关。李黎明等在进行方钢管混凝土柱的抗震性能试验研究时，也曾有过类似的报道。

(9) 针对壁厚不同的试件 C-4 和 C-7，最明显的区别在于由于壁厚较小，试件 C-7 滞回曲线的后期出现了捏缩现象，表明与试件 C-4 相比，试件 C-7 后期的耗能能力较弱。

2.7 骨架曲线

所有圆、方形试件骨架曲线分别如图 2-12、图 2-13 所示。需要说明的是，部分试件在制作过程之中，在钢管垂直度方面存在一定偏差，使得滞回曲线及骨架曲线并不对称。为便于描述骨架曲线对比情况，仅此处对有偏差试件骨架曲线正负方向进行平均对等处理。

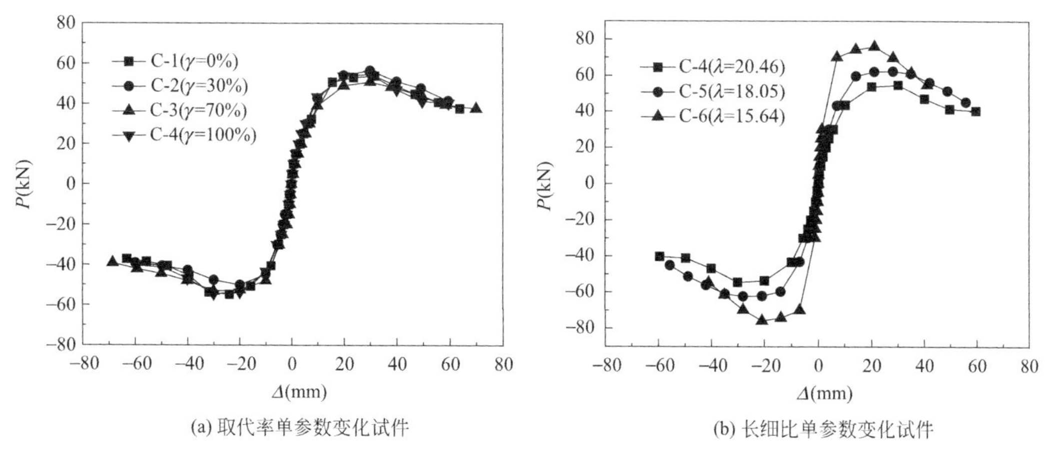

(a) 取代率单参数变化试件　　(b) 长细比单参数变化试件

图 2-12　圆形试件骨架曲线（一）

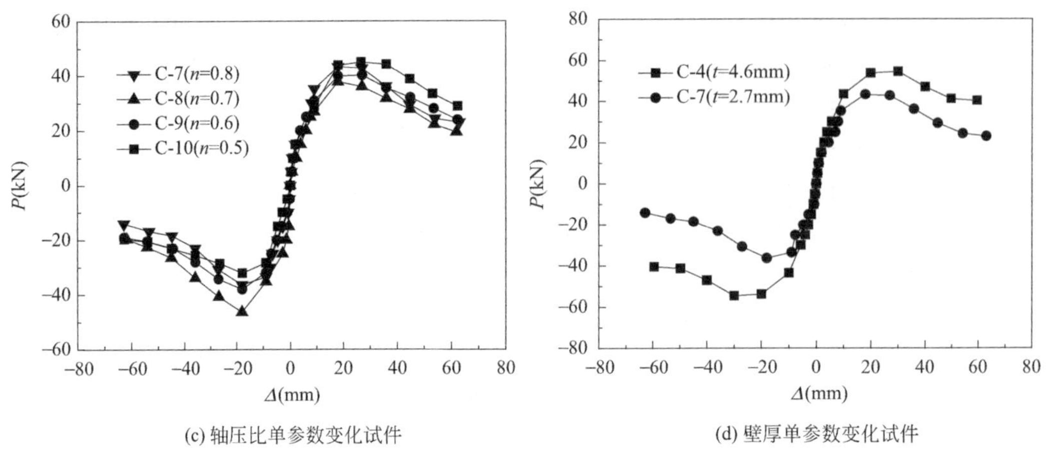

(c) 轴压比单参数变化试件　(d) 壁厚单参数变化试件

图 2-12　圆形试件骨架曲线（二）

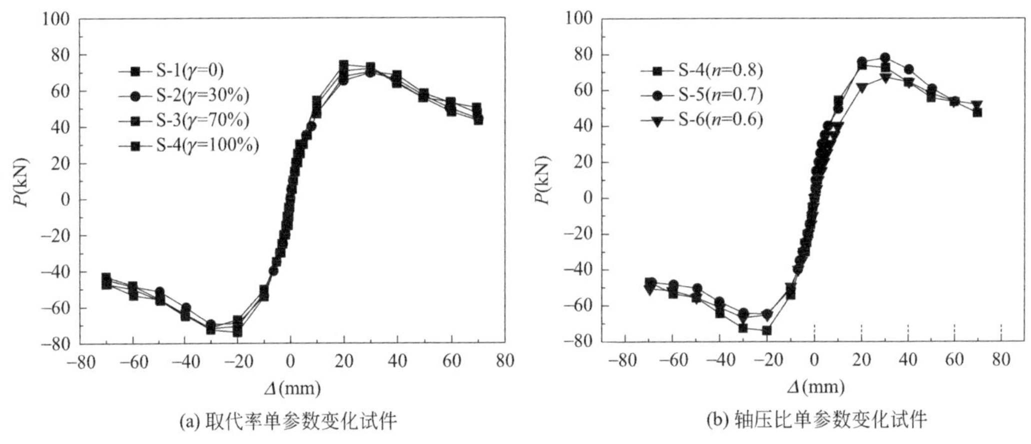

(a) 取代率单参数变化试件　(b) 轴压比单参数变化试件

图 2-13　方形试件骨架曲线

由图 2-12、图 2-13 可见：

（1）所有试件的骨架曲线较为完整，包括上升段、峰值点以及下降段。除试件 C-6 因为轴压比较大外，试件骨架曲线下降段比较平滑，后期变形能力强，位移延性较好，其形状类似于没有发生局部失稳的钢结构，这是由于钢管对核心 RAC 的约束作用使其处于三向受压状态，RAC 的抗压强度和变形能力得到提高；同时，核心 RAC 的支撑作用，延缓或阻止了钢管的内凹屈曲，外部钢管的稳定性得到加强，这样，外部钢管与核心 RAC 之间协同互补，共同工作、互成整体的优势，保证了两种材料性能的充分发挥。

（2）针对圆、方形取代率单参数变化试件，骨架曲线形状相似，弹性阶段几乎重合，表明取代率在 0～100％之间变化时，试件初始弹性刚度受其影响不大；当曲线达到峰值荷载时，曲线有小幅度的分离，但达到下降段时，除取代率为 100％的试件（C-4、S-4）有细微差别外，曲线又较好地重合在一起，总体上，在钢管内部填充

废弃混凝土并不会劣化试件的负刚度段行为。试件C-4、S-4之所以会出现细微的差别，这是因为试件核心RAC的粗骨料全部由再生粗骨料组成，在机械破碎、生产的过程之中，再生粗骨料内部可能会出现微裂缝等初始缺陷，积累了一定的原始损伤，在加载前期由于钢管对核心RAC的良好约束作用，这种损伤表现并不明显，但随着钢管鼓曲程度的增加，损伤逐渐突显出来，以至于影响到了后期下降段的刚度。对比图2-12和图2-13可见，圆形试件较方形试件下降平缓，反映了优越的塑性变形能力。

(3) 针对长细比单参数变化试件，骨架曲线差异比较明显。在弹性阶段，随着长细比的减小，曲线变陡，弹性阶段和强化阶段刚度较大，试件的峰值承载力相应地增加，但试件C-6的曲线下降段急促，负刚度变小，后期变形能力较弱。

(4) 针对轴压比单参数变化试件，骨架曲线下降段差异表现较为突出，试件C-7和S-4轴压比最大，但下降段比较陡峭，破坏位移较小，变形能力不大。

(5) 针对试件C-7和C-4，随着钢管壁厚的增加，弹性阶段刚度有所增加，峰值承载力增加尤为突出，但试件C-4的骨架曲线下降段与试件C-7近似平行，这是因为当壁厚在一定范围内变化时，由于加载后期的钢管鼓曲严重，两种壁厚的钢管对核心RAC的横向约束力均较小，因壁厚较大而带来的优势被弱化，由于选取的轴压比只与RAC有关，在加载后期，钢管因屈曲而失去大部分竖向荷载承载能力，试件竖向荷载大部分由核心RAC承担，此时试件C-4与C-7的核心RAC所承受的轴向压力近似相等，导致试件C-7和C-4下降段刚度变化不大。

2.8　延性系数

在工程结构抗震性能研究中，延性是一个重要的性能指标。它反映了构件受力后期塑性变形能力的大小，延性的大小对构件的抗震性能有很大的影响。延性系数计算方法主要有通用屈服弯矩法和能量等值法。采用能量等值法计算试件的位移延性系数，如图2-14所示。位移延性系数计算方法如式(2-6)所示。

$$\mu=\frac{\Delta_u}{\Delta_y} \tag{2-6}$$

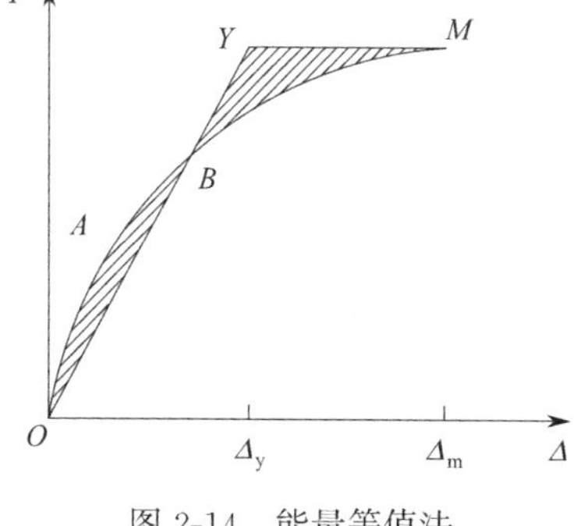

图2-14　能量等值法

式中，Δ_y为屈服位移，由能量等值法求得；Δ_u为极限位移，取为峰值荷载P_m下降至85%时对应的位移值，此位移值通过Origin数据处理软件在试件骨架曲线上拾取得到。

作二折线OY-YM代替原有P-Δ曲线，使得曲线$OABM$与折线OY-YM下的总面积相等，即曲线OAB面积等于曲线BYM面积，则Δ_y即为所求得的初始屈服位移。计算求得的圆形、方形试件位移延性系数及各特征值分别见表2-7、表2-8，其中，P_y、P_m和P_u分别为Δ_y、Δ_m和Δ_u对应的荷载值。

圆形试件骨架曲线各特征点荷载-位移实测值　　表 2-7

编号	加载方向	屈服点		峰值点		破坏点		$\mu=\Delta_u/\Delta_y$	$\mu_{平均}$
		P_y	Δ_y	P_m	Δ_m	P_u	Δ_u		
C-1	正向	46.19	13.81	53.71	31.75	45.65	45.26	3.28	3.18
	负向	46.57	12.42	54.93	23.87	46.69	38.31	3.08	
	平均	46.38	13.12	54.32	27.81	46.17	41.79		
C-2	正向	47.80	14.27	56.43	29.97	47.97	47.96	3.36	3.58
	负向	45.40	10.73	50.16	19.92	42.64	40.78	3.80	
	平均	46.60	12.50	53.30	24.95	45.31	44.37		
C-3	正向	43.30	14.18	50.8	29.97	43.18	51.30	3.62	4.24
	负向	47.66	9.89	53.25	29.96	45.26	48.10	4.86	
	平均	45.48	12.04	52.03	29.97	44.22	49.70		
C-4	正向	39.96	13.04	45.66	20.01	38.81	52.54	3.98	3.58
	负向	52.53	12.35	64.24	30.01	54.60	38.61	3.12	
	平均	46.25	12.70	54.95	25.01	46.71	45.58		
C-5	正向	39.97	10.19	47.75	13.98	40.59	42.04	4.13	3.92
	负向	64.94	11.63	79.29	27.97	67.40	42.83	3.70	
	平均	52.46	10.91	63.52	20.98	54.00	42.44		
C-6	正向	85.30	8.47	99.08	24.48	84.22	35.35	4.17	5.75
	负向	49.56	3.40	58.84	7.01	50.01	24.92	7.33	
	平均	67.43	5.94	78.96	15.75	67.12	30.14		
C-7	正向	35.91	9.68	43.31	18.02	36.81	34.91	3.54	3.32
	负向	32.57	8.85	36.35	18.01	30.90	26.77	2.86	
	平均	34.24	9.27	39.83	18.02	33.86	30.84		
C-8	正向	31.80	13.12	37.72	17.99	32.06	35.37	2.70	3.19
	负向	33.32	7.81	46.33	18.04	39.38	28.7	3.67	
	平均	32.56	10.47	42.03	18.02	35.72	32.04		
C-9	正向	33.17	11.31	40.21	27.02	34.18	39.74	3.51	3.17
	负向	33.10	10.57	37.95	17.93	32.26	29.95	2.83	
	平均	33.14	10.94	39.08	22.48	33.22	34.85		
C-10	正向	37.12	14.01	45.01	26.72	38.26	45.33	3.24	3.04
	负向	29.06	10.8	32.07	17.91	27.26	30.82	2.85	
	平均	33.09	12.41	38.54	22.32	32.76	38.08		

方形试件骨架曲线各特征点荷载-位移实测值　　表 2-8

编号	加载方向	屈服点		峰值点		破坏点		$\mu=\Delta_u/\Delta_y$	$\mu_{平均}$
		P_y	Δ_y	P_m	Δ_m	P_u	Δ_u		
S-1	正向	59.47	16.04	70.12	30.01	59.60	48.44	3.02	2.98
	负向	59.12	15.22	71.44	30.03	60.72	44.78	2.94	
	平均	59.30	15.63	70.78	30.02	60.16	46.61		

续表

编号	加载方向	屈服点		峰值点		破坏点		$\mu=\Delta_u/\Delta_y$	$\mu_{平均}$
		P_y	Δ_y	P_m	Δ_m	P_u	Δ_u		
S-2	正向	62.96	16.06	69.55	29.88	59.12	47.39	2.95	3.04
	负向	58.41	13.01	69.54	30.01	59.11	40.73	3.13	
	平均	60.69	14.54	69.55	29.95	59.12	44.06		
S-3	正向	72.08	15.58	89.43	30.01	76.02	43.33	2.78	2.80
	负向	50.07	13.37	57.31	19.98	48.71	37.81	2.83	
	平均	61.08	14.48	73.37	25.00	62.37	40.57		
S-4	正向	70.12	13.19	88.06	19.99	74.85	41.49	3.15	2.98
	负向	53.05	14.64	59.79	20.03	50.82	41.10	2.81	
	平均	61.59	13.92	73.93	20.01	62.84	41.30		
S-5	正向	63.85	15.45	78.01	29.85	66.31	44.85	2.90	3.07
	负向	55.50	13.37	64.75	19.88	55.04	43.22	3.23	
	平均	59.68	14.41	71.38	24.87	60.68	44.04		
S-6	正向	59.34	18.88	67.20	30.02	57.12	51.50	2.73	3.08
	负向	55.86	13.92	66.79	30.01	56.77	47.66	3.42	
	平均	57.60	16.40	67.00	30.02	56.95	49.58		

由表 2-7 和表 2-8 可见：

(1) 圆形试件的延性系数大于 3，方形试件的延性系数接近 3，试件变形性能良好。

(2) 针对取代率单参数变化圆、方形试件，随取代率的增加，屈服荷载、峰值荷载和破坏荷载以及相应的位移比较接近，取代率对特征点荷载与位移没有较大的影响。

(3) 针对长细比单参数变化试件，随着长细比的增加，试件的屈服荷载、峰值荷载和破坏荷载均有所降低，试件的屈服位移、峰值位移和破坏位移均有所提高。

(4) 针对轴压比单参数变化的方形试件，随着轴压比的增加，试件的屈服荷载、峰值荷载和破坏荷载略微提高，试件的屈服位移、峰值位移和破坏位移略微降低。圆形试件表现不明显。

(5) 与试件 C-7 相比，试件 C-4 的屈服荷载、峰值荷载和破坏荷载以及相应的位移均有所提高，位移延性系数也得到提高。

2.9　耗能性能

在滞回曲线中，处于加载阶段的荷载-位移曲线与位移轴所包围面积反映了结构吸收能力的大小，由加、卸载曲线所包围的面积即为耗散的能量。耗能性能是工程结构抗震中一个重要的性能指标。针对 RACFST 柱试件，通过核心 RAC 的裂缝发展、外部钢管与核心 RAC 两种材料的内摩擦以及钢管底部的塑性铰的转动将能量转化为热能散发到空气中。衡量结构或构件耗能能力的指标主要有等效黏滞阻尼系数和功比指数。本章采用等效

黏滞阻尼系数 h_e 来评价试件的能量耗散能力，其计算方法如式(2-7) 所示。

$$h_e = \frac{S_{(ABC+CDA)}}{2\pi \cdot S_{(OBE+ODF)}} \tag{2-7}$$

式中，$S_{(ABC+CDA)}$ 表示滞回环面积；$S_{(OBE+ODF)}$ 表示滞回环峰值点对应的三角形面积，如图 2-15 所示；h_e 取为每级循环位移下第一次循环的等效黏滞阻尼系数。

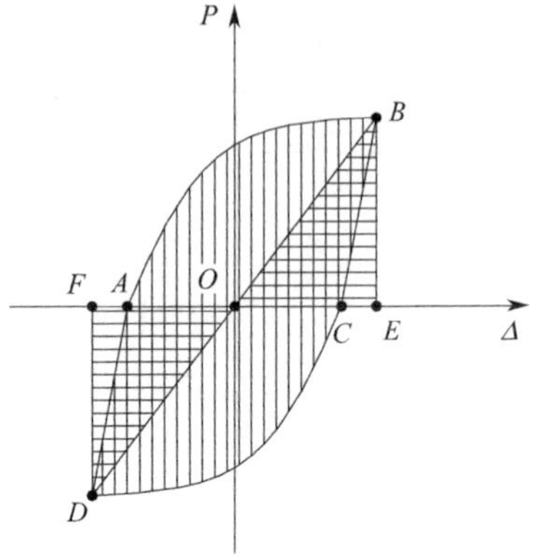

图 2-15 荷载-变形滞回环

圆、方形试件的等效黏滞阻尼系数分别见表 2-9、表 2-10。可见，随着循环位移的增加，试件的 h_e 逐渐变大，虽然试件 C-7、C-8、C-9 和 C-10 在试验后期滞回曲线出现了捏缩现象，但滞回环的面积却随着位移的增大而增大，试件的耗能能力不仅没有减小，反而有所增加，尤其是试件 C-7 和 C-8，加载结束时，h_e 达到了 0.8 以上。其他 RACFST 柱的 h_e 值也都比较大，圆形试件达到了 0.5 以上，方形试件达到了 0.4 以上，表明低周反复荷载作用下，RACFST 柱具有良好的能量耗散能力。

圆形试件实测各级位移等效黏滞阻尼系数 **表 2-9**

试件编号	Δ_y	$2\Delta_y$	$3\Delta_y$	$4\Delta_y$	$5\Delta_y$	$6\Delta_y$	$7\Delta_y$	$8\Delta_y$
C-1	0.146	0.156	0.209	0.281	0.371	0.485	0.519	0.584
C-2	0.180	0.221	0.291	0.369	0.446	0.520		
C-3	0.163	0.223	0.298	0.380	0.460	0.537	0.614	
C-4	0.170	0.201	0.264	0.363	0.483	0.543		
C-5	0.140	0.176	0.213	0.262	0.301	0.371	0.444	0.524
C-6	0.165	0.207	0.251	0.298	0.484	0.546		
C-7	0.183	0.232	0.311	0.415	0.573	0.703	0.808	
C-8	0.183	0.239	0.285	0.380	0.514	0.629	0.809	
C-9	0.155	0.189	0.277	0.343	0.442	0.509	0.584	
C-10	0.149	0.178	0.239	0.288	0.363	0.442	0.466	

方形试件实测各级位移等效黏滞阻尼系数 **表 2-10**

试件编号	Δ_y	$2\Delta_y$	$3\Delta_y$	$4\Delta_y$	$5\Delta_y$	$6\Delta_y$	$7\Delta_y$
S-1	0.149	0.155	0.192	0.279	0.392	0.467	0.505
S-2	0.150	0.168	0.217	0.331	0.435	0.492	0.565
S-3	0.180	0.175	0.217	0.315	0.427	0.518	0.588
S-4	0.131	0.167	0.196	0.308	0.403	0.436	0.533
S-5	0.125	0.151	0.203	0.298	0.395	0.452	0.513
S-6	0.109	0.138	0.191	0.279	0.360	0.404	0.430

为便于对比分析，表 2-11、表 2-12 分别列出了圆、方形试件特征点等效黏滞阻尼系

数 h_e，其中，h_{ey}、h_{em}、h_{eu} 分别表示试件骨架曲线屈服点、峰值点、破坏点等效黏滞阻尼系数。可见：

（1）所有圆、方形试件屈服时 h_e 介于 0.126～0.190 之间，峰值时 h_e 介于 0.167～0.299 之间，破坏时 h_e 介于 0.305～0.460 之间，而普通钢筋混凝土柱破坏时的等效黏滞阻尼系数一般为 0.1～0.2，只是相当于 RACFST 试件屈服时的 h_e，相当于 RACFST 试件峰值时 h_e 的 2/3，相当于 RACFST 试件破坏时 h_e 的 1/2。

（2）相对于试件 C-1，圆形试件 C-2、C-3 和 C-4 的 h_e 均有小幅度增加；相对试件 S-1，方形试件 S-2、S-3 和 S-4 的 h_e 均有小幅度的降低。总体上，增加再生粗骨料取代率并没有显著改变圆、方形试件的耗能能力。

（3）针对长细比单参数变化试件，随着长细比的减小，试件屈服点 h_e、峰值点 h_e 和破坏点 h_e 均有所减小，减小幅度不等。

（4）针对轴压比单参数变化圆形试件，随着轴压比的增加，试件屈服点 h_e、峰值点 h_e 和破坏点 h_e 均增加；针对方形试件，只有屈服点 h_e 依次增加，峰值点 h_e 和破坏点 h_e 不仅没有表现出相似的规律，反而依次减小。

（5）针对壁厚不同的试件 C-4 和 C-7，试件屈服点 h_e 相差不大，两者的峰值点 h_e 相等。随着壁厚的增加，试件破坏点 h_e 有所增加。在现有设计参数变化范围内，壁厚优势在屈服点及峰值点表现并不明显。

圆形试件骨架曲线各特征点实测等效黏滞阻尼系数　　表 2-11

试件编号	C-1	C-2	C-3	C-4	C-5	C-6	C-7	C-8	C-9	C-10
h_{ey}	0.152	0.190	0.175	0.179	0.161	0.157	0.187	0.163	0.163	0.160
h_{em}	0.248	0.257	0.299	0.234	0.213	0.212	0.234	0.239	0.233	0.210
h_{eu}	0.402	0.406	0.460	0.433	0.433	0.378	0.356	0.338	0.335	0.305

方形试件骨架曲线各特征点实测等效黏滞阻尼系数　　表 2-12

试件编号	S-1	S-2	S-3	S-4	S-5	S-6
h_{ey}	0.153	0.159	0.178	0.145	0.137	0.126
h_{em}	0.192	0.192	0.197	0.167	0.176	0.191
h_{eu}	0.358	0.358	0.324	0.323	0.338	0.360

圆、方形试件在不同循环位移下的等效黏滞阻尼系数分别如图 2-16、图 2-17 所示，可见：

（1）试件 h_e-Δ 曲线发展趋势相似，等效黏滞阻尼系数随着位移的增加而增加。

（2）取代率单参数变化试件 h_e-Δ 曲线几乎互相重合，反映了取代率对试件耗能性能较为有限的影响。

（3）针对长细比单参数变化试件，在同一循环位移下，试件 C-6 的 h_e 值较大，这是由于此时试件 C-6 的相对变形 Δ/L 较大，钢管底部塑性铰的转动较为充分，相应的耗能能力较好。不过，由于试件 C-6 长细比较小，其屈服位移、峰值位移以及破坏位移均较小，由表 2-11 可知，试件 C-6 屈服点、峰值点及破坏点 h_e 均最小。

（4）针对轴压比单参数变化试件，在同一循环位移下，h_e 随轴压比的增大而增大。这是因为轴压比在一定范围内变化时，轴压比较大的试件核心 RAC 开裂较多，外部钢管鼓曲较为明显。

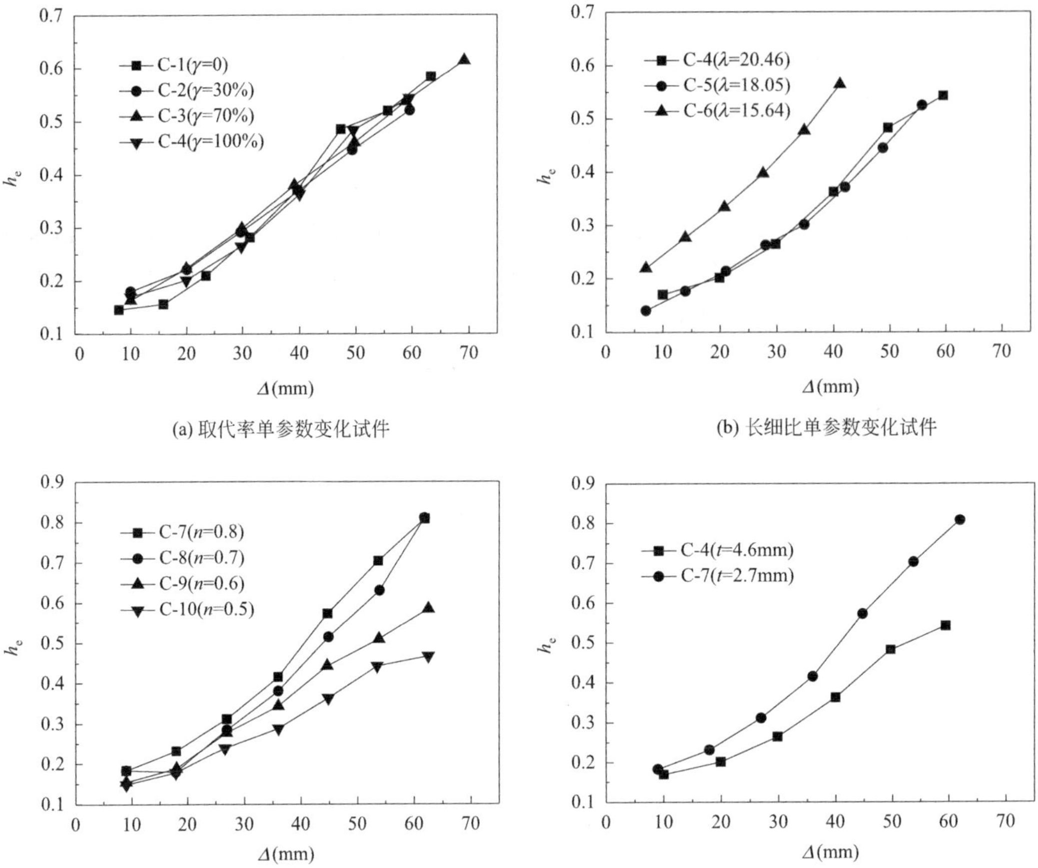

(a) 取代率单参数变化试件

(b) 长细比单参数变化试件

(c) 轴压比单参数变化试件

(d) 壁厚单参数变化试件

图 2-16 圆形试件 h_e-Δ 曲线

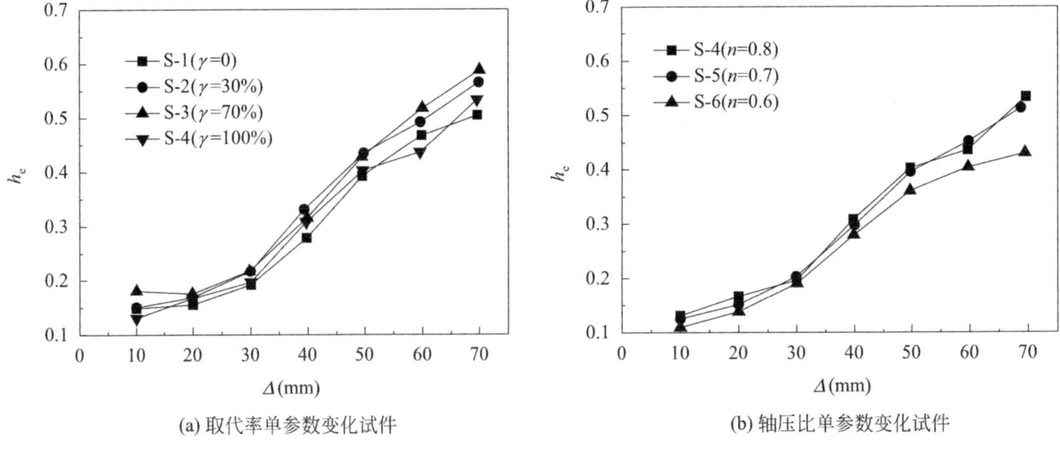

(a) 取代率单参数变化试件

(b) 轴压比单参数变化试件

图 2-17 方形试件 h_e-Δ 曲线

（5）针对试件 C-4 和 C-7，在同一循环位移下，试件 C-7 的耗能均优于 C-4，这是因

为试件 C-7 屈服位移较小，较早地进入塑性变形阶段，滞回环较为饱满，试件耗能能力明显改善。

为进一步揭示 h_e 随 Δ 的变化规律，对 h_e 与 Δ 进行归一化分析。采用如式(2-8) 所示的数学模型拟合建立两者之间的关系，圆、方形试件拟合曲线分别如图 2-18、图 2-19 所示。

$$y=ax+b \tag{2-8}$$

式中，$y=h_e/h_{eu}$，h_{eu} 表示试件破坏时的耗能系数；$x=\Delta/\Delta_y$。针对圆形试件，控制参数 a 和 b 分别取 0.1194 和 0.1335，拟合相似度为 0.88；针对方形试件，控制参数 a 和 b 分别取 0.1343 和 0.0651，拟合相似度为 0.96。

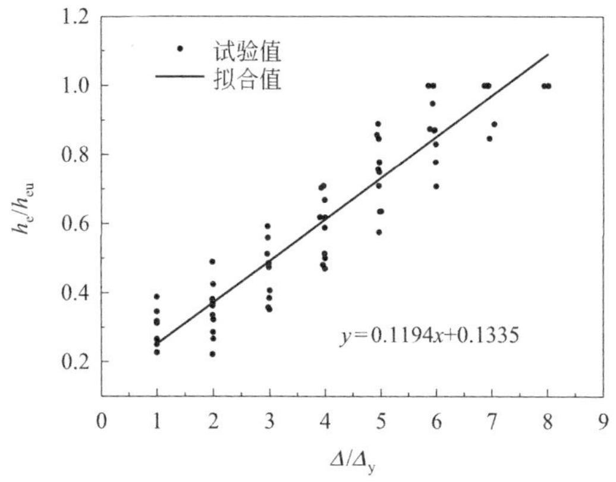

图 2-18　圆形试件 h_e/h_{eu}-Δ/Δ_y 拟合曲线

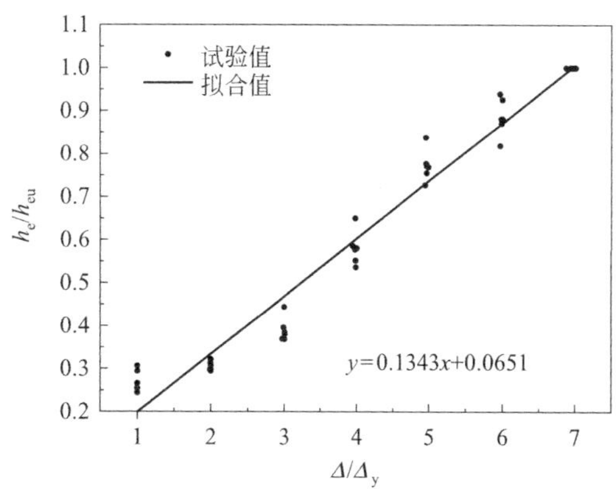

图 2-19　方形试件 h_e/h_{eu}-Δ/Δ_y 拟合曲线

2.10　强度衰减

强度衰减是指在低周反复荷载作用下，同一级循环位移时结构承载力随循环次数的增加而出现降低的现象。它是反映损伤不断累积的重要宏观物理量之一，是结构抗震性能的一个重要指标，结构抵抗外界作用的能力会因为损伤的不断累积而发生衰减。地震时，结构遭受到一定的损坏后，强度发生衰减，在随后不大的余震中可能遭受较为严重的破坏。

一般情况下，同一级循环位移进行三次循环，第一次循环时强度最大。强度衰减用某一控制位移下第 i 次循环时控制位移对应的荷载与第一次循环时控制位移对应的荷载之比表示。圆、方形试件在正负两个方向上不同循环位移下的强度衰减分别如图 2-20、图 2-21 所示，其中，P_i 表示某一控制位移下第 i 次循环时控制位移对应的荷载（i 取为 1、2、3），P_{j1} 表示第 j 级循环位移下第一次循环时控制位移对应的荷载（j 取为 1、2、3……）。

由图 2-20、图 2-21 可见：

(1) 总体上，圆、方形试件强度衰减经历一个由多到少再到多的过程，这与试件内部核心 RAC 裂缝形成、开展有关。在位移控制加载初期，钢管基本开始屈服，其所承受的

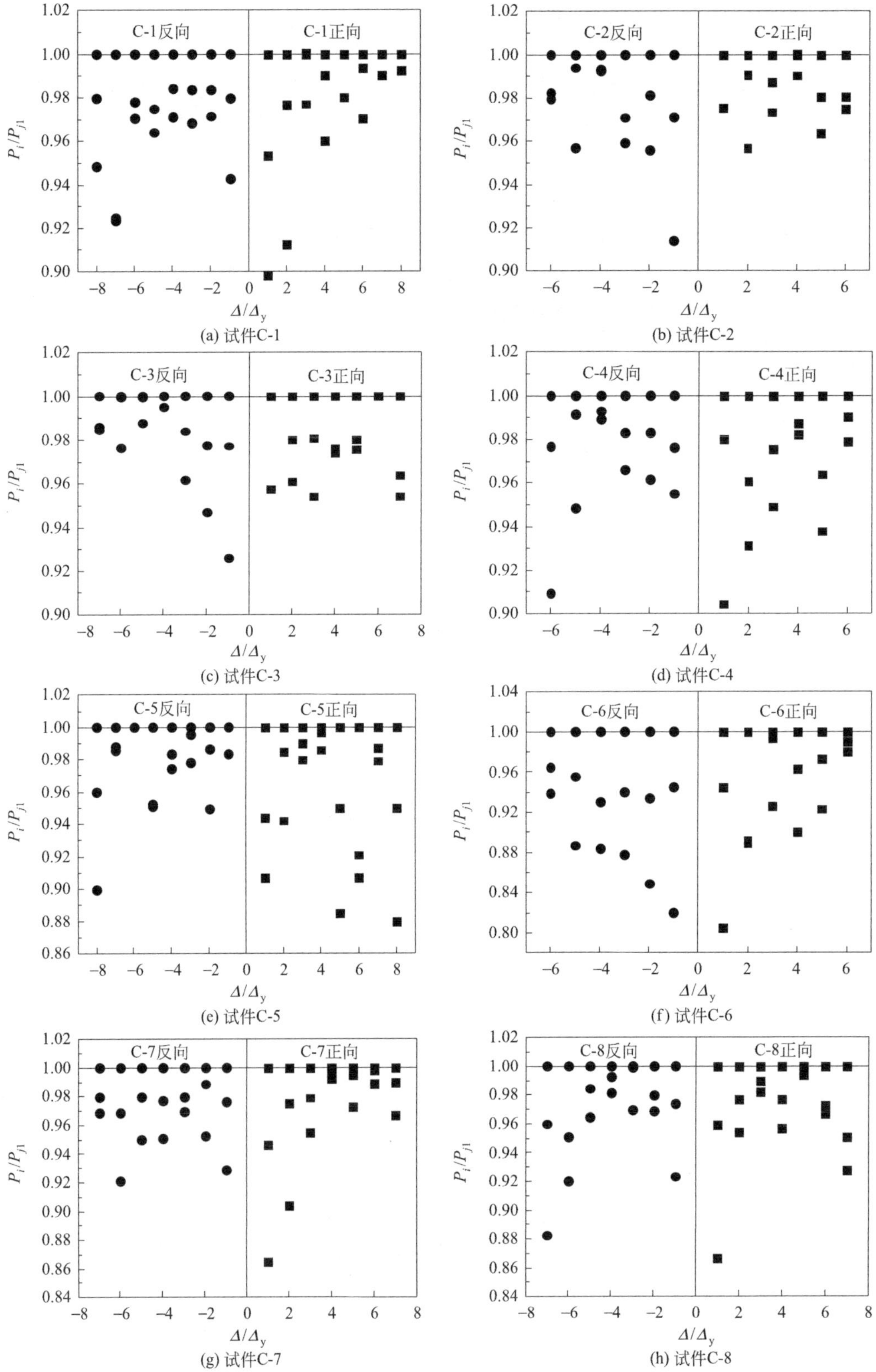

(a) 试件C-1

(b) 试件C-2

(c) 试件C-3

(d) 试件C-4

(e) 试件C-5

(f) 试件C-6

(g) 试件C-7

(h) 试件C-8

图 2-20 圆形试件强度衰减（一）

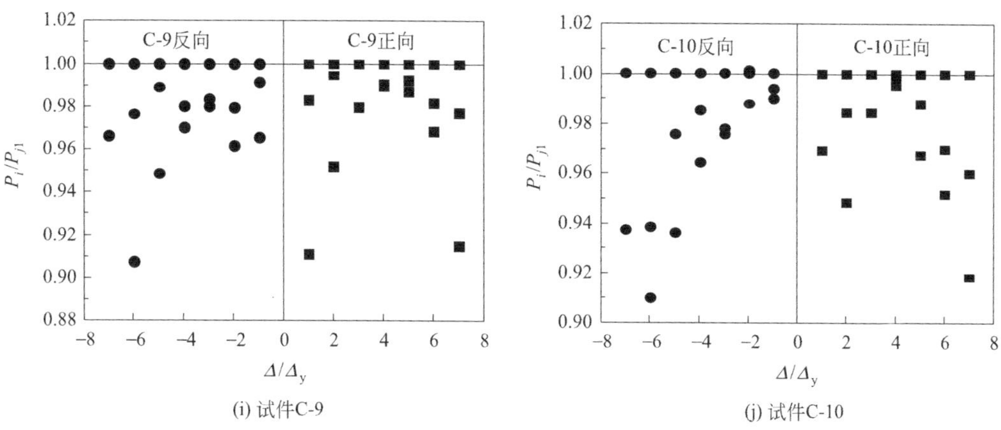

(i) 试件C-9

(j) 试件C-10

图 2-20　圆形试件强度衰减（二）

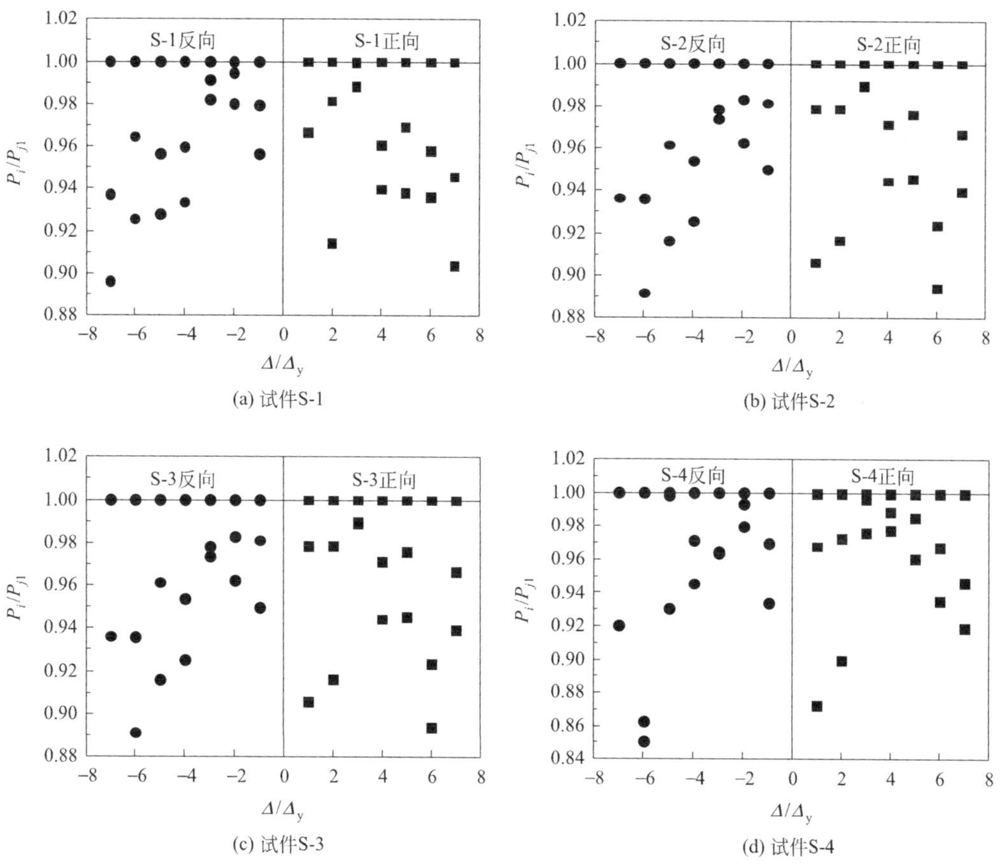

(a) 试件S-1

(b) 试件S-2

(c) 试件S-3

(d) 试件S-4

图 2-21　方形试件强度衰减（一）

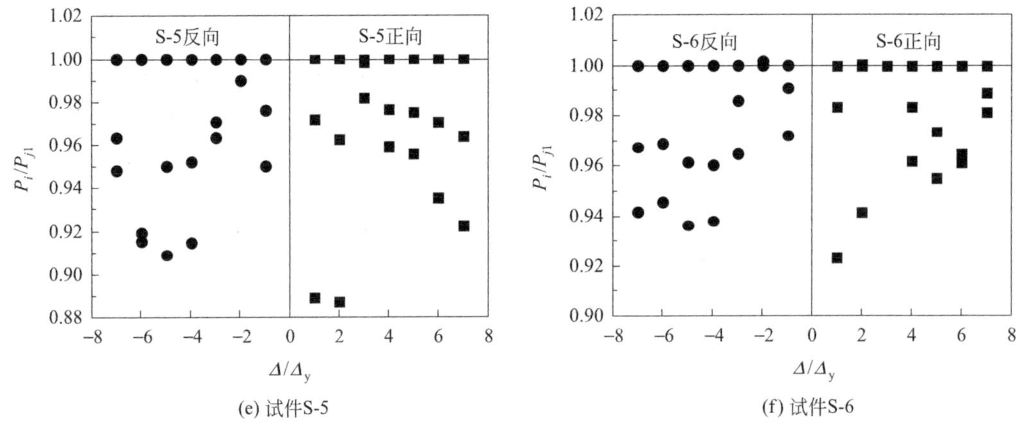

(e) 试件S-5
(f) 试件S-6

图 2-21 方形试件强度衰减（二）

轴向压力有一部分转移给核心 RAC，这造成底部核心 RAC 开裂区域较多，试件的承载力降低幅度较为明显；随着循环位移的增加，RAC 裂缝进入稳定期，此时新裂缝不再出现，试件的承载力较为稳定；当达到加载末期时，外部钢管鼓曲较为明显，其所承受的大部分轴向力转移给核心 RAC，RAC 出现大面积的开裂甚至压碎，试件的承载力再次大幅度地下降。

（2）针对取代率单参数变化试件，圆形试件最大强度衰减介于 0.904～0.926 之间，方形试件介于 0.851～0.896 之间。

（3）针对长细比单参数变化试件，长细比越大，强度衰减越明显。试件 C-4、C-5 和 C-6 最大强度衰减分别达到了 0.904、0.880 和 0.805。

（4）针对轴压比单参数变化试件，总体上讲，随着轴压比的增加，强度衰减越多。圆形试件 C-7、C-8、C-9 和 C-10 最大强度衰减分别达到了 0.864、0.866、0.908 和 0.910，方形试件 S-4、S-5 和 S-6 最大强度衰减分别达到了 0.851、0.887 和 0.923。

（5）针对壁厚不同的试件 C-4 和 C-7，除个别点外，强度衰减基本上在 0.920 以上。与试件 C-4 比较，试件 C-7 强度衰减并不明显。

2.11 刚度退化

在反复荷载作用下，刚度包括等效刚度和割线刚度两种表示形式，本章采用割线刚度来表示反复荷载作用下试件的变形性能。割线刚度按式(2-9) 计算，其含义是试件第 i 次的割线刚度等于第 i 次循环的正负最大荷载（$+F_i$ 和 $-F_i$）的绝对值之和与相应变形（$+X_i$ 和 $-X_i$）绝对值之和的比值。

$$K_i=\frac{|+F_i|+|-F_i|}{|+X_i|+|-X_i|} \tag{2-9}$$

刚度退化有两种形式，一种为在循环位移相同时割线刚度随循环次数的增加而减小，另一种为割线刚度随循环位移的增大而减小。圆、方形试件第一种刚度退化分别如图 2-22、图 2-23 所示，第二种刚度退化分别如图 2-24、图 2-25 所示。其中，K_i 表示同一级循环位移下每一次循环的割线刚度，i 取 1，2，3，K_{j1} 表示每级循环位移下第一次循环的割线刚度。

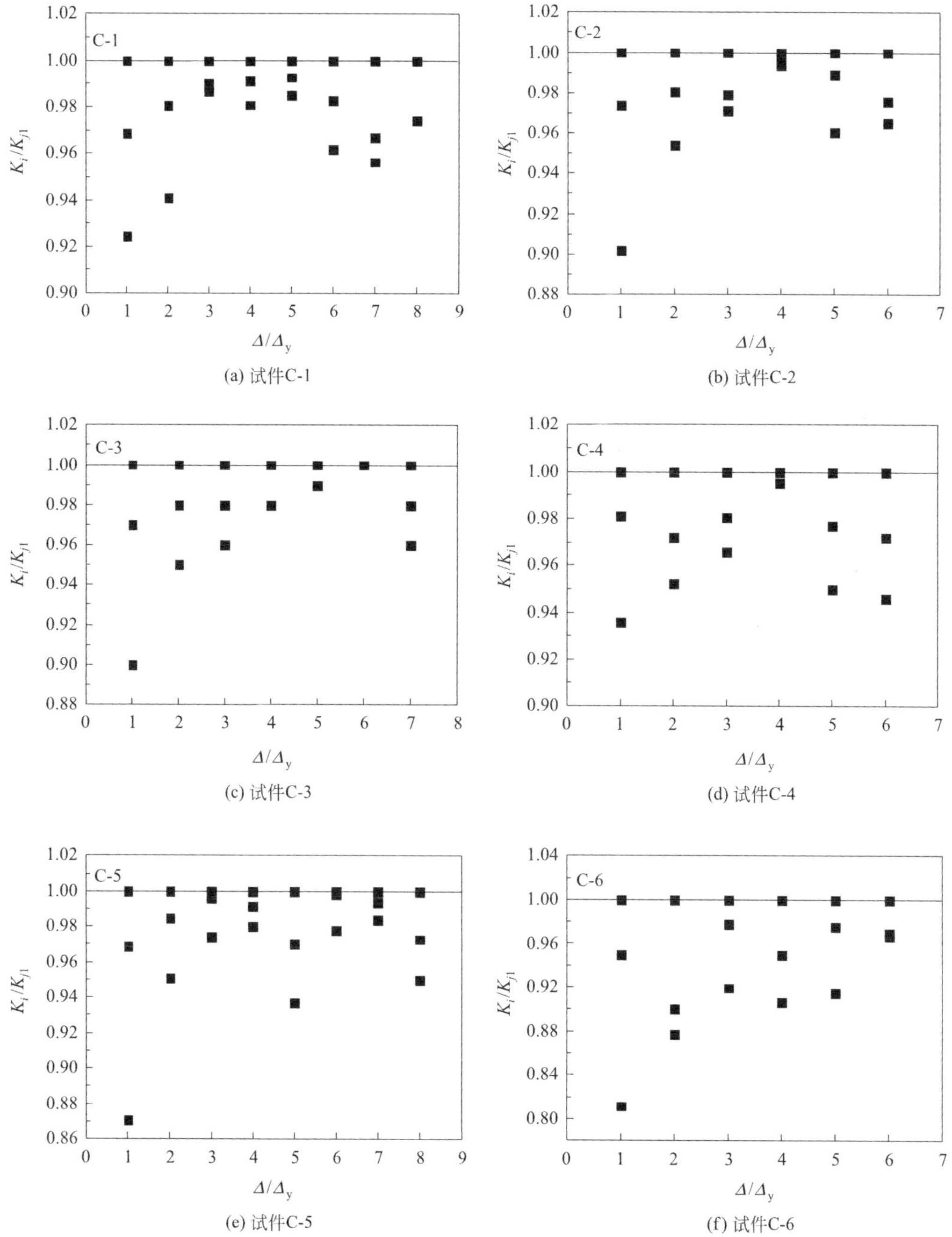

(a) 试件C-1

(b) 试件C-2

(c) 试件C-3

(d) 试件C-4

(e) 试件C-5

(f) 试件C-6

图 2-22　圆形试件第一种刚度退化（一）

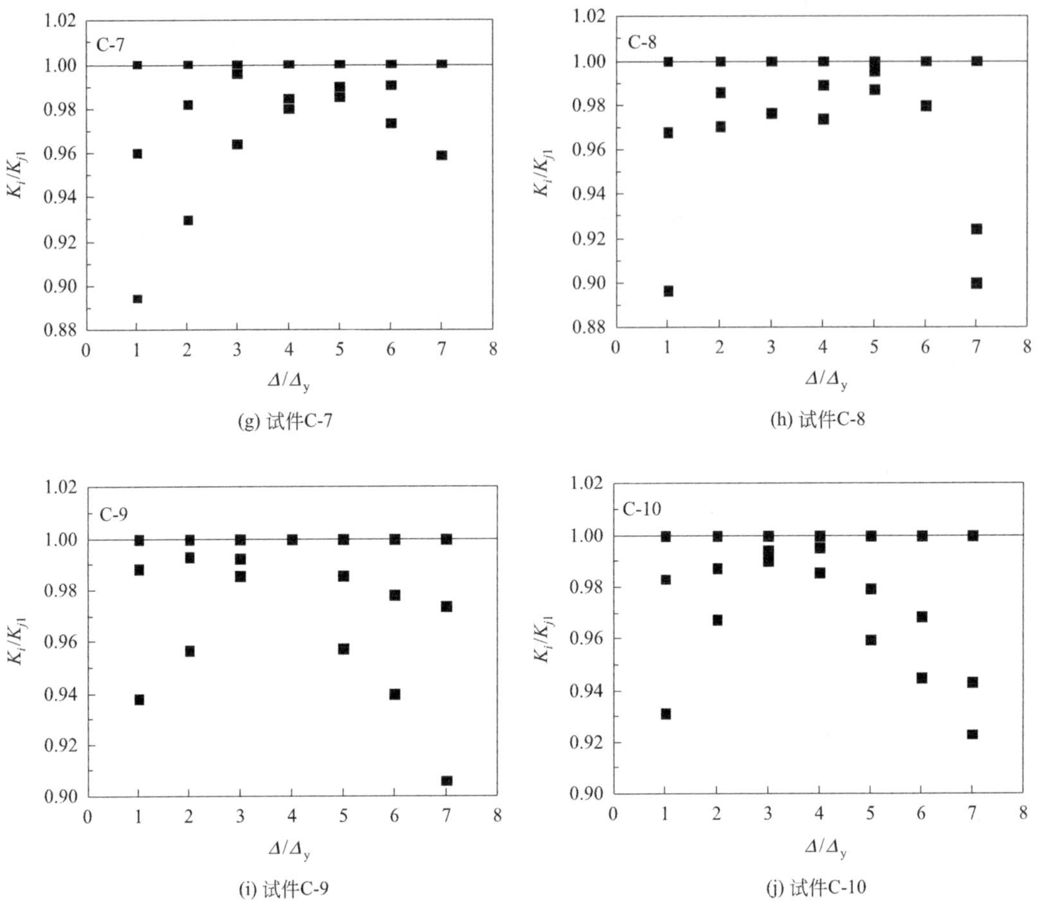

(g) 试件C-7

(h) 试件C-8

(i) 试件C-9

(j) 试件C-10

图 2-22　圆形试件第一种刚度退化（二）

由图 2-22 和图 2-23 可见：

（1）与强度衰减的规律相似，刚度退化同样经历一个由多到少再到多的过程，原因与强度衰减一致，在此不再赘述。

（2）针对取代率单参数变化试件，圆形试件最大刚度退化介于 0.900～0.936 之间，方形试件介于 0.879～0.907 之间。

（3）针对长细比单参数变化试件，长细比越小，刚度退化越明显。试件 C-4、C-5 和 C-6 最大刚度退化分别达到了 0.936、0.870 和 0.811。

（4）针对轴压比单参数变化试件，总体上，随着轴压比的增加，刚度退化越多。圆形试件 C-7、C-8、C-9 和 C-10 最大刚度退化分别达到了 0.894、0.896、0.906 和 0.923，方形试件 S-4、S-5 和 S-6 最大刚度退化分别达到了 0.887、0.913 和 0.946。

（5）针对壁厚不同的试件 C-4 和 C-7，除个别点外，刚度退化基本上在 0.930 以上。与试件 C-7 比较，试件 C-4 刚度退化与强度衰减规律相似，壁厚优势在刚度退化方面并不明显。

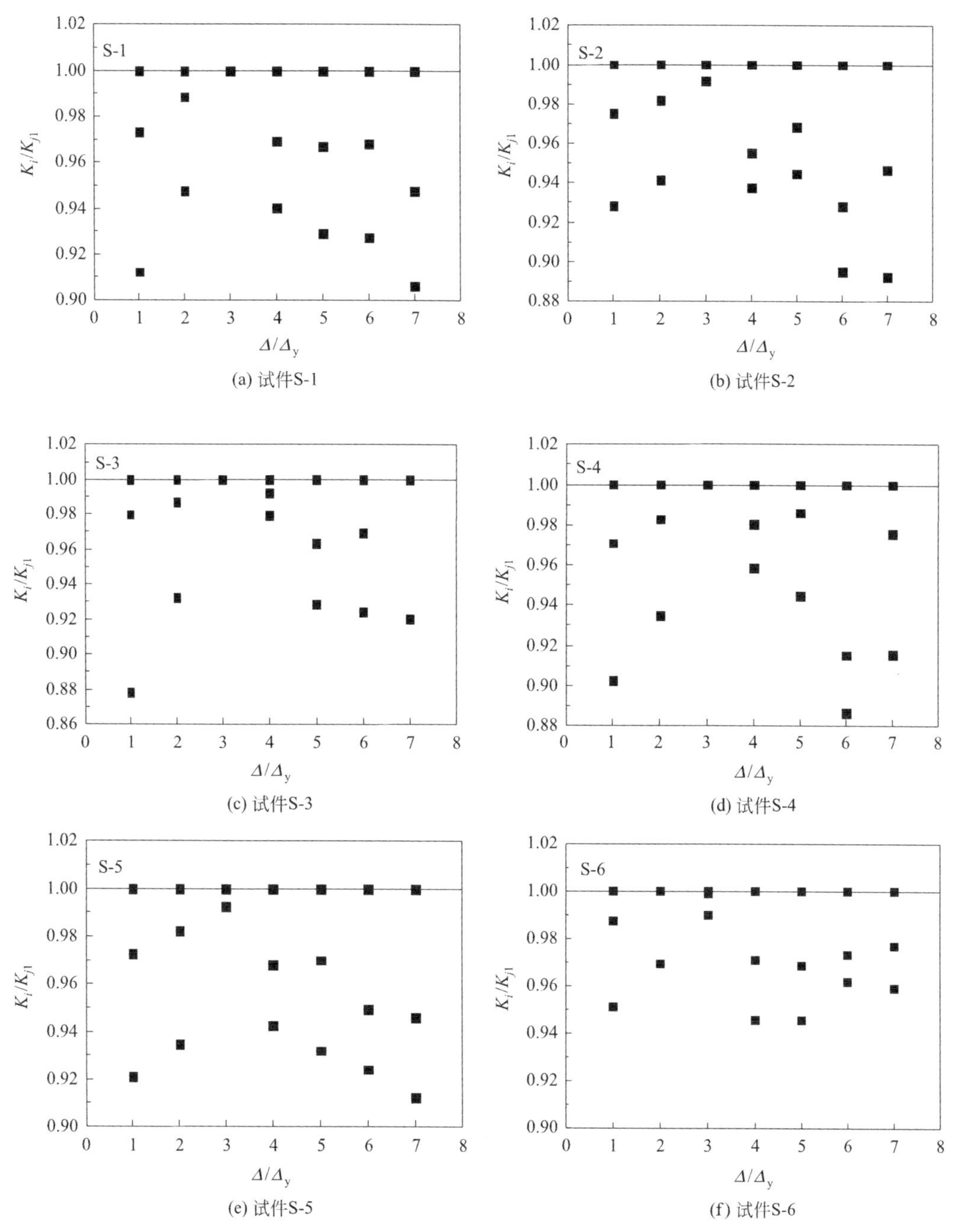

图 2-23　方形试件第一种刚度退化

由图 2-24 和图 2-25 可见：

(1) 所有圆、方形试件的刚度退化趋势一致，退化速率均是由大到小。在加载前期，由于试件的截面尺寸较小，抗弯刚度不大，试件处于弹性阶段的受力范围较小，曲线中的最高点即为试件的初始弹性刚度。此后，试件进入非线性受力阶段，钢管内部 RAC 开裂较多，割线刚度退化速率较大，曲线走势较陡。随着位移的增加，曲线开始出现转折点，此时试件基本屈服，割线刚度退化速率开始变小。在加载末期，刚度退化速率达到最小，此时试件残留割线刚度已不大。

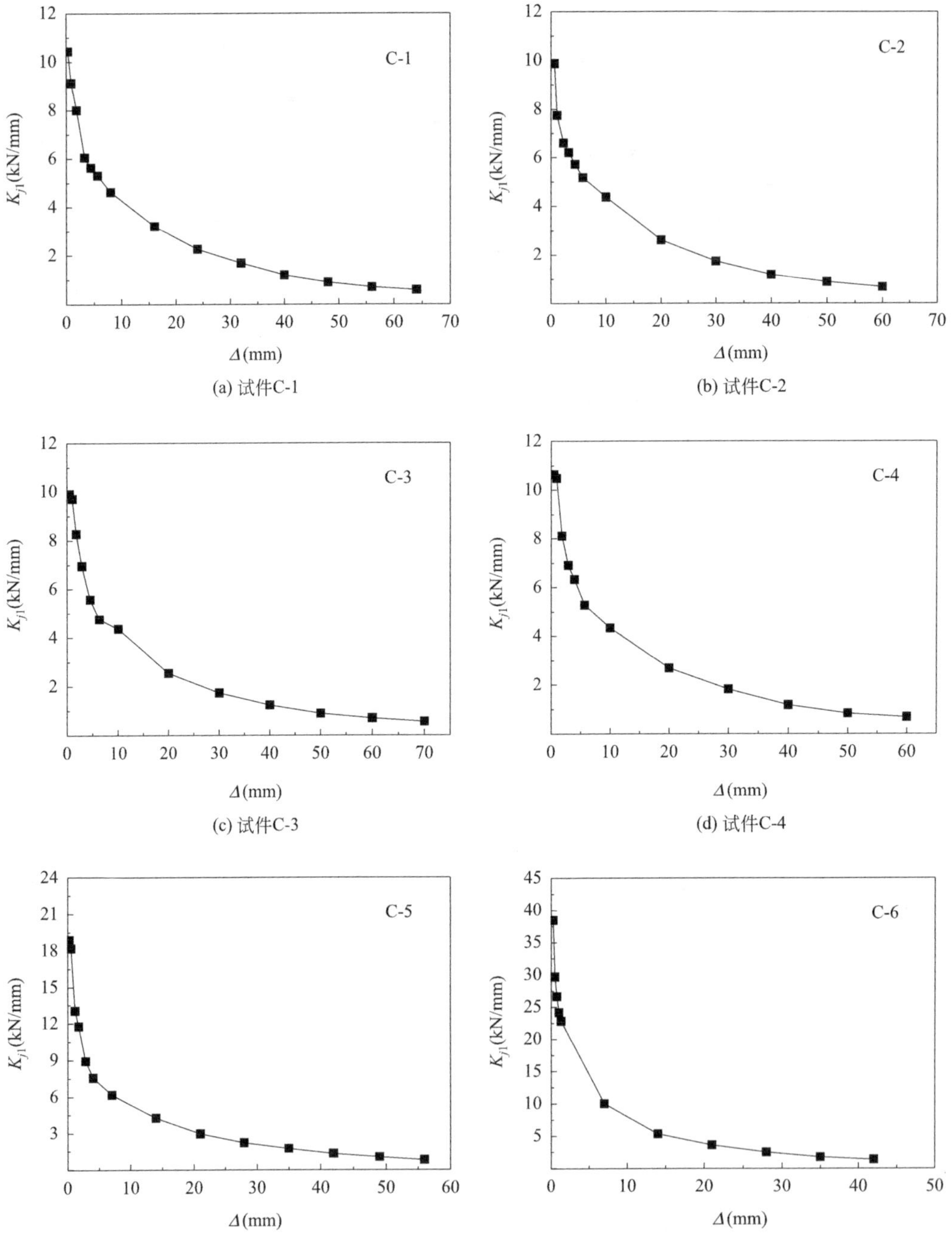

(a) 试件C-1

(b) 试件C-2

(c) 试件C-3

(d) 试件C-4

(e) 试件C-5

(f) 试件C-6

图 2-24　圆形试件第二种刚度退化（一）

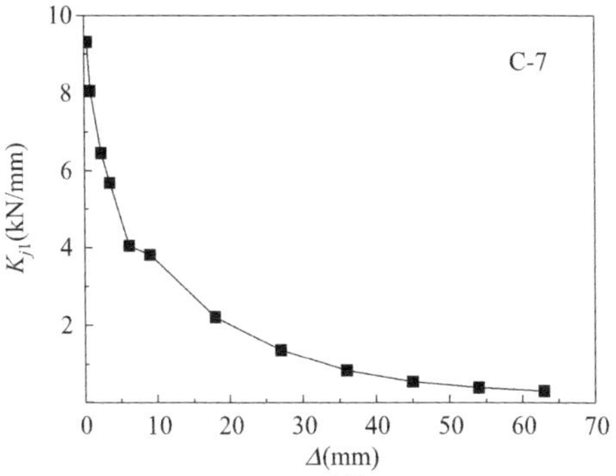

(g) 试件C-7

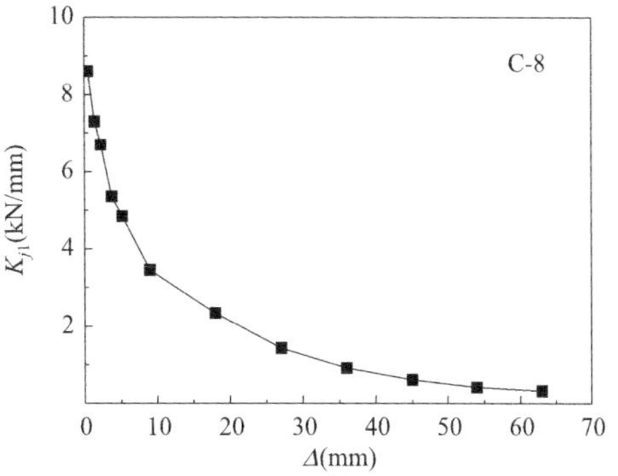

(h) 试件C-8

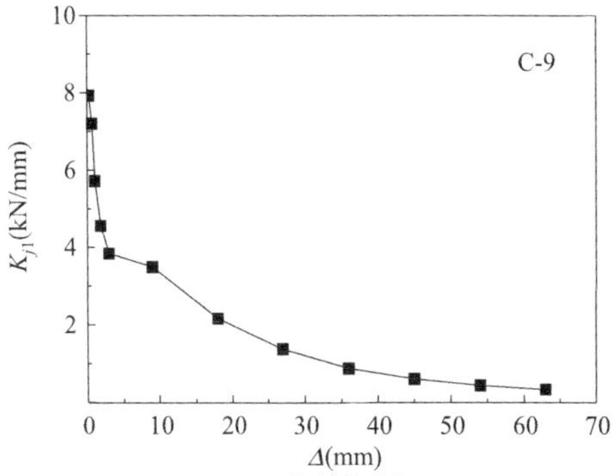

(i) 试件C-9

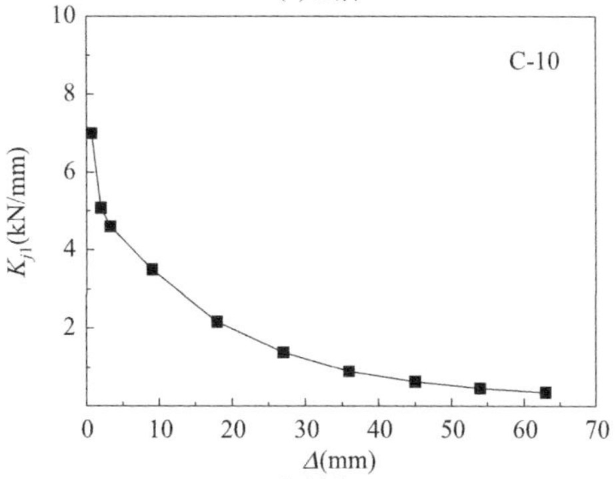

(j) 试件C-10

图 2-24　圆形试件第二种刚度退化（二）

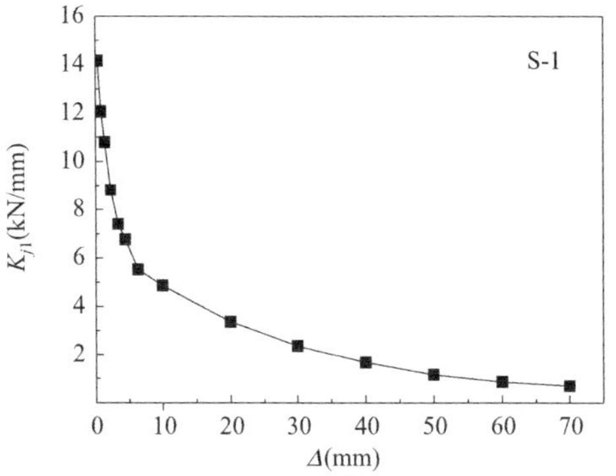

(a) 试件S-1

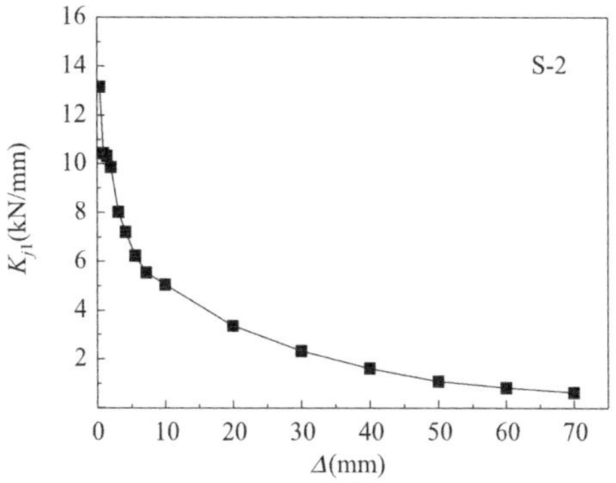

(b) 试件S-2

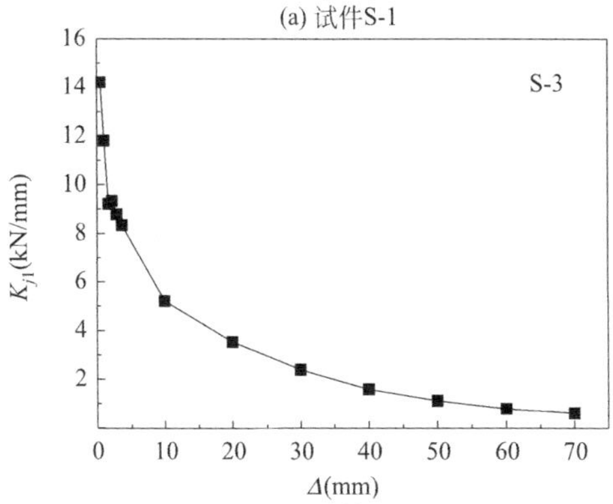

(c) 试件S-3

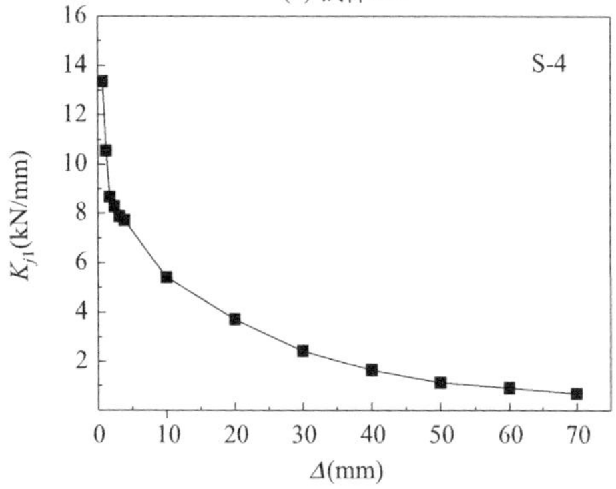

(d) 试件S-4

图 2-25　方形试件第二种刚度退化（一）

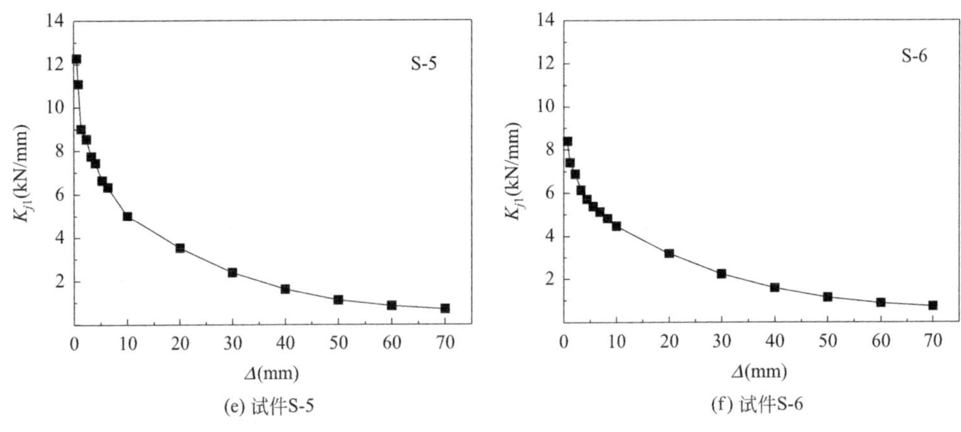

(e) 试件S-5　(f) 试件S-6

图 2-25　方形试件第二种刚度退化（二）

（2）针对取代率单参数变化试件，圆形试件初始弹性刚度介于 9.5～11.0kN/mm 之间，方形试件介于 13.0～14.5kN/mm 之间。初始弹性刚度变化范围不大，表明在不同取代率下采用废弃混凝土配制 RAC 不会显著改变试件的初始弹性刚度。

（3）针对长细比单参数变化试件，随长细比的减小，试件初始弹性刚度逐渐增大。

（4）针对轴压比单参数变化试件，随着轴压比的增加，试件的初始弹性刚度依次增大。这是因为一方面在弹性阶段，试件的变形较小，轴压比虽然增加，但二阶效应并不明显，初始弹性刚度不受其影响；另一方面，随着轴压比的增加，核心 RAC 的受压面积不断增加，受拉区 RAC 的面积不断减小，使得试件初始刚度有所增加。

（5）针对试件 C-4 和 C-7，试件 C-4 的初始弹性刚度略大于试件 C-7，这是因为试件 C-4 壁厚较大，截面尺寸及惯性矩增加。在加载末期，试件 C-4 割线刚度同样略大于试件 C-7。

为进一步揭示单参数变化试件的刚度退化规律，对刚度-位移曲线按照设计参数进行归一化分析，如图 2-26 和图 2-27 所示。其中，K_e 为试件弹性阶段初始刚度。可见：

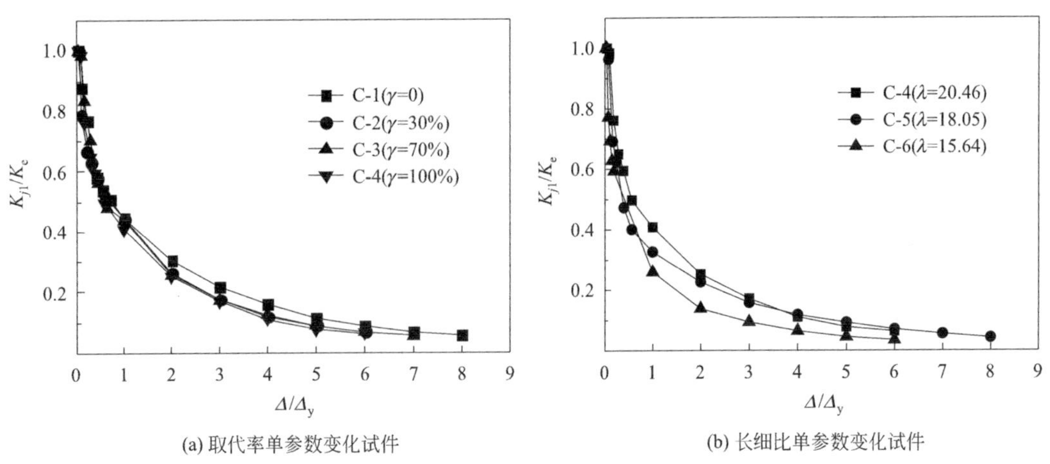

(a) 取代率单参数变化试件　(b) 长细比单参数变化试件

图 2-26　圆形试件刚度-位移归一化分析（一）

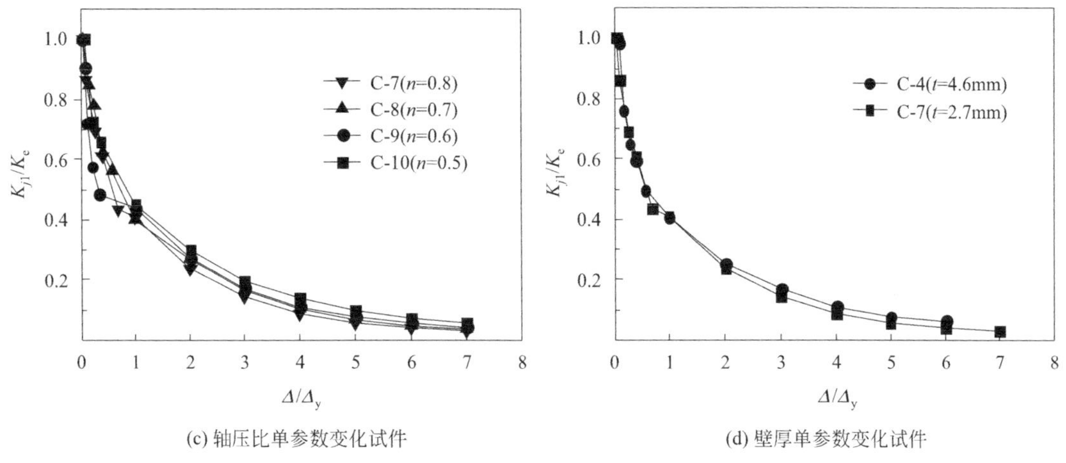

(c) 轴压比单参数变化试件　(d) 壁厚单参数变化试件

图 2-26　圆形试件刚度-位移归一化分析（二）

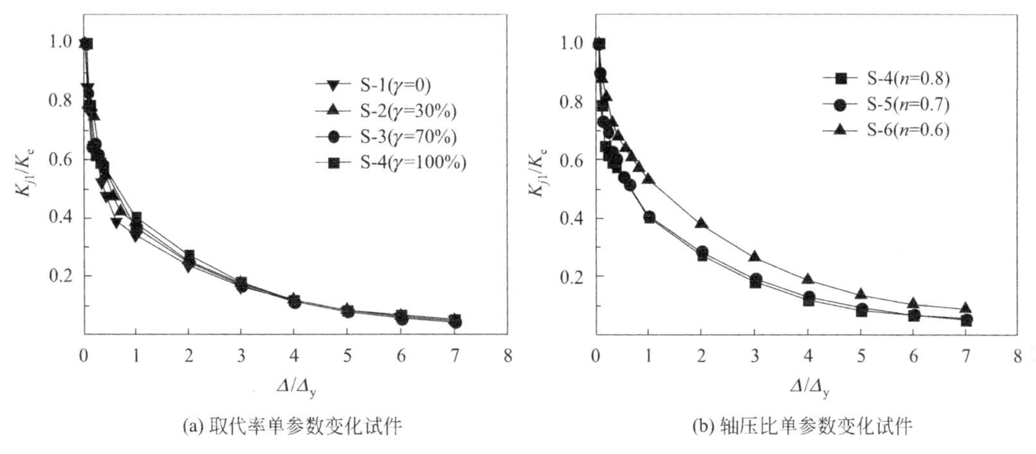

(a) 取代率单参数变化试件　(b) 轴压比单参数变化试件

图 2-27　方形试件刚度-位移归一化分析

（1）针对取代率单参数变化试件，刚度退化曲线基本重合，方形试件重合程度优于圆形试件。不同再生粗骨料取代率下，RACFST 试件刚度退化规律基本一致。

（2）针对长细比单参数变化试件，在试件屈服前后，随长细比的增加，刚度退化逐渐变慢。

（3）针对轴压比单参数变化试件，随着轴压比的增加，试件的刚度退化速率逐渐增大，这主要与试验后期较为明显的二阶效应有关。

（4）针对试件 C-4 和 C-7，刚度退化曲线基本重合，退化速率基本一致，表明壁厚优势在刚度退化控制方面不明显。

表 2-13、表 2-14 分别列出了试验各阶段圆、方形试件特征刚度实测值，其中，K_e、K_y、K_m、K_u 分别为弹性刚度、屈服刚度、峰值刚度、破坏刚度。

圆形试件特征刚度实测值　　**表 2-13**

试件编号	K_e(kN/mm)	K_y(kN/mm)	K_m(kN/mm)	K_u(kN/mm)	K_y/K_e	K_m/K_e	K_u/K_e
C-1	10.43	3.54	1.95	1.10	0.34	0.19	0.11
C-2	9.87	3.73	2.14	1.02	0.38	0.22	0.10

续表

试件编号	K_e(kN/mm)	K_y(kN/mm)	K_m(kN/mm)	K_u(kN/mm)	K_y/K_e	K_m/K_e	K_u/K_e
C-3	9.90	3.78	1.74	0.89	0.38	0.18	0.09
C-4	10.64	3.64	2.20	1.02	0.34	0.21	0.10
C-5	18.87	4.81	3.03	1.13	0.25	0.16	0.06
C-6	38.46	9.62	5.60	2.23	0.25	0.15	0.06
C-7	9.32	3.70	2.21	1.10	0.40	0.24	0.12
C-8	8.60	3.70	2.21	1.10	0.43	0.26	0.13
C-9	7.93	3.03	1.74	0.95	0.38	0.22	0.12
C-10	6.99	2.67	1.73	0.86	0.38	0.25	0.12

方形试件特征刚度实测值 **表 2-14**

试件编号	K_e(kN/mm)	K_y(kN/mm)	K_m(kN/mm)	K_u(kN/mm)	K_y/K_e	K_m/K_e	K_u/K_e
S-1	14.15	3.79	2.36	1.29	0.27	0.17	0.09
S-2	13.16	4.18	2.32	1.34	0.32	0.18	0.10
S-3	14.20	4.22	2.94	1.54	0.30	0.21	0.11
S-4	13.35	4.43	3.69	1.52	0.33	0.28	0.11
S-5	12.27	4.14	2.87	1.38	0.34	0.23	0.11
S-6	8.40	3.51	2.23	1.15	0.42	0.18	0.09

对刚度-位移曲线进行归一化分析目的之一是建立刚度-位移数学表达式，圆、方形试件刚度退化拟合曲线分别如图 2-28、图 2-29 所示。可见所有试件的刚度退化均表现良好的规律性，可以采用如式(2-10) 所示的数学模型。

$$y=\frac{a}{a+x} \tag{2-10}$$

式中，$y=K_{j1}/K_e$，$x=\Delta/\Delta_y$。针对圆、方形试件，拟合相似度分别为 0.97、0.96，控制参数 a 分别取 0.5816 和 0.6005。

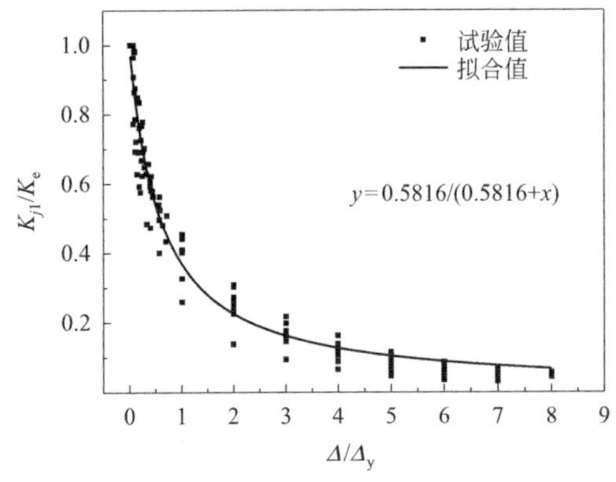

图 2-28　圆形试件刚度退化拟合曲线

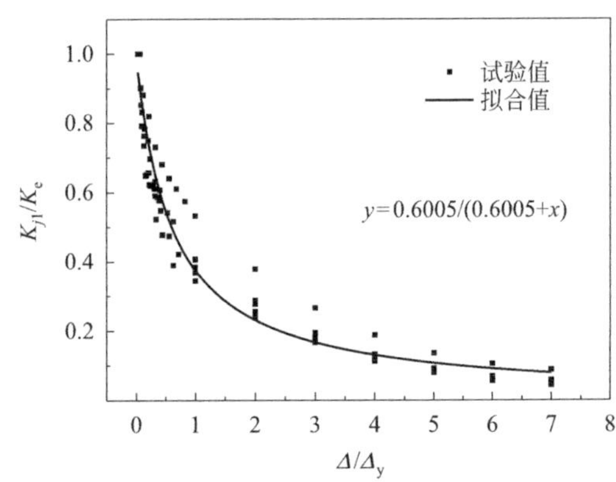

图 2-29　方形试件刚度退化拟合曲线

2.12 设计参数影响分析

本节将讨论再生粗骨料取代率、长细比、轴压比和钢管壁厚等设计参数对试件位移延性系数、特征点（屈服点、峰值点和破坏点）强度、特征点（初始点、屈服点、峰值点和破坏点）刚度和特征点（屈服点、峰值点和破坏点）耗能系数的影响。需要说明的是，Strength 表示强度，Stiffness 表示刚度，Elastic stage、Yield point、Peak point 和 Failure point 分别表示弹性阶段、屈服点、峰值点和破坏点。由于破坏点强度统一取为峰值点强度的85%，所以本节仅分析屈服点强度和峰值点强度受设计参数的影响。

2.12.1 再生粗骨料取代率

试验采用的再生粗骨料取代率有0（试件C-1、S-1）、30%（试件C-2、S-2）、70%（试件C-3、S-3）和100%（试件C-4、S-4）四种。试件C-1、S-1属于钢管普通混凝土试件，将其作为取代率影响因素分析的基准试件。对再生粗骨料取代率影响因素的分析，从位移延性系数、特征点强度、特征点刚度和特征点耗能系数四方面进行。

1. 位移延性系数受影响分析

在不同取代率下圆、方形试件的位移延性系数如图2-30、图2-31所示。可见，不同再生粗骨料取代率下，圆形试件的位移延性系数在3.18～4.24之间，最大变化幅度为25.0%，方形试件的位移延性系数介于2.80～3.04之间，最大变化幅度为7.9%。由于圆形试件取代率为70%的试件位移延性系数达到了最大4.24，致使最大变化幅度较大，而方形试件取代率为70%的试件位移延性系数却达到了最小2.80，之所以出现这种没有规律的现象主要与RAC较大的离散性有关。随着取代率的增加，圆形试件位移延性系数变化幅度依次为12.58%、18.44%和−15.57%，方形试件位移延性系数变化幅度依次为2.01%、−7.89%和6.43%。综上可知，位移延性系数随取代率的增加并没有表现出明显的、统一的规律。

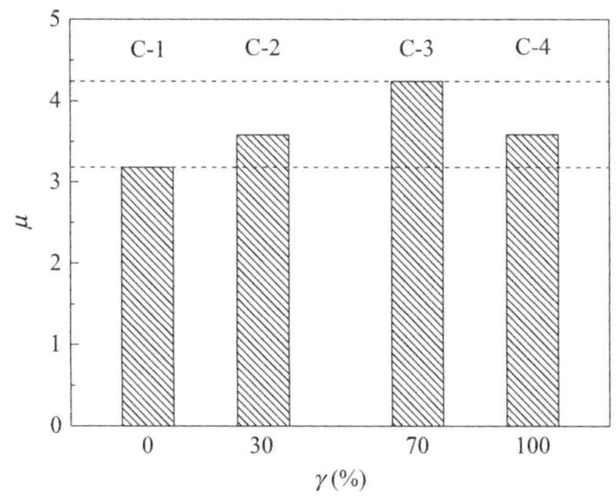

图2-30 圆形试件延性系数随取代率变化幅度

图2-31 方形试件延性系数随取代率变化幅度

圆钢管普通混凝土试件 C-1 位移延性系数最小，试件 C-2、C-3 和 C-4 与之相比，变化幅度分别为 12.58%、33.33%和 12.58%；方形试件 S-1 位移延性系数较小，试件 S-3 与试件 S-1 仅差−6.04%，试件 S-2、试件 S-4 与试件 S-1 分别相差 2.01%和 0。与钢管普通混凝土试件相比，再生粗骨料取代率的增加并没有显著降低圆、方 RACFST 柱试件的位移延性系数，圆形试件甚至出现了一定的增长。基于位移延性系数抗震性能指标需求，RAC 用于钢管混凝土工程承重结构之中是可行的。

2. 特征点强度受影响分析

圆、方形试件特征点强度随再生粗骨料取代率的变化幅度分别如图 2-32、图 2-33 所示。可见，特征点强度变化幅度不大，尤其是屈服点强度变化非常小。随着取代率的增加，圆形试件屈服强度变化幅度分别为 0.47%、−2.40%和 1.69%，方形试件分别为 2.34%、0.64%和 0.83%；圆形试件峰值强度变化幅度为−1.88%、−2.38%和 5.61%，方形试件分别为−1.74%、5.49%和 0.76%。总体上，上述变化幅度均不大，即不同取代率下各试件特征点强度较为稳定。再生粗骨料取代率对 RAC 强度影响机理层面可从以下两个方面分析：(1) 再生粗骨料在机械破碎的过程之中，积累了较多原始损伤，由于骨料强度的降低，势必会影响 RAC 材料强度的降低，材料强度的降低势必会引起试件本身极限承载力的降低。(2) 再生粗骨料吸水率明显高于天然粗骨料，随着 RAC 取代率的增加，再生粗骨料的吸水量逐渐加大，被吸收的这部分水分并不参与水泥的水化作用，由此便会引起实际水胶比的降低，RAC 的材料强度得到提高，而材料强度的提高势必会引起试件本身极限承载力的提高。再生粗骨料的取代率越大，材料内部损伤越多，材料强度降低程度越大，但实际水胶比更低，由此引起的材料强度的提高越大，在这两方面的因素互相作用下，便出现了上述现象。

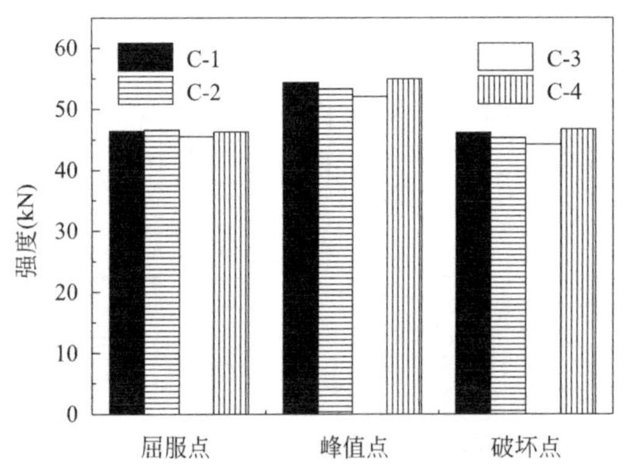

图 2-32 圆形试件强度随取代率变化幅度

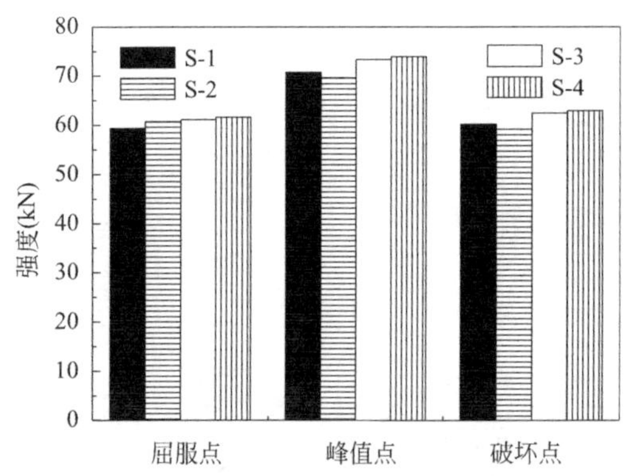

图 2-33 方形试件强度随取代率变化幅度

与钢管普通混凝土试件 C-1、S-1 相比，圆形其他试件屈服点强度变化幅度分别为 0.47%、−1.94%和−0.28%，峰值点强度变化幅度分别为−1.88%、−4.22%和 1.16%；方形其他试件屈服点强度变化幅度分别为 2.34%、3.00%和 3.86%，峰值点强度变化幅度分别为−1.74%、3.66%和 4.45%。所有试件的变化幅度绝对值均小于 5%，从工程应用的角度出发，其误差能够满足工程精度的要求。换言之，基于强度需求，RAC 可以应用于钢管混凝土工程承重结构之中。

3. 特征点刚度受影响分析

圆、方形试件特征点刚度随取代率的变化幅度分别如图 2-34、图 2-35 所示。可见，随着取代率的增加，圆形试件初始弹性刚度变化幅度分别为−5.37%、0.30%和 7.47%，方形试件分别为−7.00%、7.90%和−5.99%；圆形试件屈服点刚度变化幅度分别为 5.37%、1.34%和−3.70%，方形试件分别为 10.29%、0.96%和 4.98%；圆形试件峰值点刚度变化幅度分别为 9.74%、−18.69%和 26.44%，方形试件分别为−1.69%、26.72%和 25.51%；圆形试件破坏点刚度变化幅度分别为−7.27%、−12.75%和 14.61%，方形试件分别为 3.88%、14.93%和−1.30%。除了峰值点与破坏点刚度变化较大之外，圆、方形试件其他特征点刚度变化幅度较小。这是因为峰值点与破坏点刚度本身较小，圆形试件最大刚度不到 2.5kN/mm，方形试件最大刚度不到 4.0kN/mm，试验结果受加载与测量系统影响较大。

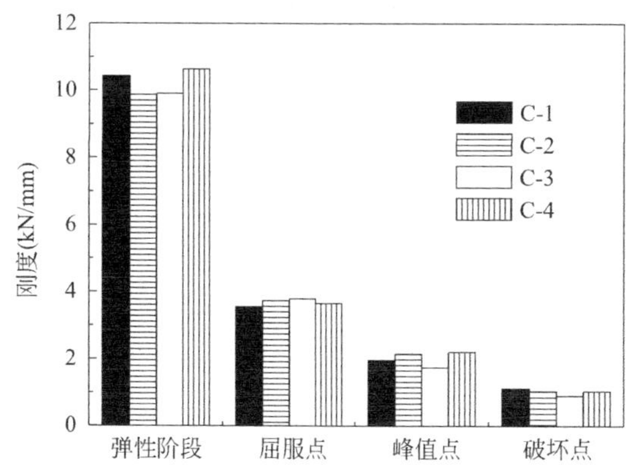

图 2-34　圆形试件刚度随取代率变化幅度

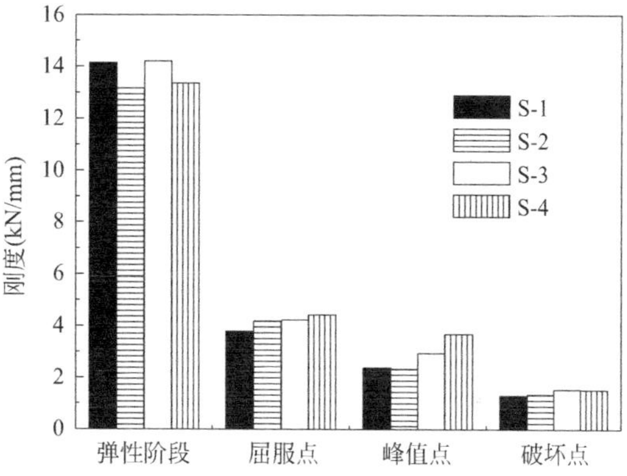

图 2-35　方形试件刚度随取代率变化幅度

与钢管普通混凝土试件 C-1、S-1 相比，圆形其他试件初始弹性刚度变化幅度分别为−5.37%、−5.08%和 2.01%，屈服点刚度变化幅度分别为 5.37%、6.78%和 2.82%；峰值点刚度变化幅度分别为 9.74%、−10.77%和 12.82%；破坏点刚度变化幅度分别为−7.27%、−19.09%和−7.27%。方形其他试件初始弹性刚度变化幅度分别为−7.00%、0.35%和−5.65%，屈服点刚度变化幅度分别为 10.29%、11.35%和 16.89%，峰值点刚度变化幅度分别为−1.69%、24.58%和 56.36%；破坏点刚度变化幅度分别为 3.88%、19.38%和 17.83%。所有试件的变化幅度绝对值均较小，或者其他试件的屈服点刚度明显大于钢管普通混凝土试件。从工程应用的角度出发，基于刚度需求，不同再生粗骨料取代率的 RAC 可以应用于钢管混凝土工程承重结构之中。

4. 特征点耗能系数受影响分析

在不同取代率下圆、方形试件的耗能系数分别如图 2-36、图 2-37 所示。可见，随着取代率的增加，圆形试件屈服点耗能系数变化幅度分别为 25.00%、−7.89%和 2.29%，方形试件分别为 3.92%、11.95%和−18.54%；圆形试件峰值点耗能系数变化幅度分别为 3.63%、16.34%和−21.74%，方形试件分别为 0、2.60%和−15.23%；圆形试件破坏点耗能系数变化幅度分别为 1.00%、13.30%和−5.87%，方形试件分别为 0、

−9.50%和−0.31%。耗能系数变化较大，这可能是由于耗能系数较小，受外界因素影响较大所致。

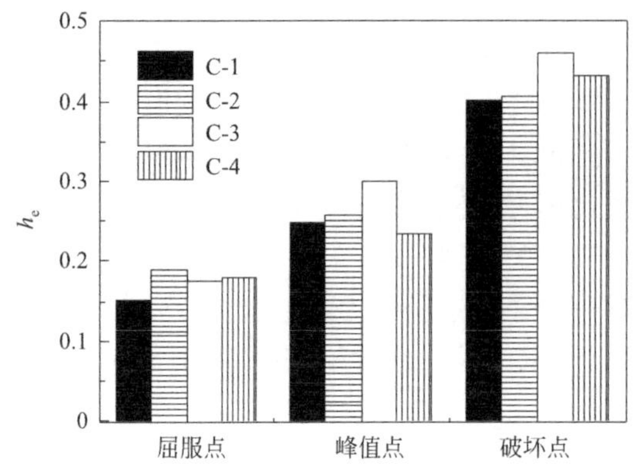

图 2-36 圆形试件耗能系数随取代率变化幅度

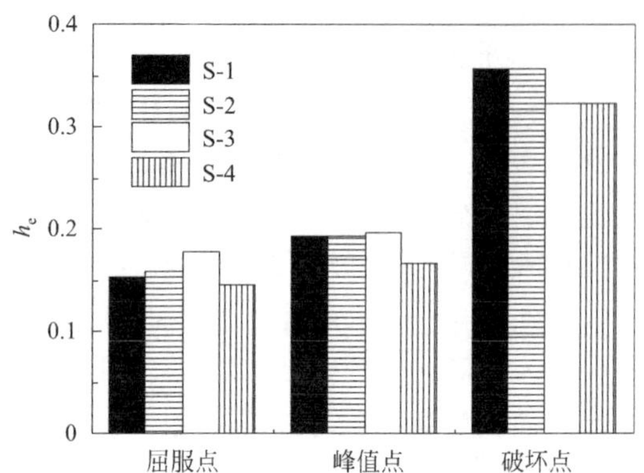

图 2-37 方形试件耗能系数随取代率变化幅度

与钢管普通混凝土试件 C-1、S-1 相比，圆形其他试件屈服点耗能系数变化幅度分别为 25.00%、15.13%和 17.76%，峰值点耗能系数变化幅度分别为 3.63%、20.56%和−5.65%，破坏点耗能系数变化幅度分别为 1.00%、14.43%和 7.71%；方形其他试件屈服点耗能系数变化幅度分别为 3.92%、16.34%和−5.23%，峰值点耗能系数变化幅度分别为 0、2.60%和−13.02%，破坏点耗能系数变化幅度分别为 0、−9.50%和−9.78%。圆形其他试件的特征点耗能系数大部分大于试件 C-1，个别点较小，但变化幅度较小；方形其他试件特征点耗能系数基本上大于试件 S-1，部分特征点耗能系数小于试件 S-1，但变化幅度同样不大。从工程应用的角度出发，基于耗能能力需求，不同再生粗骨料取代率的 RAC 可以应用于钢管混凝土工程承重结构之中。

2.12.2 长细比

试验针对圆形试件设计了三种长细比，分别是 20.46（试件 C-4）、18.05（试件 C-5）和 15.64（试件 C-6），其他设计参数保持一致。

1. 位移延性系数受影响分析

圆形试件位移延性系数如图 2-38 所示。可见，试件 C-6、C-5 和 C-4 的位移延性系数变化幅度分别为−22.96%和−19.19%，随着长细比的增加，试件越长越柔，位移延性系数反而逐渐减小。这是因为位移延性系数不仅与钢管底部塑性铰的转动有关，而且还与试件长度有关。在低周反复荷载作用下，压弯试件屈服位移 Δ_y 随试件长度的增加以接近试件长度的平方而增加，而破坏位移 Δ_u 在钢管底部出现塑性铰后仅以接近试件长度的一次方而增加。

朱伯龙指出，用延性系数比较两根同截面试件的延性时，只有当试件长度和边界条件相同时才有意义，而相对变形 Δ/H 却具有更一般的意义。如图 2-39 所示，随着长细比的增加，θ_u 逐渐增加，变形能力逐渐增强，验证了朱伯龙的结论。

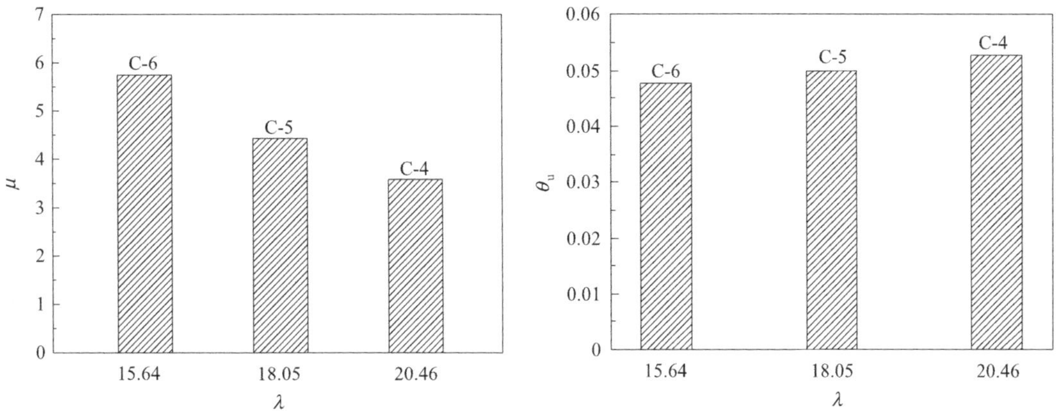

图 2-38　圆形试件延性系数随长细比变化幅度　　图 2-39　圆形试件延性系数随相对变形变化幅度

2. 特征点强度受影响分析

圆形试件特征点强度随长细比变化幅度如图 2-40 所示。可见，试件 C-4、C-5 和 C-6 屈服点强度变化幅度分别为 11.84%和 22.20%，峰值点强度变化幅度分别为 13.49%和 19.55%，破坏点强度变化幅度同峰值点。随着长细比的减小，试件的特征点强度逐渐增加，增加幅度不等。

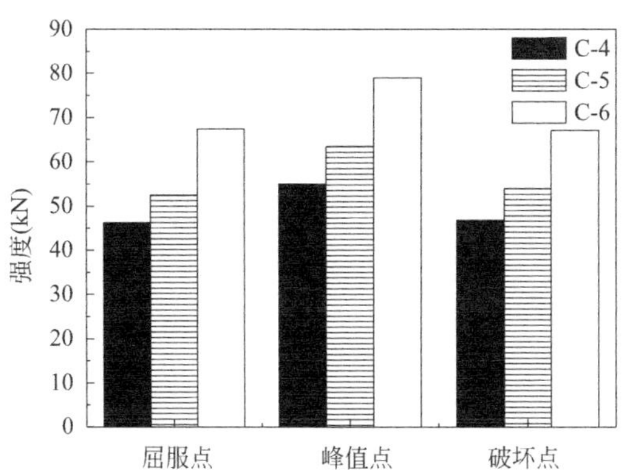

图 2-40　圆形试件强度随长细比变化幅度

3. 特征点刚度受影响分析

圆形试件特征点刚度随长细比变化幅度如图 2-41 所示。可见，试件 C-4、C-5 和 C-6 弹性阶段初始刚度变化幅度分别为 43.61%和 50.94%，屈服点刚度变化幅度分别为 24.32%和 50.00%，峰值点刚度变化幅度分别为 27.39%和 45.89%，破坏点刚度变化幅度分别为 9.73%和 49.33%。随着长细比的减小，试件的特征点刚度逐渐增加，增加幅度不等。

4. 特征点耗能系数受影响分析

圆形试件特征点耗能系数随长细比变化幅度如图 2-42 所示。可见，试件 C-4、C-5 和 C-6 屈服点耗能系数变化幅度分别为－11.18%和－2.55%，峰值点耗能系数变化幅度分别为－9.86%和－0.47%，破坏点耗能系数变化幅度分别为 0 和－14.55%。随着长细比的减小，试件特征点耗能系数逐渐减小，减小幅度不等。这是由于长细比越小的试件，其破坏过程越急促，破坏形态越接近脆性破坏，试件变形不够充分，引起耗能能力的减弱。

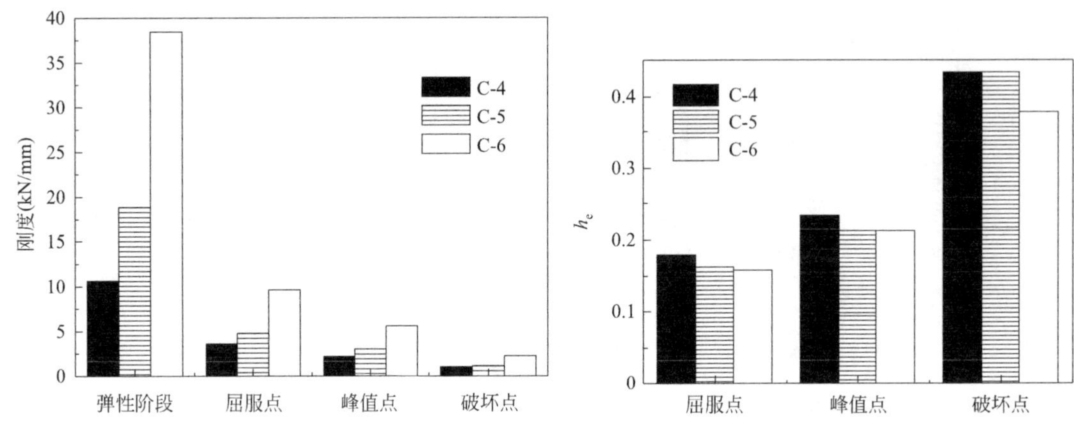

图 2-41　圆形试件刚度随长细比变化幅度　　图 2-42　圆形试件耗能系数随长细比变化幅度

2.12.3　轴压比

针对圆形试件，试验设计了四种轴压比，分别为 0.8（试件 C-7）、0.7（试件 C-8）、0.6（试件 C-9）和 0.5（试件 C-10）。针对方形试件，试验设计了三种轴压比，分别为 0.8（试件 S-4）、0.7（试件 S-5）和 0.6（试件 S-6）。

1. 位移延性系数受影响分析

在不同轴压比下圆、方形试件的位移延性系数分别如图 2-43、图 2-44 所示。可见，针对圆形试件 C-10、C-9、C-8 和 C-7，位移延性系数的变化幅度分别为 4.28%、0.63% 和 4.08%，方形试件 S-6、S-5 和 S-4 的变化幅度分别为 −0.32% 和 −2.93%。随着轴压比的增加，方形试件位移延性系数有所降低，圆形试件不仅没有降低，反而有所增加。出现这种情况是因为在加载前期试件的竖向荷载由外部钢管和核心 RAC 共同承担；在加载

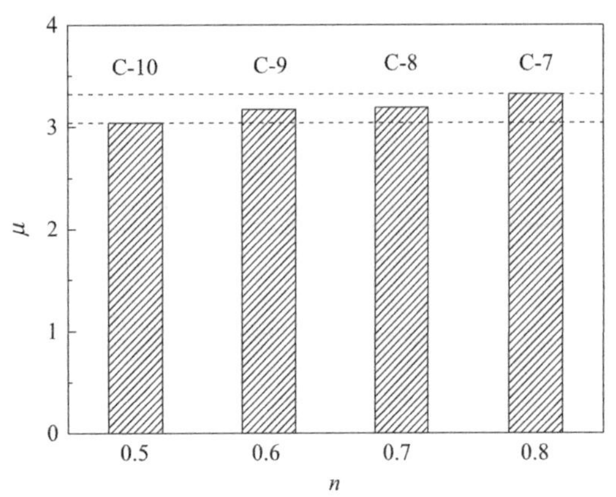

图 2-43　圆形试件延性系数随轴压比变化幅度

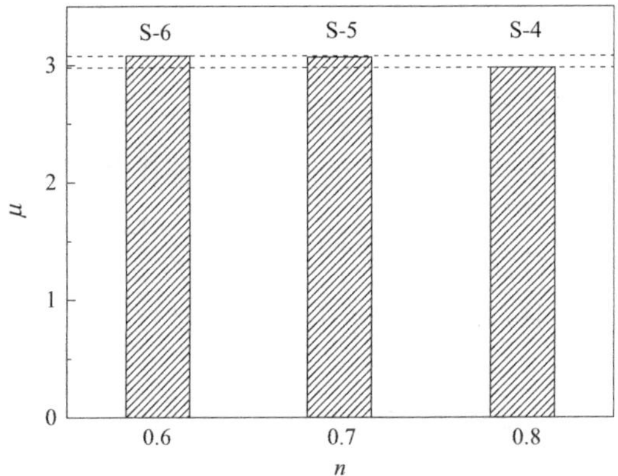

图 2-44　方形试件延性系数随轴压比变化幅度

后期，随着外部钢管的屈曲，大部分竖向荷载开始由核心 RAC 承担。为了反映竖向荷载的最终传力路径，本章选取的试验轴压比只与核心 RAC 有关，因此施加的轴向荷载相对于三向受力状态下 RAC 极限承载力比较小，使得所有试件的位移延性系数变化幅度不大，均小于 5%。综上所述，在现有设计参数变化范围内，位移延性系数受影响不大。

2. 特征点强度受影响分析

在不同轴压比下圆、方形试件的特征点强度如图 2-45、图 2-46 所示。可见，圆形试件 C-7、C-8、C-9 和 C-10 屈服点强度变化幅度分别为−4.91%、1.78%和−0.15%，方形试件 S-4、S-5 和 S-6 变化幅度分别为−3.10%和−3.49%；圆形试件峰值点、破坏点强度变化幅度分别为 5.52%、−7.02%和−1.38%，方形试件变化幅度分别为−3.45%和−6.14%。随着轴压比的减小，方形试件屈服点强度逐渐降低，但降幅不大；圆形试件并没有表现出相似的规律，个别强度甚至增加，但变化幅度同样不大。这表明试验轴压比较小时，特征点强度对现有的设计参数变化范围并不敏感。

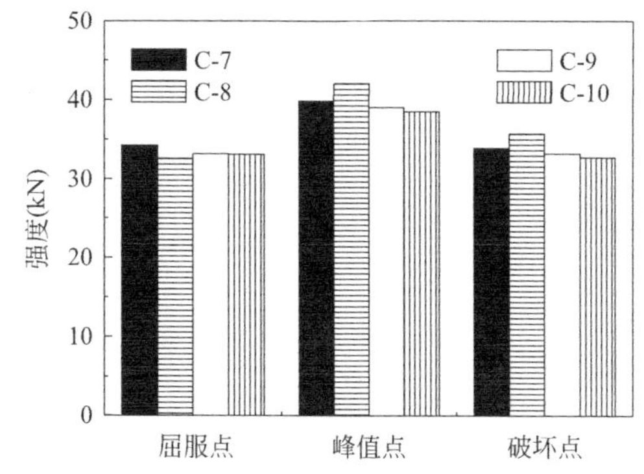

图 2-45　圆形试件强度随轴压比变化幅度

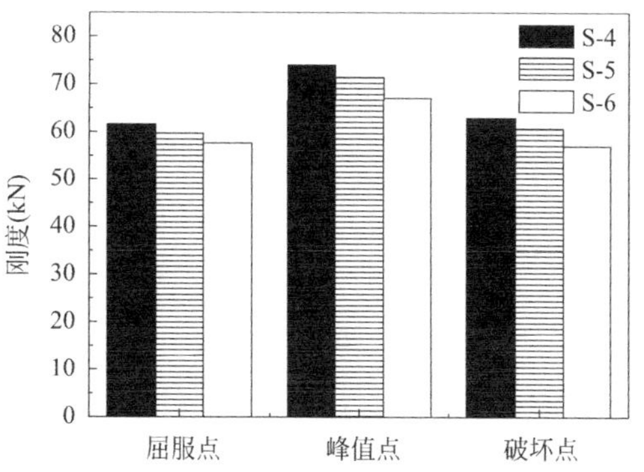

图 2-46　方形试件强度随轴压比变化幅度

3. 特征点刚度受影响分析

在不同轴压比下圆、方形试件特征点刚度分别如图 2-47、图 2-48 所示。可见，圆形试件 C-7、C-8、C-9 和 C-10 弹性阶段刚度变化幅度分别为−7.73%、−7.79%和−11.85%，方形试件 S-4、S-5 和 S-6 变化幅度分别为−8.09%和−31.54%；圆形试件

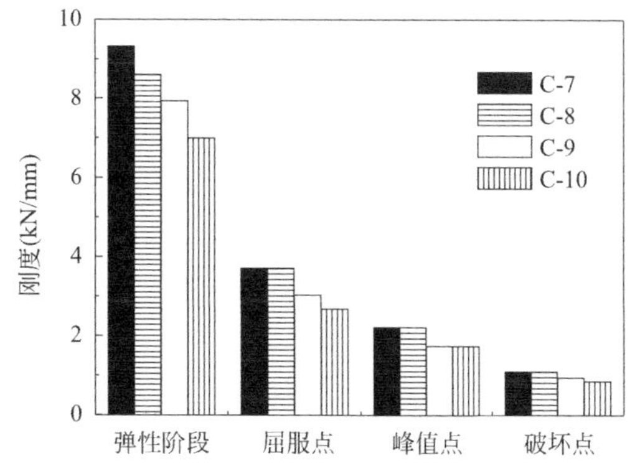

图 2-47　圆形试件刚度随轴压比变化幅度

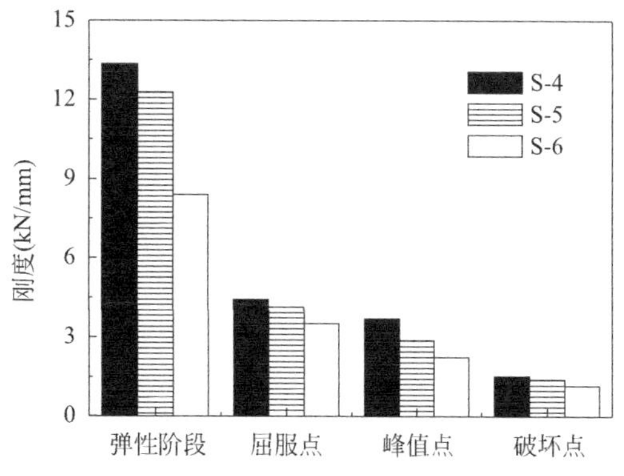

图 2-48　方形试件刚度随轴压比变化幅度

屈服点刚度变化幅度分别为 0、−18.11%和−11.88%，方形试件变化幅度分别为−6.55%和−15.22%；圆形试件峰值点刚度变化幅度分别为 0、−21.27%和−0.57%，方形试件变化幅度分别为−22.22%和−22.30%；圆形试件破坏点刚度变化幅度分别为 0、−13.64%和−9.47%，方形试件变化幅度分别为−9.21%和−16.67%。总体上，随着轴压比的减小，圆、方形试件特征点刚度逐渐减小，降幅较为明显，刚度对于轴压比的变化较为敏感。

4. 特征点耗能系数受影响分析

在不同轴压比下圆、方形试件特征点耗能系数分别如图 2-49、图 2-50 所示。可见，圆形试件 C-7、C-8、C-9 和 C-10 屈服点耗能系数变化幅度分别为−12.83%、0 和−1.84%，方形试件变化幅度分别为−5.52%和−8.03%；圆形试件峰值点耗能系数变化幅度分别为 2.14%、−2.51%和−9.87%，方形试件变化幅度分别为 5.39%和 8.52%；圆形试件破坏点耗能系数变化幅度分别为−5.06%、−0.89%和−8.96%，方形试件变化幅度分别为 4.64%和 6.51%。随着轴压比的减小，圆、方形试件特征点耗能系数变化规律不明显。总体上，特征点耗能系数对现有的设计参数变化范围并不敏感。

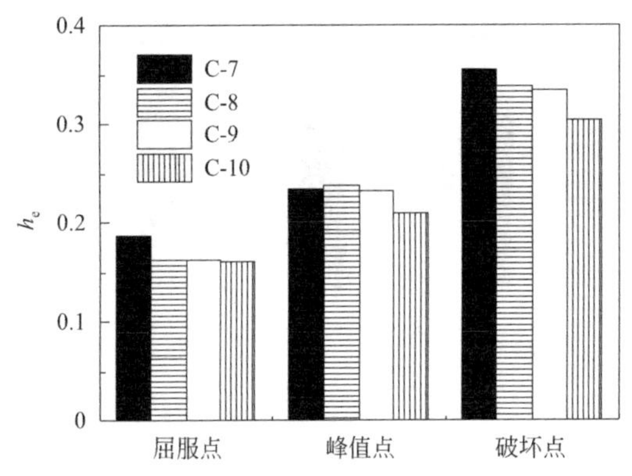

图 2-49 圆形试件耗能系数随轴压比变化幅度

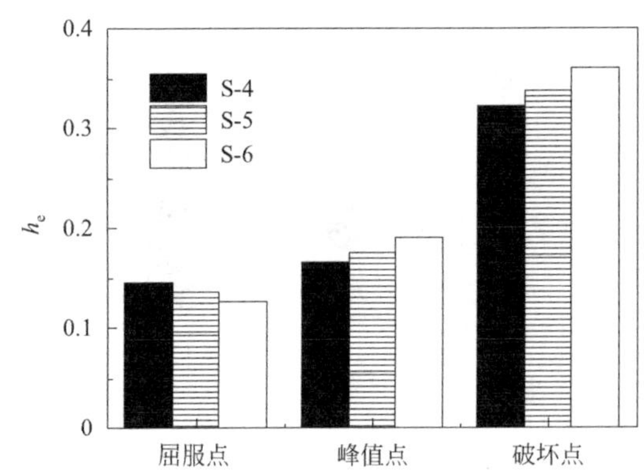

图 2-50 方形试件耗能系数随轴压比变化幅度

2.12.4 钢管壁厚

试验采用的钢管壁厚有 4.6mm（试件 C-4）和 2.7mm（试件 C-7）两种。

1. 位移延性系数受影响分析

不同壁厚下，圆形试件位移延性系数如图 2-51 所示。可见，在现有的参数变化范围内，与试件 C-7 相比，试件 C-4 位移延性系数的变化幅度为 7.83%，因为壁厚优势而带来的位移延性系数的增加并不太明显，这是因为加载后期两种钢管鼓曲均较严重，对核心 RAC 的约束力差别并不悬殊，试件 C-4 的后期变形能力不突出，使得位移延性系数增加不多。

2. 特征点强度受影响分析

不同壁厚下，圆形试件特征点强度如图 2-52 所示。可见，与试件 C-7 相比，试件 C-4 屈服点强度变化幅度为 35.08%，峰值点、破坏点强度变化幅度为 37.96%，试件强度得到了大幅度的提高。这是因为当加载达到峰值荷载时，钢管鼓曲并不严重，此时壁厚优势

非常明显，壁厚较大的试件对核心 RAC 的横向约束力较强，特征点强度得到了较大提高。

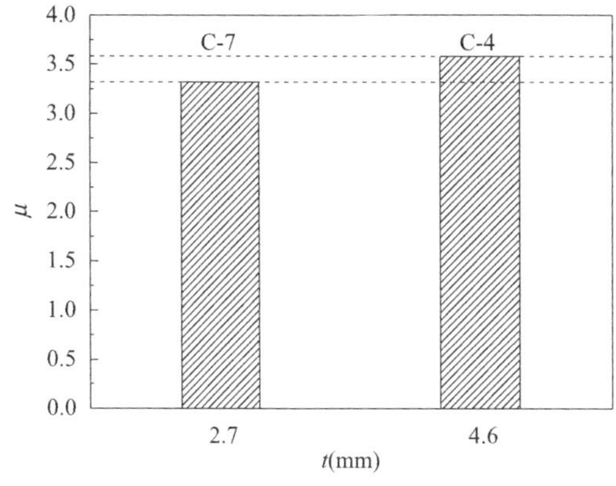

图 2-51　圆形试件延性系数随钢管壁厚变化幅度

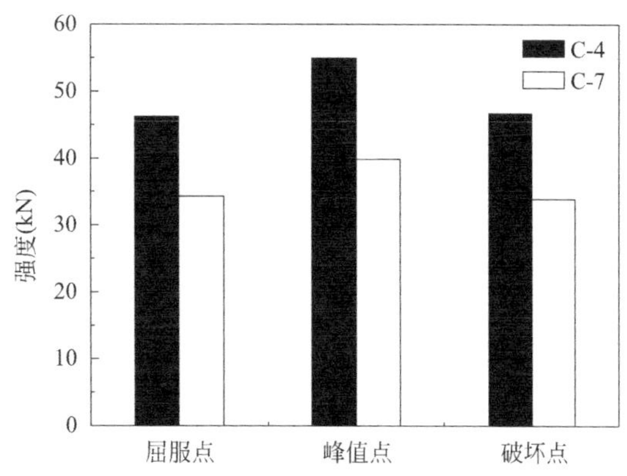

图 2-52　圆形试件强度随钢管壁厚变化幅度

3. 特征点刚度受影响分析

不同壁厚下圆形试件特征点刚度如图 2-53 所示。可知，在现有参数变化范围内，与试件 C-7 相比，试件 C-4 弹性阶段初始刚度变化幅度为 14.16%，屈服点刚度变化幅度为 −1.62%，峰值点刚度变化幅度为 −0.45%，破坏点刚度变化幅度为 −7.27%。壁厚优势在弹性阶段得到了体现。在屈服点、峰值点以及破坏点，试件 C-4 的刚度不仅没有增加，反而有所降低，尤其是试件在破坏时，降低最为明显。这是由于试件 C-4 屈服位移、峰值位移以及破坏位移均较大，相应地其水平抗弯刚度降低较多所致；又由于在加载达到峰值荷载之前，钢管鼓曲不明显，尽管试件 C-4 水平抗弯刚度降低较多，但钢管的约束提供些许补偿，屈服点及峰值点刚度降低不多。但是，在达到峰值荷载之后，尤其是临近破坏时，钢管鼓曲严重，壁厚优势不明显，达到破坏点时刚度降低最多。

4. 特征点耗能系数受影响分析

不同壁厚下试件的特征点耗能系数如图 2-54 所示。可知，与试件 C-7 相比，试件 C-4

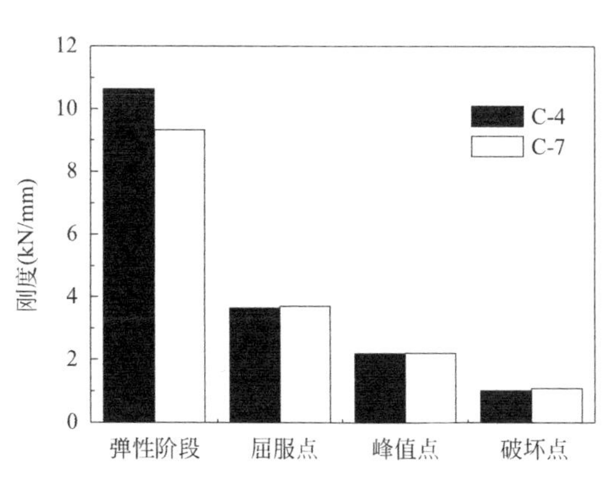

图 2-53　圆形试件刚度随钢管壁厚变化幅度

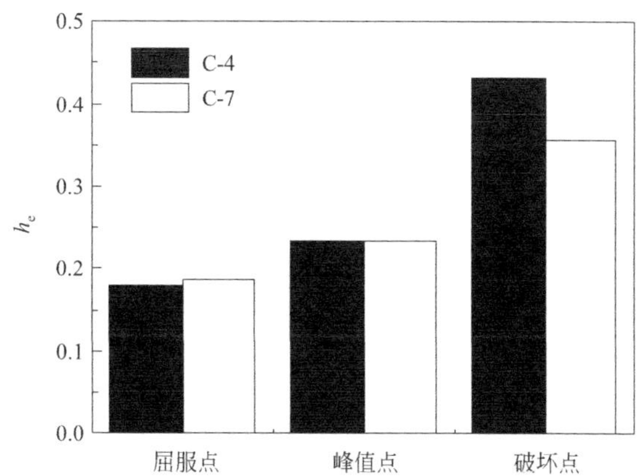

图 2-54　圆形试件耗能系数随钢管壁厚变化幅度

屈服点耗能系数变化幅度为−4.28%，峰值点变化幅度为0，破坏点变化幅度为21.63%，壁厚优势在屈服点以及峰值点表现不明显，但在破坏点较为显著。这是因为与屈服点和峰值点相比，破坏时试件C-4与C-7的位移相差较大，相应地，滞回环的面积也相差较大，耗能系数区别明显。

2.13 小　　结

本章对10个圆RACFST柱试件和6个方RACFST柱试件的抗震性能试验结果进行了整理和分析，主要得到以下结论：

（1）圆、方形试件的破坏过程以及破坏形态均与钢管普通混凝土柱试件相似，钢管底部鼓曲破坏，试件前后两侧各形成一道较为明显的鼓曲波。

（2）所有圆、方形试件的滞回曲线比较饱满，滞回曲线的形状从梭形发展到弓形，除圆形轴压比单参数变化试件后期捏缩现象比较显著外，其余试件的滞回曲线捏缩现象不显著，具有良好的稳定性；骨架曲线较为完整，包括上升段，峰值段以及下降段。大部分试件骨架曲线下降段比较平滑，后期变形能力强，位移延性较好。

（3）圆形试件位移延性系数大于3，方形试件位移延性系数接近3，RACFST柱变形性能良好；圆、方形试件屈服点、峰值点及破坏点的等效黏滞阻尼系数分别达到钢筋混凝土柱破坏点等效黏滞阻尼系数的1、1.5、2倍，RACFST柱耗能性能良好。

（4）讨论了再生粗骨料取代率、长细比、轴压比、钢管壁厚对试件抗震性能指标的影响，提出了RACFST框架结构工程应用建议。

第3章 钢管再生混凝土柱抗震性能有限元分析

3.1 有限元模型建立

3.1.1 材料本构

钢材应力-应变本构关系采用双折线模型，包括弹性段和强化段。强化段选用ABAQUS自带的非线性各向同性/随动强化模型，并考虑Bauschinger效应。RAC采用混凝土塑性损伤模型，根据能量等价原理，RAC受压、受拉损伤因子采用式(3-1)计算。

$$D=1-\sqrt{\frac{\sigma}{E_0\varepsilon}} \tag{3-1}$$

式中，D表示损伤因子；σ表示应力；ε表示应变（$\mu\varepsilon$）；E_0表示弹性模量。

由于韩林海模型引入了外部钢管对核心混凝土的约束效应，考虑了核心混凝土抗压强度的提高情况，修正了应力-应变本构关系下降段的软化行为，常被应用于钢管混凝土的数值模拟之中。由本书第2章的研究结论可知，不同取代率下RAC的轴心抗压强度呈现出一定的规律性。在韩林海模型的基础之上，引入本书第2章的研究结论，得到不同取代率下核心RAC的受压本构模型。

（1）圆钢管约束核心RAC

$$y=2x-x^2 \qquad (x\leqslant 1) \tag{3-2}$$

$$y=\begin{cases}1+q(x^{0.1\xi}-1) & (\xi\geqslant 1.12)\\ \dfrac{x}{\beta(x-1)^2+x} & (\xi<1.12)\end{cases} \qquad (x>1) \tag{3-3}$$

其中，

$$x=\frac{\varepsilon}{\varepsilon_0},y=\frac{\sigma}{\sigma_0} \tag{3-4}$$

$$\sigma_0=\left[1+(-0.054\xi^2+0.4\xi)\left(\frac{24}{f'_{c,R}}\right)^{0.45}\right]f'_{c,R} \tag{3-5}$$

$$f'_{c,R}=0.8f_{cu,R} \tag{3-6}$$

$$f_{cu,R}/f_{cu,0}=-0.4274R^3+0.2493R^2+0.2486R+1 \tag{3-7}$$

$$\xi=\frac{A_{s}f_{y}}{A_{c}f_{c,R}} \tag{3-8}$$

$$f_{c,R}/f_{cu,0}=0.19R^{2}-0.249R+0.789 \tag{3-9}$$

$$\varepsilon_{0}=\varepsilon_{cc}+\left[1400+800\left(\frac{f'_{c,R}}{24}-1\right)\right]\xi^{0.2} \tag{3-10}$$

$$\varepsilon_{cc}=1300+12.5f'_{c,R} \tag{3-11}$$

$$q=\frac{\xi^{0.745}}{2+\xi} \tag{3-12}$$

$$\beta=(2.36\times10^{-5})^{[0.25+(\xi-0.5)^{7}]}f'^{2}_{c,R}3.51\times10^{-4} \tag{3-13}$$

（2）方（矩）形钢管约束 RAC

$$y=2x-x^{2}\quad(x\leqslant1) \tag{3-14}$$

$$y=\frac{x}{\beta(x-1)^{\eta}+x}\quad(x>1) \tag{3-15}$$

其中，

$$x=\frac{\varepsilon}{\varepsilon_{0}},y=\frac{\sigma}{\sigma_{0}} \tag{3-16}$$

$$\sigma_{0}=\left[1+(-0.0135\xi^{2}+0.1\xi)\left(\frac{24}{f'_{c,R}}\right)^{0.45}\right]f'_{c,R} \tag{3-17}$$

$$f'_{c,R}=0.8f_{cu,R} \tag{3-18}$$

$$f_{cu,R}/f_{cu,0}=-0.4274R^{3}+0.2493R^{2}+0.2486R+1 \tag{3-19}$$

$$\xi=\frac{A_{s}f_{y}}{A_{c}f_{c,R}} \tag{3-20}$$

$$f_{c,R}/f_{cu,0}=0.19R^{2}-0.249R+0.789 \tag{3-21}$$

$$\varepsilon_{0}=\varepsilon_{cc}+\left[1330+760\left(\frac{f'_{c,R}}{24}-1\right)\right]\xi^{0.2} \tag{3-22}$$

$$\varepsilon_{cc}=1300+12.5f'_{c,R} \tag{3-23}$$

$$\eta=1.6+1.5/x \tag{3-24}$$

$$\beta=\begin{cases}\dfrac{(f'_{c,R})^{0.1}}{1.35\sqrt{1+\xi}} & (\xi\leqslant3.0)\\[2ex] \dfrac{(f'_{c,R})^{0.1}}{1.35\sqrt{1+\xi}(\xi-2)^{2}} & (\xi>3.0)\end{cases} \tag{3-25}$$

式中，$f'_{c,R}$ 为不同取代率下的圆柱体轴心抗压强度，下标 R 表示取代率；$f_{cu,R}$ 为不同取代率下立方体抗压强度；$f_{cu,0}$ 表示取代率为 0 时立方体标准抗压强度；$f_{c,R}$ 表示不同取代率下棱柱体轴心抗压强度。

由于外部钢管的约束效应对核心 RAC 的受拉性能影响不大，核心 RAC 单轴受拉应力-应变关系按照《混凝土结构设计规范》GB/T 50010—2010 取用，如式(3-26）所示。

$$y=\begin{cases}1.2x-0.2x^{6} & (\varepsilon\leqslant\varepsilon_{p})\\[2ex] \dfrac{x}{0.31\sigma_{p}(x-1)^{1.7}+x} & (\varepsilon>\varepsilon_{p})\end{cases} \tag{3-26}$$

其中，

$$x=\frac{\varepsilon_{c}}{\varepsilon_{p}}, y=\frac{\sigma_{c}}{\sigma_{p}} \tag{3-27}$$

式中，σ_p 为峰值拉应力，$\sigma_p=0.26\,(1.25f'_{c,R})^{2/3}$；$\varepsilon_p$ 为峰值拉应变（$\mu\varepsilon$），$\varepsilon_p=43.1\sigma_p$。

3.1.2 建模方法

钢管与核心 RAC 采用面与面接触单元形式，选用刚度较大的钢管单元为主面，混凝土单元为从面，钢管和混凝土之间允许小滑移。法向设定为硬接触，允许主、从面分离，界面切向力采用库仑摩擦模型模拟。卢方伟等、刘威研究表明，钢与混凝土界面摩擦系数取值范围为 0.2～0.6。基于大量的 RACFST 柱试件滞回曲线试算结果，当圆、方钢管与核心 RAC 界面摩擦系数分别取为 0.6、0.25 时，可以得到与试验曲线整体吻合较好的计算结果。

经计算比较，在满足网格精度的前提下，线性单元与二次单元计算结果差别并不明显，从降低计算成本的角度出发，采用线性单元。核心 RAC 采用八节点缩减积分格式的三维实体单元 C3D8R，外部钢管既可以采用实体单元，也可以采用壳单元。鲁军凯研究表明：采用实体单元进行计算虽然计算成本较高，但计算精度高，容易收敛，所以外部钢管采用三维实体单元 C3D8R。

在有限元分析计算过程中，网格划分密度非常重要。如果网格过于粗糙，结果偏离实际较大；如果网格过于细致，将花费过多的计算时间，浪费计算机资源。由于 RACFST 柱变形能力强，尤其是柱底，在试件破坏时变形较大，为兼顾到计算精度与计算成本，沿柱身采用两种网格密度，在柱底变形较大的 15%柱高范围内，对网格进行细化，其他范围内，网格密度放大。为确定两种不同的网格密度，首先执行一个较为合理的网格划分初始分析，然后利用两倍的网格密度重新分析，并比较前后两次的分析结果。如果差别小于 1%，则网格密度是足够的，否则应继续细化网格，直至得到相近的计算结果。此外，为提高方 RACFST 柱试件计算分析的收敛性，在满足精度的前提下，对方钢管、核心 RAC 的尖角部位进行了平滑处理，并加密了作为主面的方钢管在平滑处理部位的网格种子，提高了网格密度。圆、方形试件的有限元模型及网格划分分别如图 3-1、图 3-2 所示。

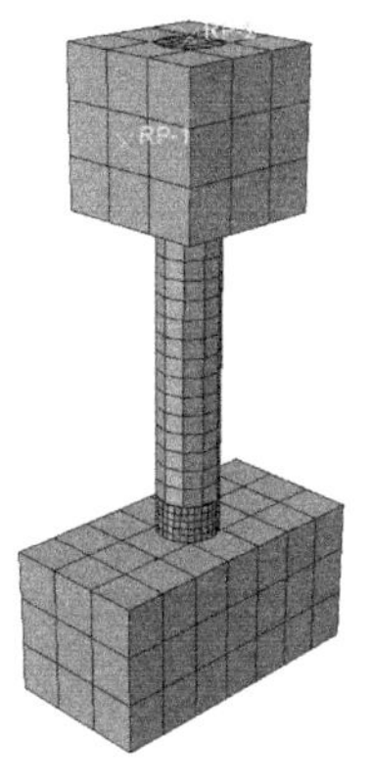

图 3-1　圆形试件有限元模型及网格划分

图 3-2　方形试件有限元模型及网格划分

依据试验模型，建立上端自由、下端固定的约束边界条件，几何边界条件不做改变，水平与竖向荷载通过刚度很大的混凝土端头传递，传力路径简单、明确。

在 ABAQUS 中设置两个分析步用于施加荷载，第一个分析步在 RACFST 柱顶部施加竖向荷载，第二个分析步用于施加水平荷载。在两个分析步中，分别在加荷面附近建立一个参考点，参考点与加荷面通过分布耦合约束捆绑，从而提高计算分析的收敛性。

RACFST 柱抗震性能有限元计算属于非线性问题，而非线性问题需求解非线性平衡方程组，求解方法主要有迭代法、增量法以及增量迭代混合法。增量迭代混合法兼具增量法和迭代法的优点，故选用该方法。其中，对于增量法，ABAQUS 采用自动增量法；对于迭代法，虽然牛顿法迭代计算量大，但其收敛性好，计算速度快，故选用牛顿法。

3.2 有限元模型验证

3.2.1 应力云图及破坏形态

圆、方形试件达到峰值承载力时钢管和 RAC 的应力云图分别如图 3-3、图 3-4 所示。可见，在达到峰值承载力时，圆、方形试件外部钢管的受拉或受压应力均超过了屈服强度，甚至接近极限强度，材料的力学性能得到了充分的发挥。圆（方）形钢管峰值应力分别达到了极限强度的 90%、95%以上；核心 RAC 由于受到了外部钢管的有效约束，抗压强度显著得到了提高。在圆、方形试件达到峰值承载力时，C40 核心 RAC 的受压应力分别达到了 80～100MPa、70MPa 左右。

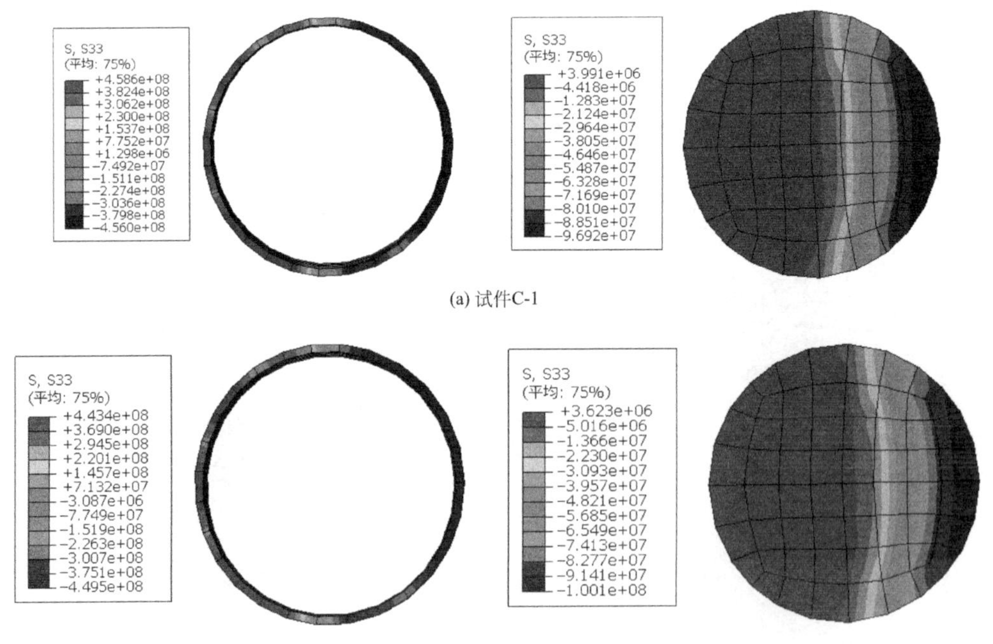

(a) 试件C-1

(b) 试件C-4

图 3-3 部分圆形试件钢管和 RAC 应力云图（一）

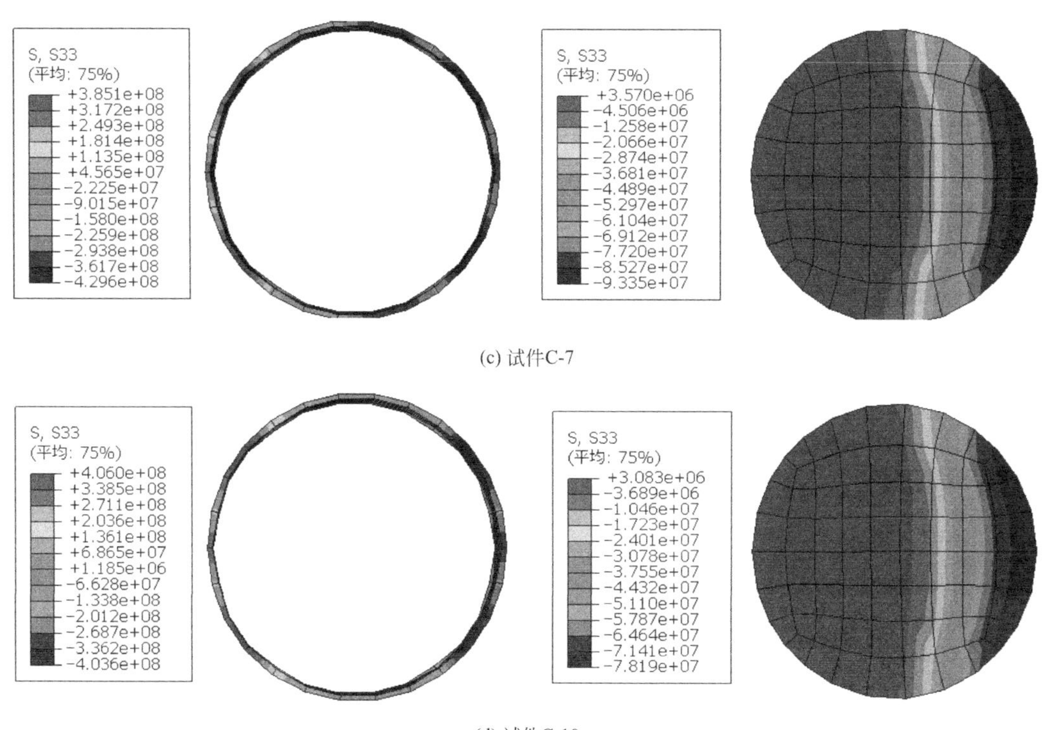

图 3-3　部分圆形试件钢管和 RAC 应力云图（二）

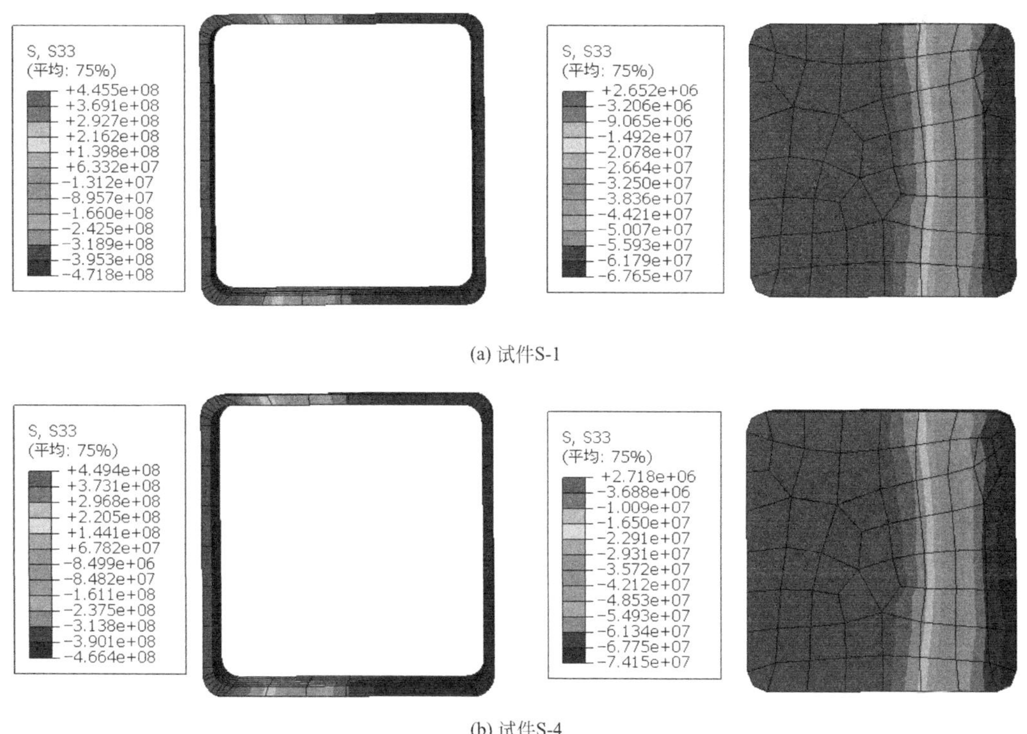

图 3-4　部分方形试件钢管和 RAC 应力云图（一）

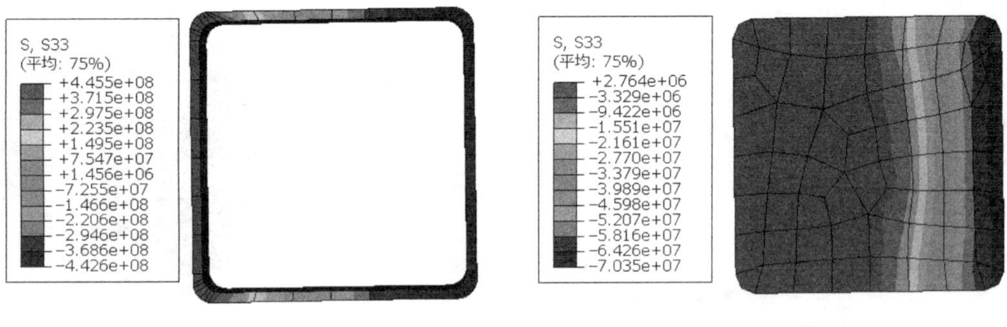

(c) 试件S-6

图 3-4 部分方形试件钢管和 RAC 应力云图（二）

此外，对比单参数变化试件的 RAC 应力云图，可见：

（1）针对圆形试件或者方形试件，不同取代率下 RAC 受压应力相差不大，表明外部钢管的约束力弱化了因 RAC 组分不同所引起的力学性能的差异；

（2）针对不同轴压比下的圆形试件或者方形试件，随着轴压比的增大，RAC 受压应力逐渐增大，这是由于轴压比增大时，RAC 的横向变形系数随之增大，外部钢管与核心 RAC 紧密接触，钢管的约束效应得到了充分发挥；

（3）针对含钢率不同的圆形试件 C-4 和 C-7，随着含钢率的增加，RAC 的受压应力逐渐增大，这同样与钢管对核心 RAC 的约束效应有关。

以试件 C-7 和 S-1 为代表，图 3-5 和图 3-6 分别呈现了圆、方形试件实测和模拟破坏形态。可见，试验试件与有限元试件均在底部出现鼓曲破坏，破坏形态吻合较好。

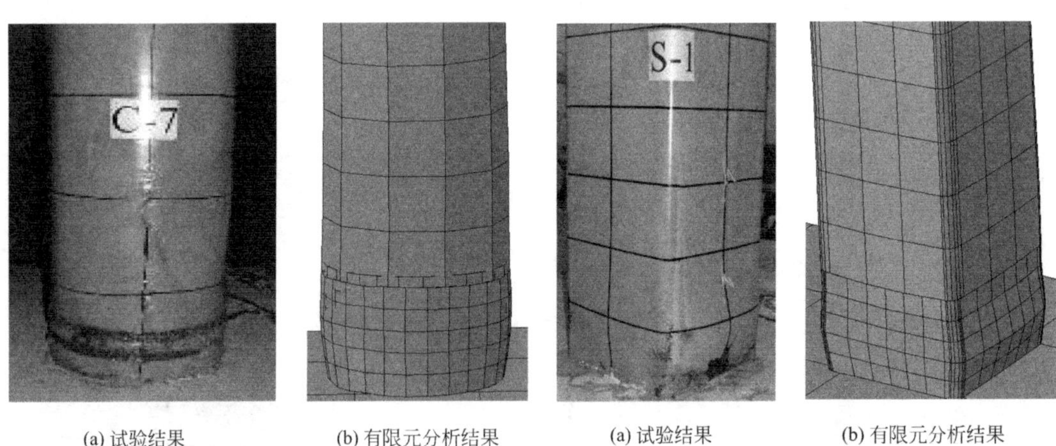

(a) 试验结果　(b) 有限元分析结果　(a) 试验结果　(b) 有限元分析结果

图 3-5 试件 C-7 破坏形态对比　图 3-6 试件 S-1 破坏形态对比

3.2.2 滞回曲线对比分析

圆、方 RACFST 柱试件滞回曲线试验结果与计算结果的对比分别如图 3-7 和图 3-8 所示。其中，T 表示试验实测曲线，C 表示计算曲线。可见，滞回曲线计算结果与试验结果总体上吻合较好，但仍存在以下问题。

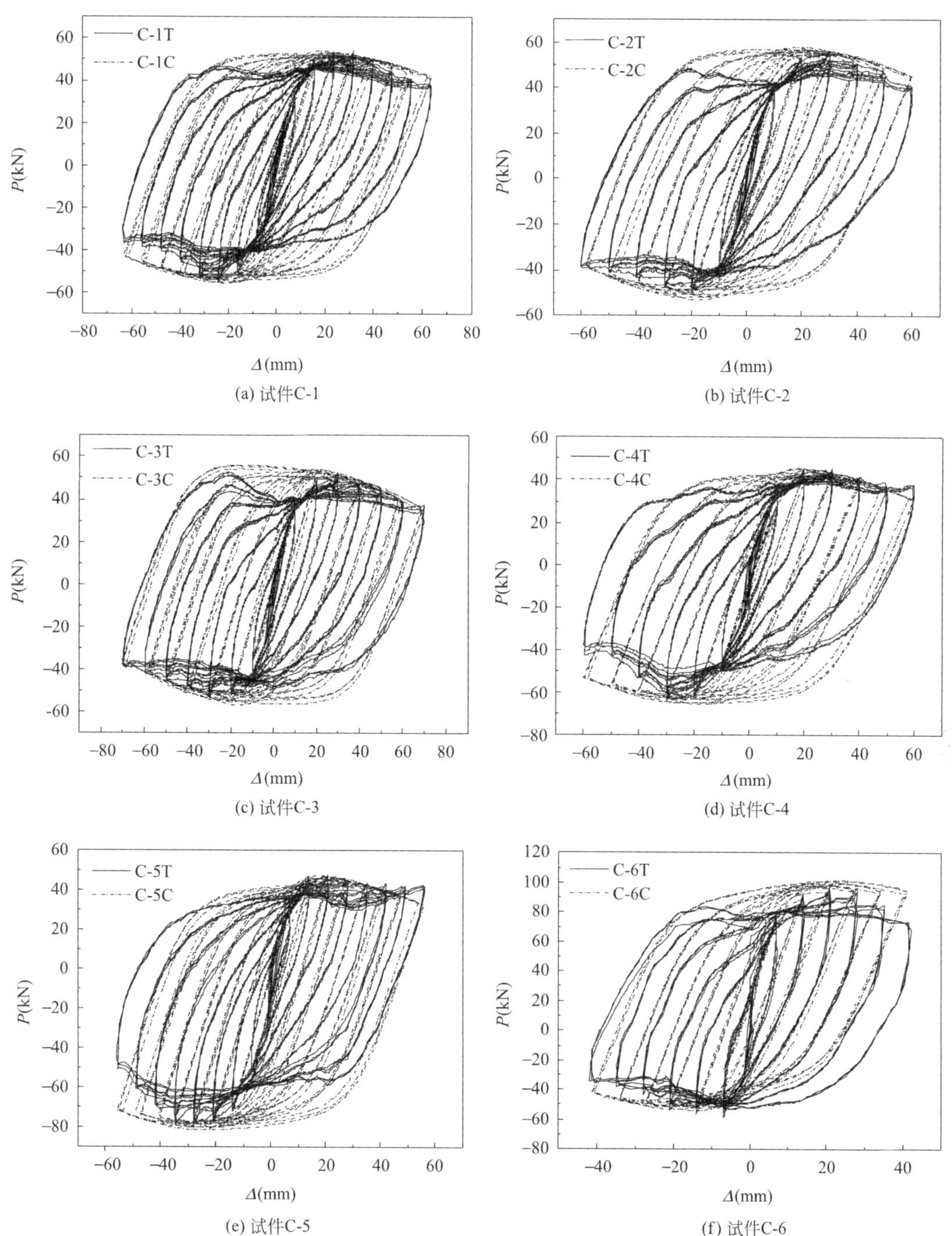

(a) 试件C-1　(b) 试件C-2

(c) 试件C-3　(d) 试件C-4

(e) 试件C-5　(f) 试件C-6

图 3-7　圆形试件滞回曲线对比（一）

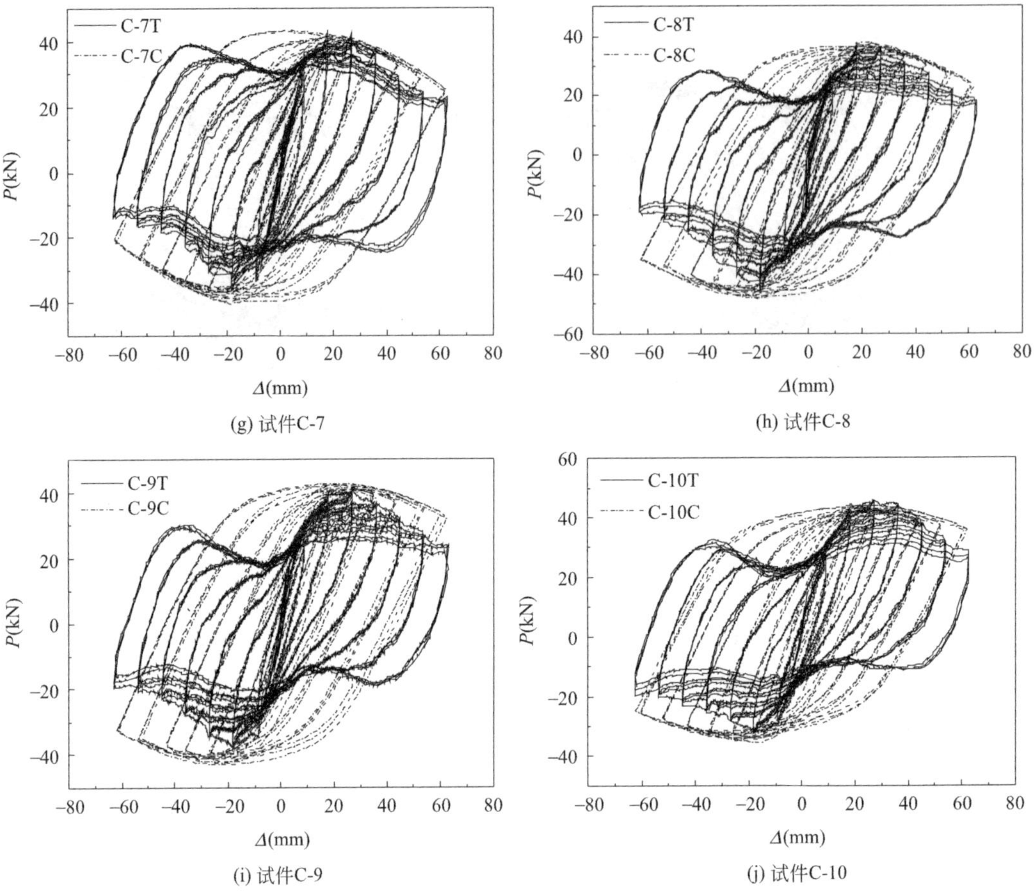

(g) 试件C-7

(h) 试件C-8

(i) 试件C-9

(j) 试件C-10

图 3-7　圆形试件滞回曲线对比（二）

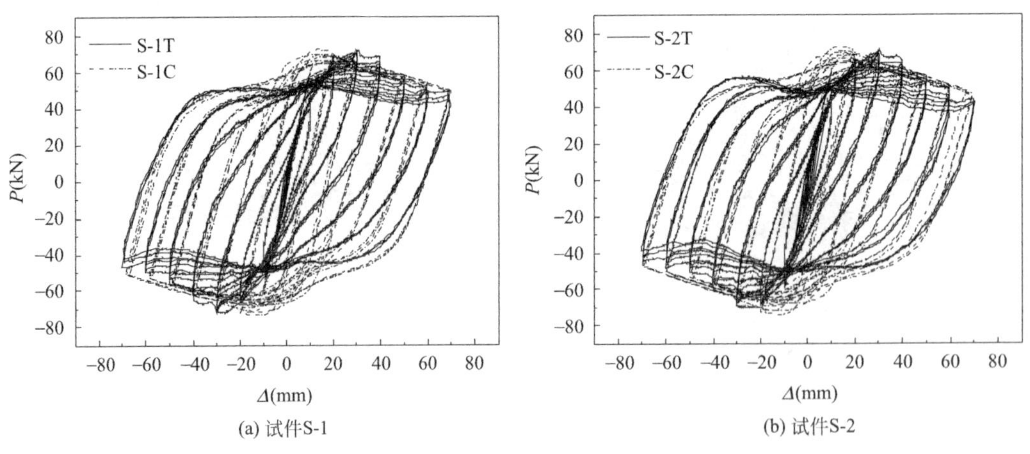

(a) 试件S-1

(b) 试件S-2

图 3-8　方形试件滞回曲线对比（一）

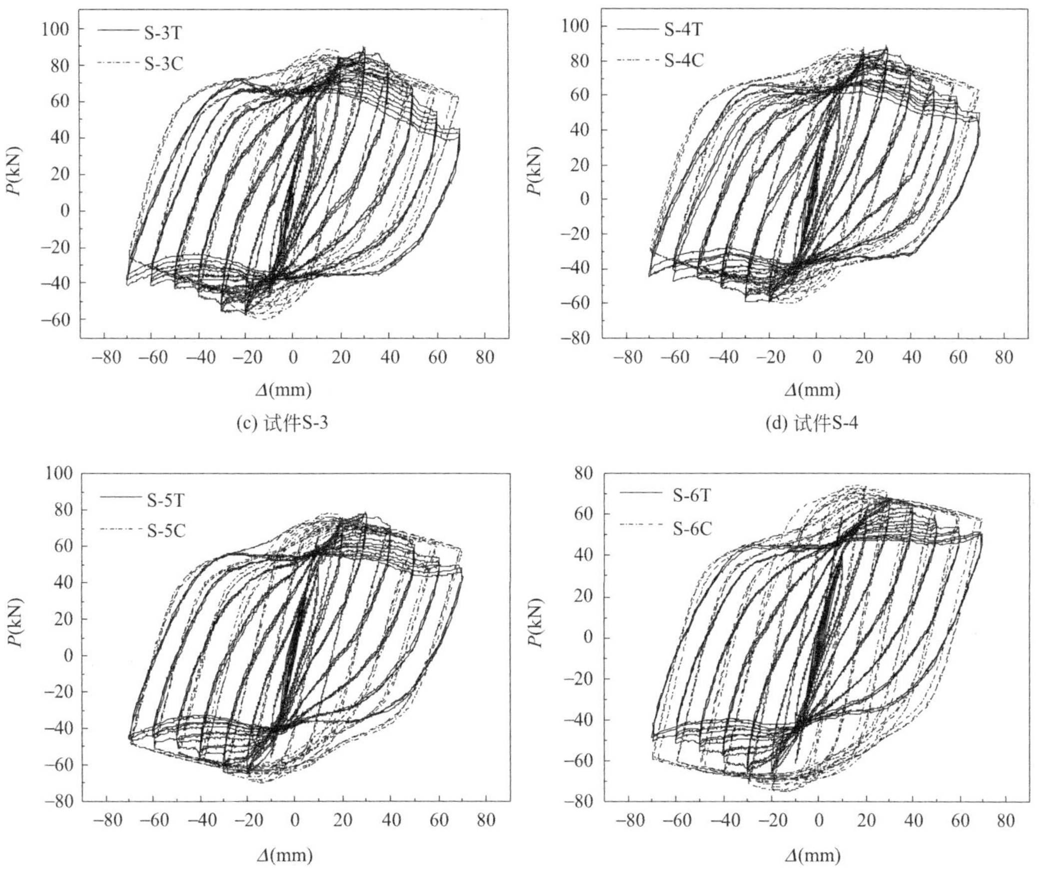

(c) 试件S-3

(d) 试件S-4

(e) 试件S-5

(f) 试件S-6

图 3-8　方形试件滞回曲线对比（二）

（1）虽然钢管和 RAC 有限元模型采用了面与面接触单元形式，但仍然没有有效地考虑两者之间的粘结滑移问题，尤其是捏拢较为严重的试件，滞回曲线计算结果与试验结果在加载原点附近有一定的差异。

（2）对于部分圆、方形试件，滞回曲线计算结果后期卸载以及负向加载刚度与实测滞回曲线吻合不好，这是因为混凝土的拉压损伤因子没有统一的计算理论，各种理论的普适性有待进一步的验证。本章所选取的基于能量等价原理的计算方法在计算前期效果良好，但在后期出现损伤因子偏小的情况，使得部分圆、方形试件骨架曲线的后期承载力与实际相差较大，导致了上述现象的发生。

（3）受试件制作误差及不易安装定位等因素的影响，部分试件实测滞回曲线推拉不对称，采用有限元分析计算时，很难精确地考虑这些不良因素的影响，尤其在计算曲线的后期，这些不良因素的影响越发明显，计算滞回曲线与实测滞回曲线也出现了一定的差距。

3.2.3　骨架曲线对比分析

圆、方 RACFST 柱试件骨架曲线试验结果与计算结果的对比分别如图 3-9、图 3-10

所示。其中，T 表示试验实测曲线，C 表示计算曲线。可见，骨架曲线计算结果与试验结果吻合较好。在加载初始阶段，方形试件计算刚度与试验刚度吻合较好，而圆形试件计算刚度略小于试验刚度，尤其是圆形轴压比单参数变化试件，这可能与基于圆 RACFST 试件 RAC 材料本构关系计算的弹性模量较小有关。

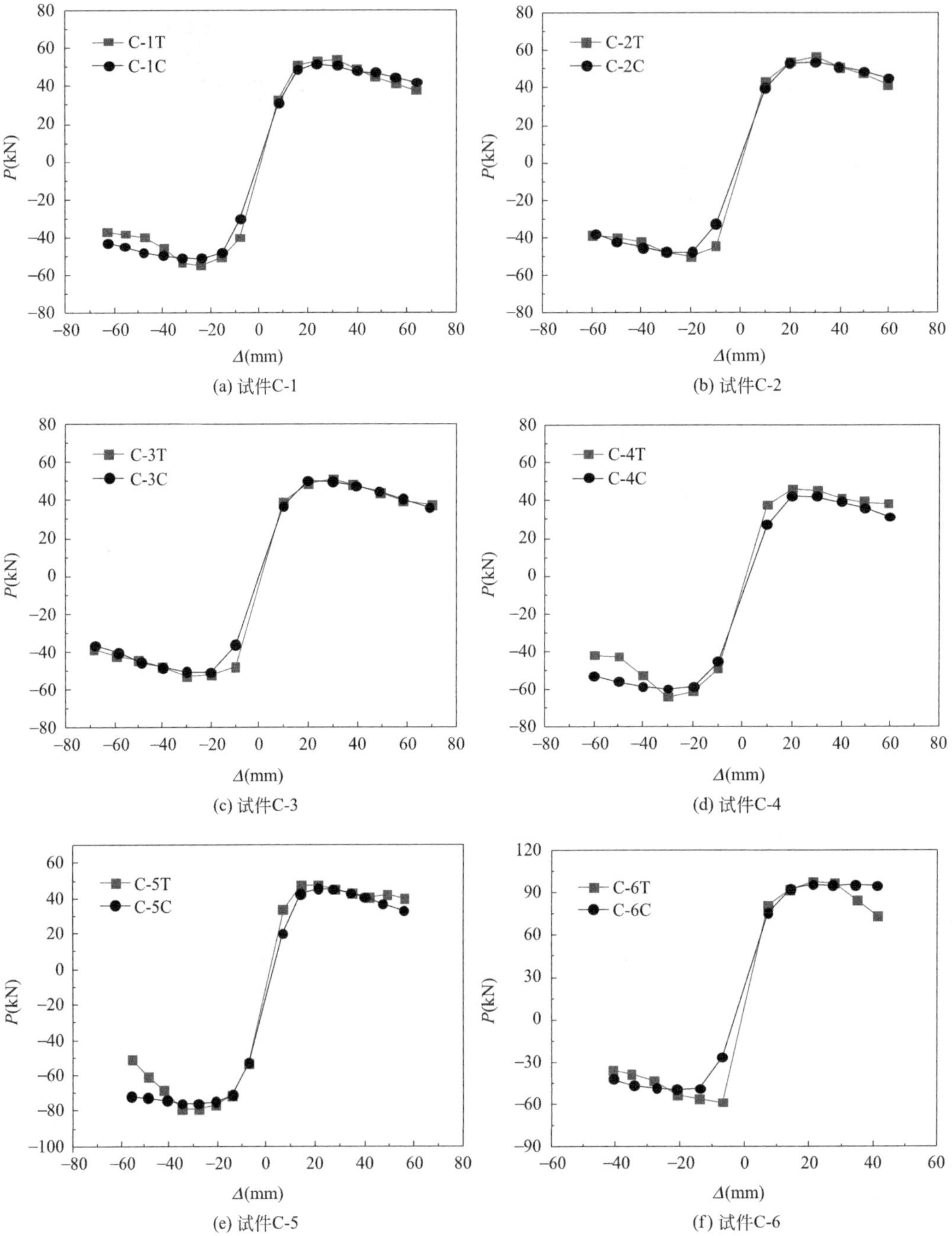

(a) 试件C-1

(b) 试件C-2

(c) 试件C-3

(d) 试件C-4

(e) 试件C-5

(f) 试件C-6

图 3-9 圆形试件骨架曲线对比（一）

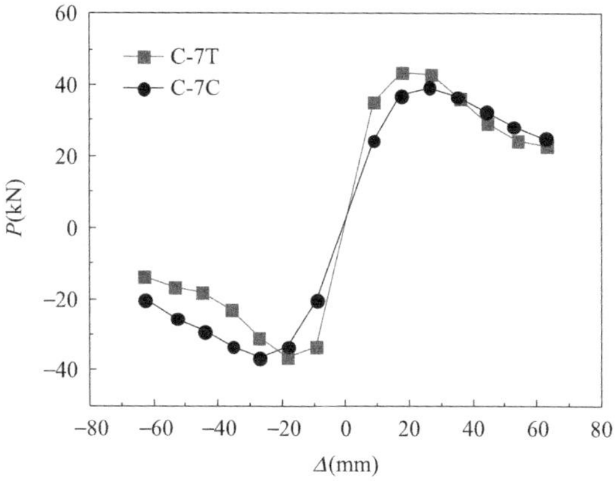

(g) 试件C-7

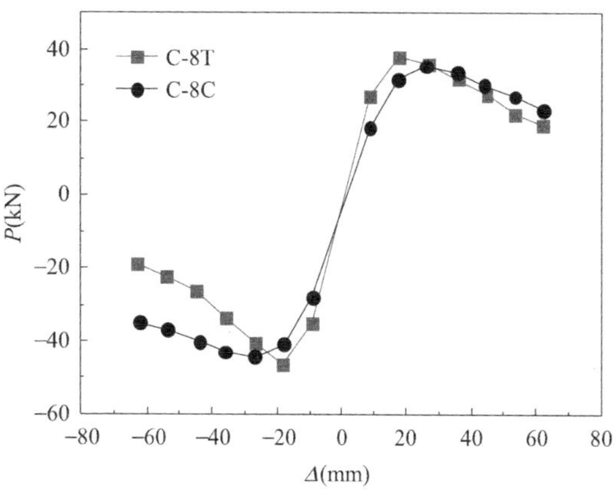

(h) 试件C-8

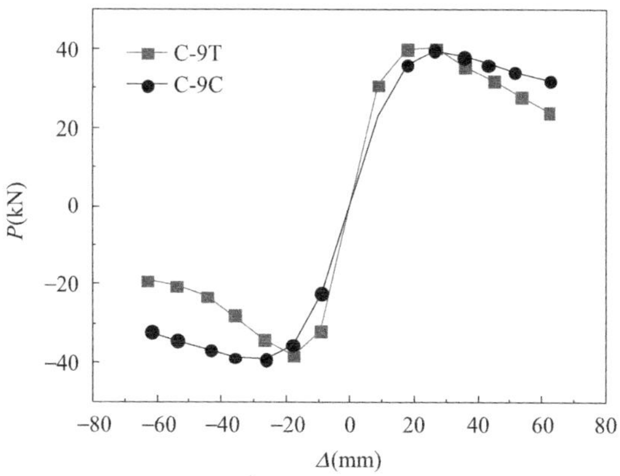

(i) 试件C-9

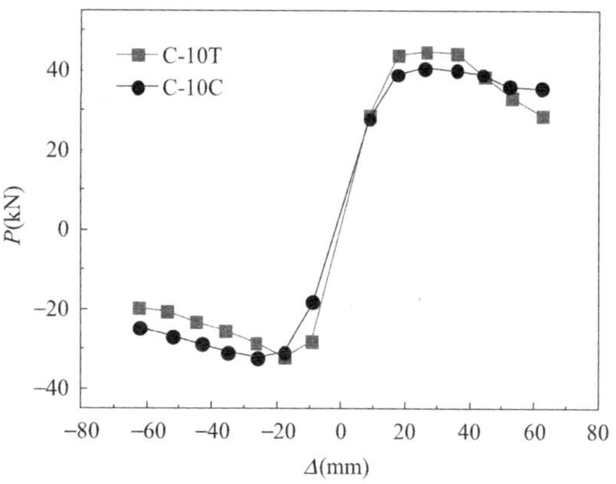

(j) 试件C-10

图 3-9　圆形试件骨架曲线对比（二）

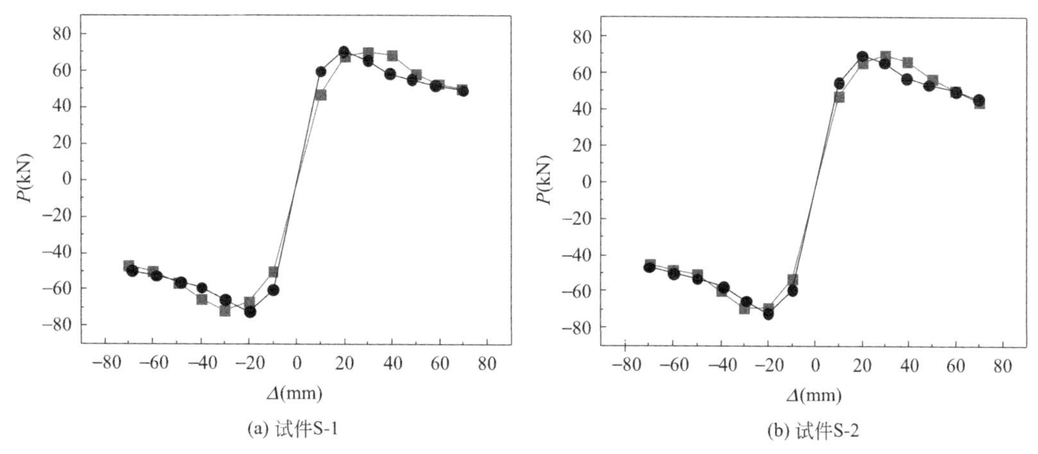

(a) 试件S-1

(b) 试件S-2

图 3-10　方形试件骨架曲线对比（一）

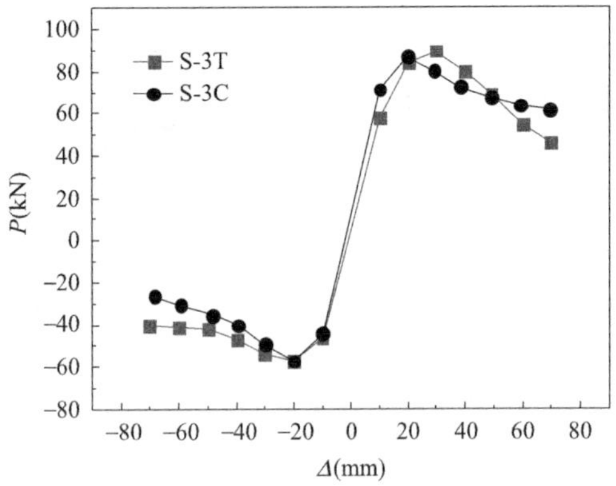

(c) 试件S-3

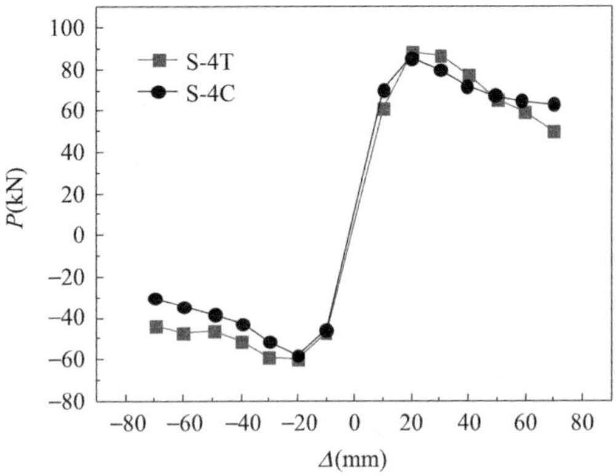

(d) 试件S-4

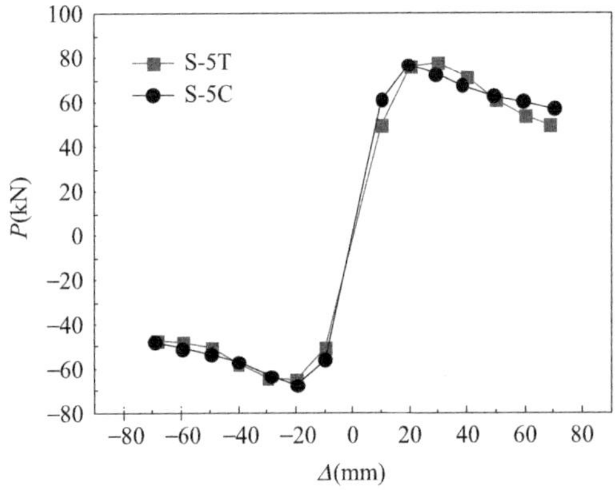

(e) 试件S-5

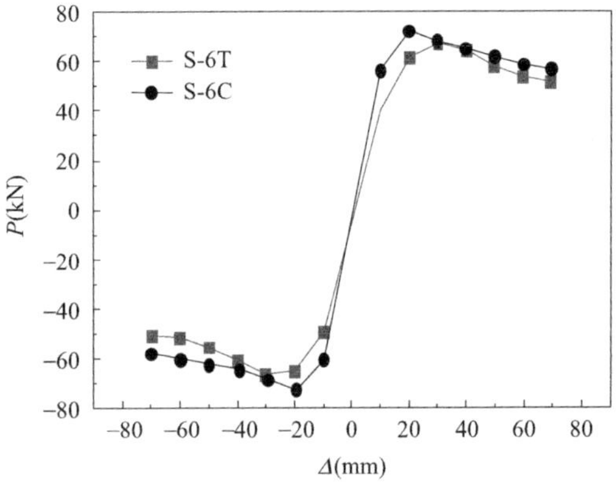

(f) 试件S-6

图 3-10 方形试件骨架曲线对比（二）

圆、方形试件在正负两个方向上峰值荷载计算值 P_c 和试验值 P_t 的对比分别见表 3-1、表 3-2，试件计算值和试验值对比结果统计特征值见表 3-3。由表 3-3 可见，荷载计算值和试验值在峰值点处吻合较好，且比值离散性较小，对比误差在工程允许的范围之内。

圆形试件峰值荷载计算值和试验值对比 **表 3-1**

试件编号	正向			负向		
	P_t(kN)	P_c(kN)	P_t/P_c	P_t(kN)	P_c(kN)	P_t/P_c
C-1	53.71	51.29	1.05	−54.93	−51.55	1.07
C-2	56.43	53.79	1.05	−50.16	−47.82	1.05
C-3	50.80	50.26	1.01	−53.25	−50.87	1.05
C-4	45.66	42.18	1.08	−64.24	−60.19	1.07
C-5	47.75	45.42	1.05	−79.29	−76.04	1.04
C-6	97.58	95.79	1.02	−58.84	−49.62	1.19
C-7	43.31	39.13	1.11	−36.35	−36.52	1.00
C-8	37.72	35.43	1.06	−46.33	−44.28	1.05
C-9	40.21	39.49	1.02	−37.95	−39.11	0.97
C-10	45.01	40.67	1.11	−32.07	−32.24	0.99

方形试件峰值荷载计算值和试验值对比　　表 3-2

试件编号	正向			负向		
	P_t(kN)	P_c(kN)	P_t/P_c	P_t(kN)	P_c(kN)	P_t/P_c
S-1	70.12	70.57	0.99	−71.44	−72.29	0.99
S-2	69.55	69.27	1.00	−69.54	−72.32	0.96
S-3	89.43	86.75	1.03	−57.31	−57.24	1.00
S-4	88.06	85.43	1.03	−59.79	−58.27	1.03
S-5	78.01	76.82	1.02	−64.75	−67.41	0.96
S-6	67.20	72.29	0.93	−66.79	−72.70	0.92

试件计算值和试验值对比结果统计特征值　　表 3-3

试件类型	正向			负向		
	均值	标准差	变异系数	均值	标准差	变异系数
圆形试件	1.06	0.0349	0.0330	1.05	0.0590	0.0564
方形试件	1.00	0.0378	0.0378	0.98	0.0375	0.0384

综上所述，采用本章所建立的 ABAQUS 有限元模型对 RACFST 柱进行抗震性能分析是可行的，分析误差在一定的允许范围之内。从工程应用的角度出发，计算结果能够满足精度的要求，这为 RACFST 柱抗震性能有限元参数分析奠定了基础。

3.3 RACFST 柱抗震性能影响因素分析

3.3.1 设计参数

RACFST 柱抗震性能影响因素较多，选取再生粗骨料取代率 R、含钢率 T、钢材牌号 Q、轴压比 N、长细比 S、方 RACFST 截面高宽比 H 为变化参数，以圆钢管内径为 400mm，方钢管内径为 400mm，$R=100\%$，$T=0.15$，钢材牌号为 Q345，$N=0.8$，$S=30$，$H=1.00$ 为基本变化参数，进行了 32 个圆形和 37 个方形 RACFST 柱的有限元参数拓展计算分析，以全面掌握 RACFST 柱的抗震性能。试件的设计参数见表 3-4～表 3-9。

再生粗骨料取代率单参数变化试件设计参数　　表 3-4

试件编号	取代率(%)	含钢率	钢材牌号	轴压比	长细比
CR0/SR0	0	0.15	Q345	0.8	30
CR1/SR1	10	0.15	Q345	0.8	30
CR2/SR2	20	0.15	Q345	0.8	30
CR3/SR3	30	0.15	Q345	0.8	30
CR4/SR4	40	0.15	Q345	0.8	30

续表

试件编号	取代率(%)	含钢率	钢材牌号	轴压比	长细比
CR5/SR5	50	0.15	Q345	0.8	30
CR6/SR6	60	0.15	Q345	0.8	30
CR7/SR7	70	0.15	Q345	0.8	30
CR8/SR8	80	0.15	Q345	0.8	30
CR9/SR9	90	0.15	Q345	0.8	30
CR10/SR10	100	0.15	Q345	0.8	30

含钢率单参数变化试件设计参数 **表 3-5**

试件编号	取代率(%)	含钢率	钢材牌号	轴压比	长细比
CT5/ST5	100	0.05	Q345	0.8	30
CT10/ST10	100	0.10	Q345	0.8	30
CT15/ST15	100	0.15	Q345	0.8	30
CT20/ST20	100	0.20	Q345	0.8	30
CT25/ST25	100	0.25	Q345	0.8	30
CT30/ST30	100	0.30	Q345	0.8	30

钢材牌号单参数变化试件设计参数 **表 3-6**

试件编号	取代率(%)	含钢率	钢材牌号	轴压比	长细比
CQ1/SQ1	100	0.15	Q235	0.8	30
CQ1/SQ1	100	0.15	Q345	0.8	30
CQ1/SQ1	100	0.15	Q390	0.8	30
CQ1/SQ1	100	0.15	Q420	0.8	30

轴压比单参数变化试件设计参数 **表 3-7**

试件编号	取代率(%)	含钢率	钢材牌号	轴压比	长细比
CN0/SN0	100	0.15	Q345	0.0	30
CN2/SN2	100	0.15	Q345	0.2	30
CN4/SN4	100	0.15	Q345	0.4	30
CN6/SN6	100	0.15	Q345	0.6	30
CN8/SN8	100	0.15	Q345	0.8	30
CN10/SN10	100	0.15	Q345	1.0	30

长细比单参数变化试件设计参数 **表 3-8**

试件编号	取代率(%)	含钢率	钢材牌号	轴压比	长细比
CS2/SS2	100	0.15	Q345	0.0	20
CS3/SS3	100	0.15	Q345	0.2	30
CS4/SS4	100	0.15	Q345	0.4	40
CS5/SS5	100	0.15	Q345	0.6	50
CS6/SS6	100	0.15	Q345	0.8	60

高宽比单参数变化试件设计参数　　表 3-9

试件编号	取代率(%)	含钢率	钢材牌号	轴压比	长细比	高宽比
SH100	100	0.15	Q345	0.0	20	1.00
SH125	100	0.15	Q345	0.2	30	1.25
SH150	100	0.15	Q345	0.4	40	1.50
SH175	100	0.15	Q345	0.6	50	1.75
SH200	100	0.15	Q345	0.8	60	2.00

3.3.2 滞回曲线

在已建立的有限元模型的基础之上，对参数拓展试件的抗震性能进行有限元计算分析，不同单参数变化试件的滞回曲线如图 3-11～图 3-21 所示。

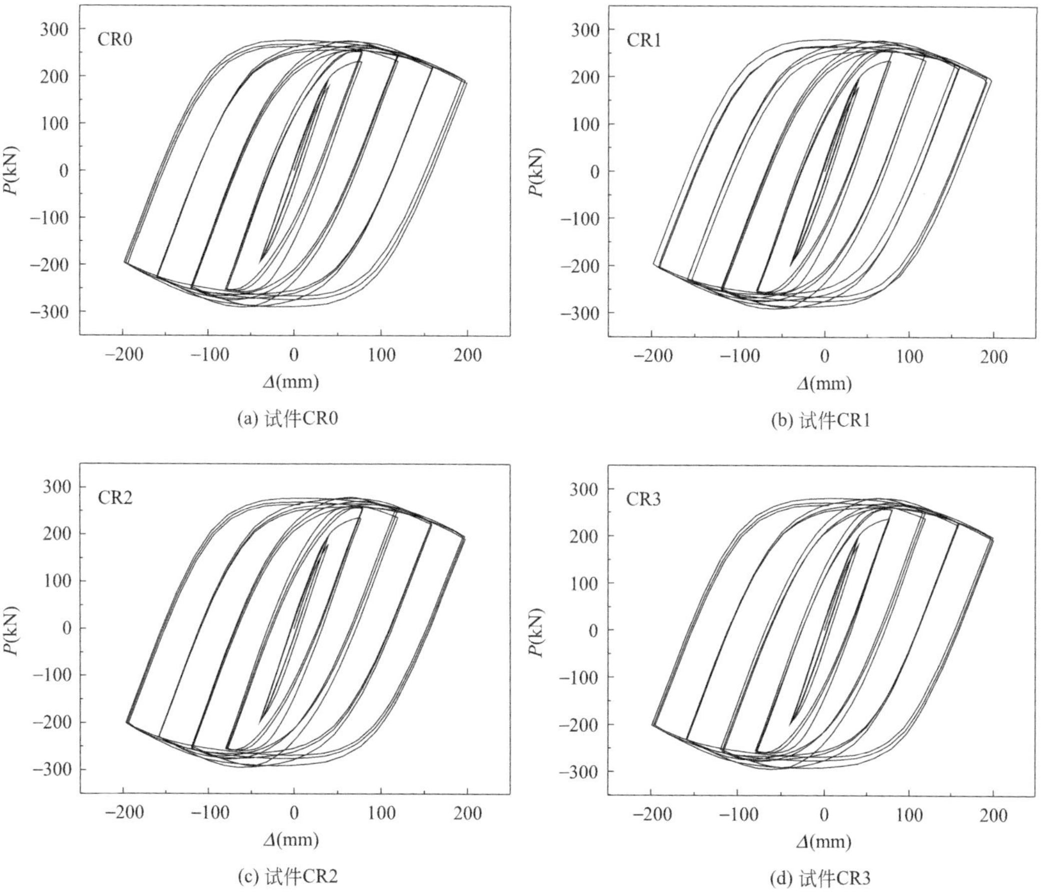

(a) 试件CR0

(b) 试件CR1

(c) 试件CR2

(d) 试件CR3

图 3-11　取代率单参数变化圆形试件滞回曲线（一）

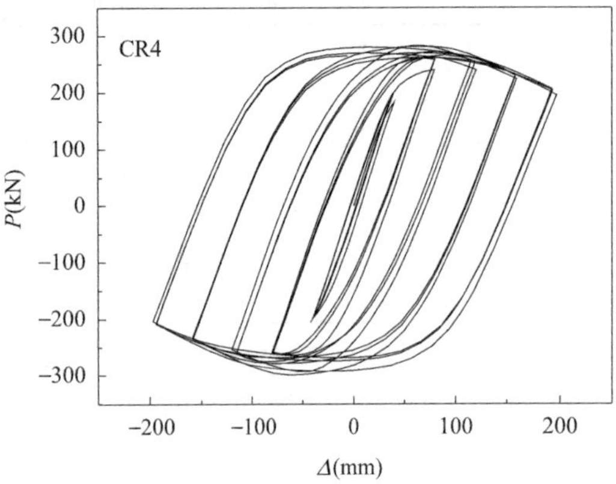

(e) 试件CR4

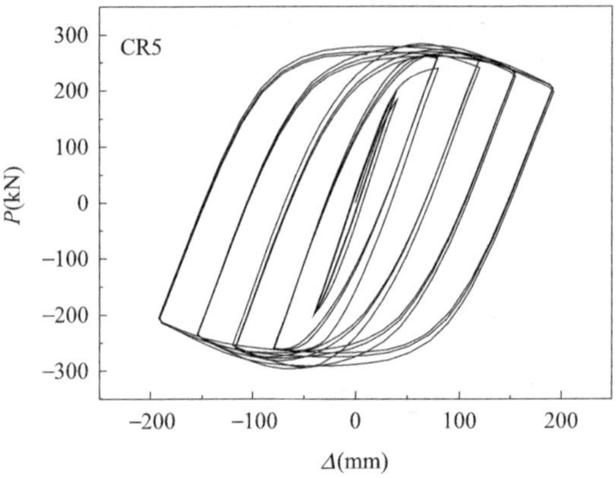

(f) 试件CR5

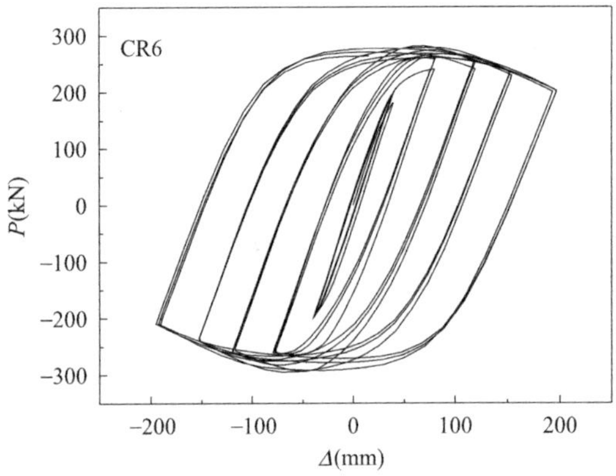

(g) 试件CR6

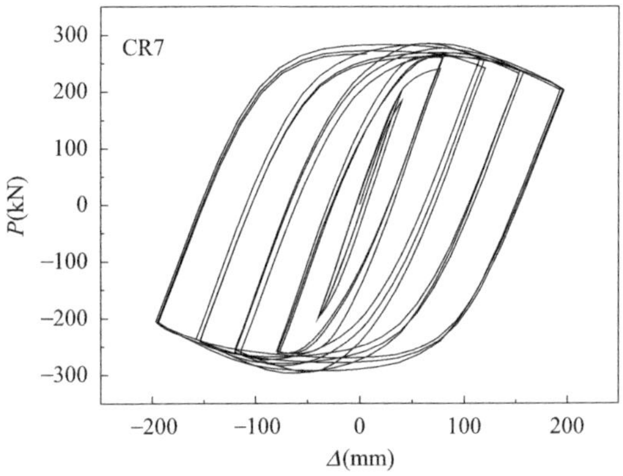

(h) 试件CR7

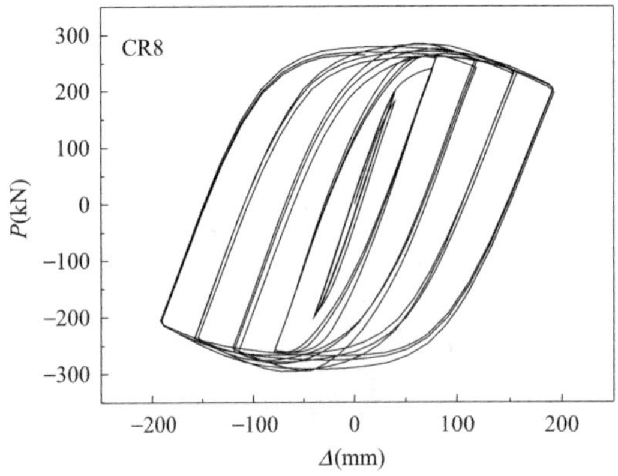

(i) 试件CR8

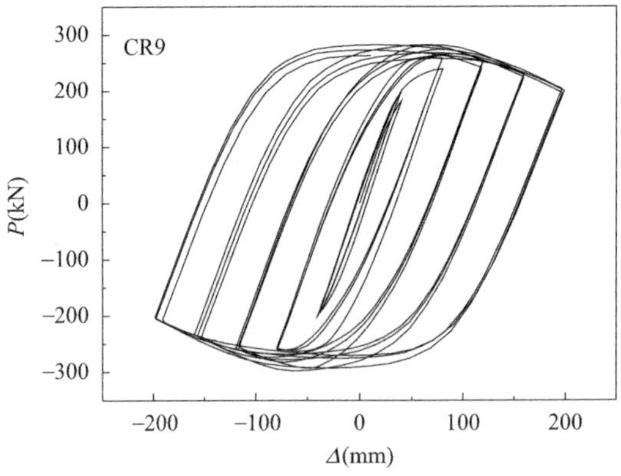

(j) 试件CR9

图 3-11　取代率单参数变化圆形试件滞回曲线（二）

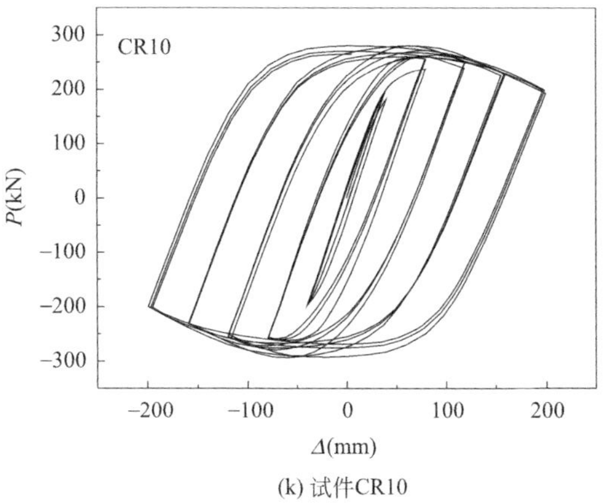

(k) 试件CR10

图 3-11　取代率单参数变化圆形试件滞回曲线（三）

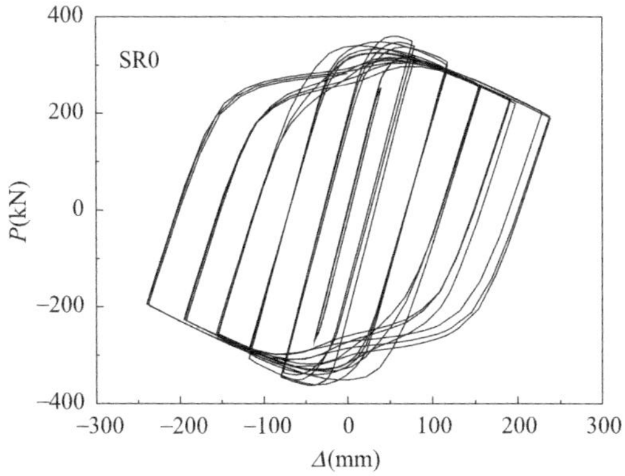

(a) 试件SR0

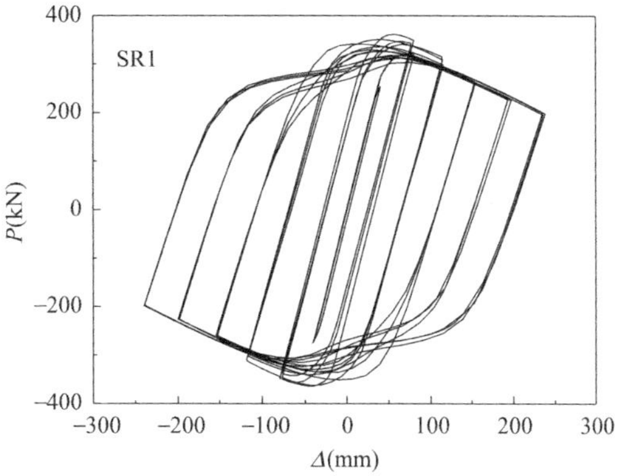

(b) 试件SR1

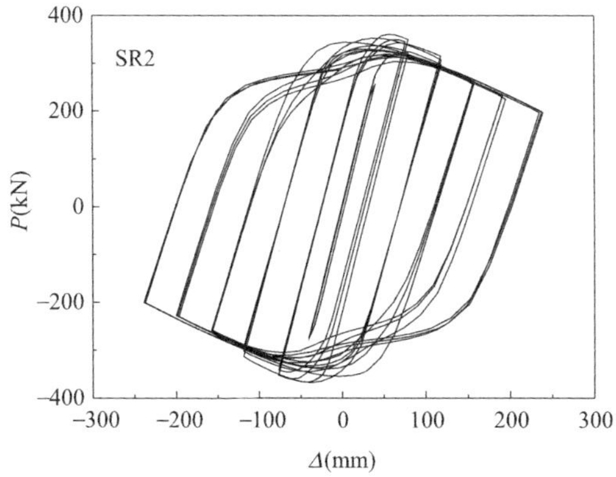

(c) 试件SR2

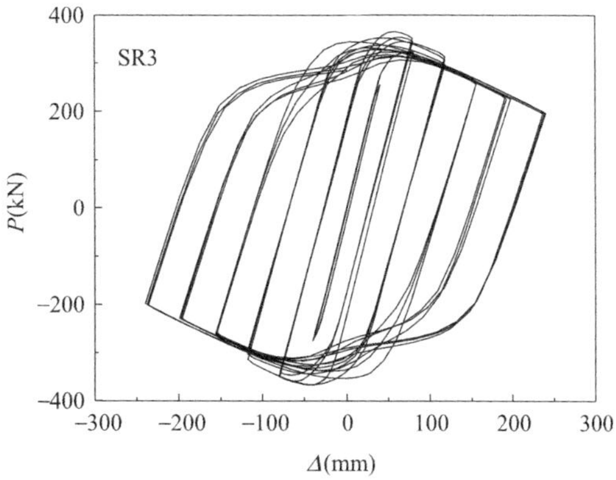

(d) 试件SR3

图 3-12　取代率单参数变化方形试件滞回曲线（一）

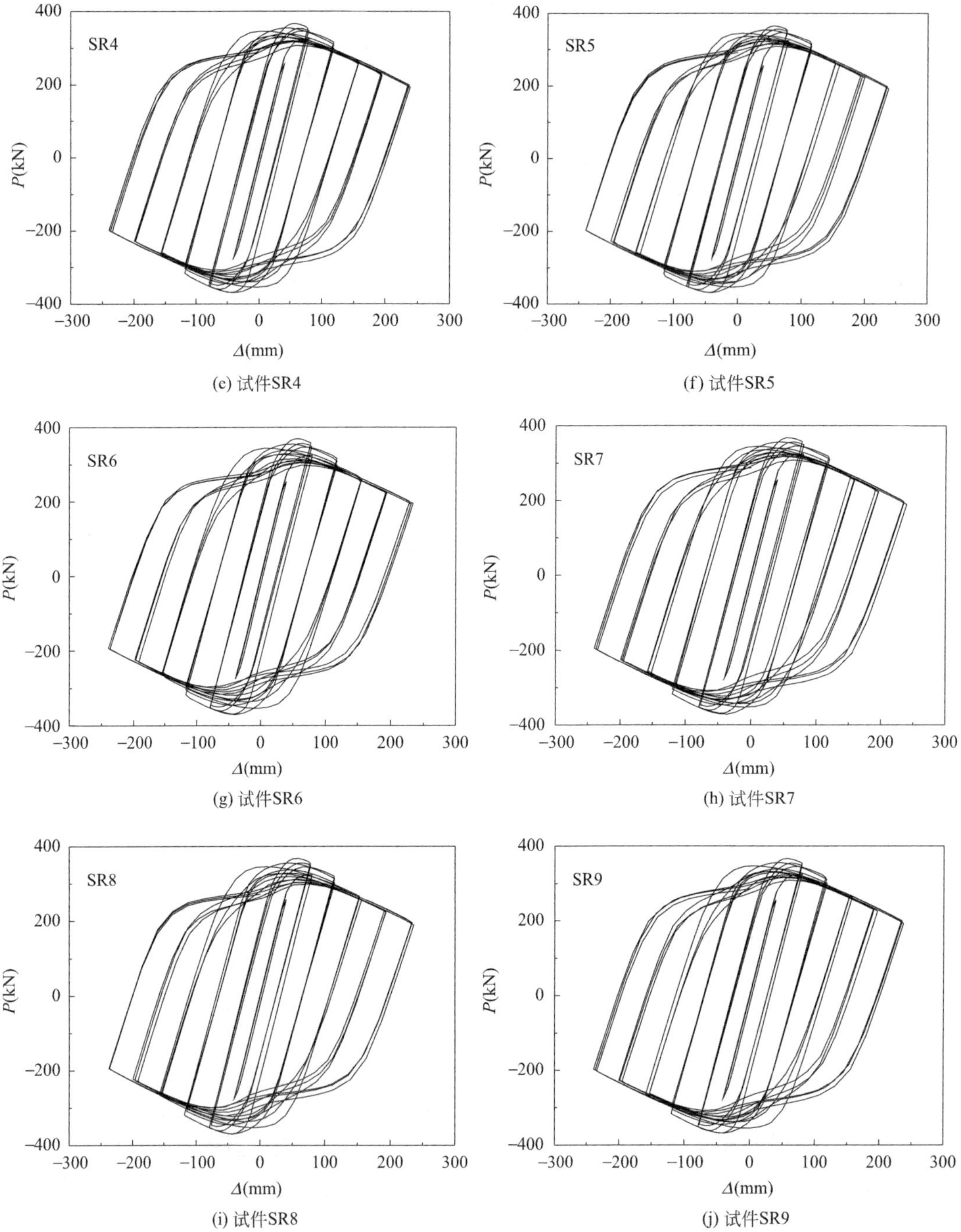

(e) 试件SR4

(f) 试件SR5

(g) 试件SR6

(h) 试件SR7

(i) 试件SR8

(j) 试件SR9

图 3-12　取代率单参数变化方形试件滞回曲线（二）

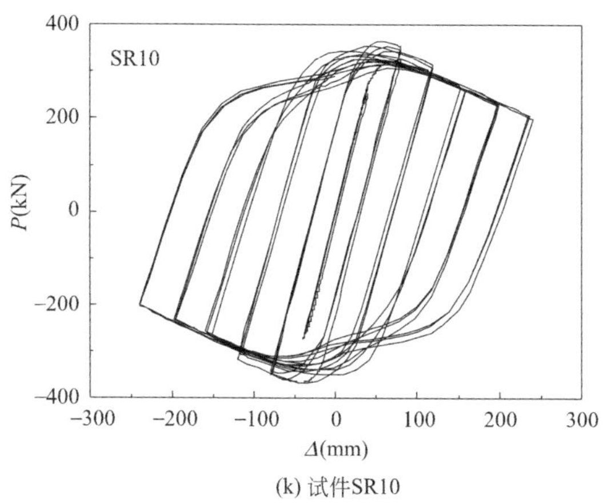

(k) 试件SR10

图 3-12　取代率单参数变化方形试件滞回曲线（三）

由图 3-11、图 3-12 可见，圆、方形试件滞回环的面积较大，滞回曲线较为饱满，耗能性能良好。随着取代率的增加，圆、方形试件滞回曲线形状相似，其峰值承载力以及各循环位移幅值承载力相近。表明当再生粗骨料的取代率取为 0～100%，级差取为 10%时，试件的滞回曲线受影响不大。

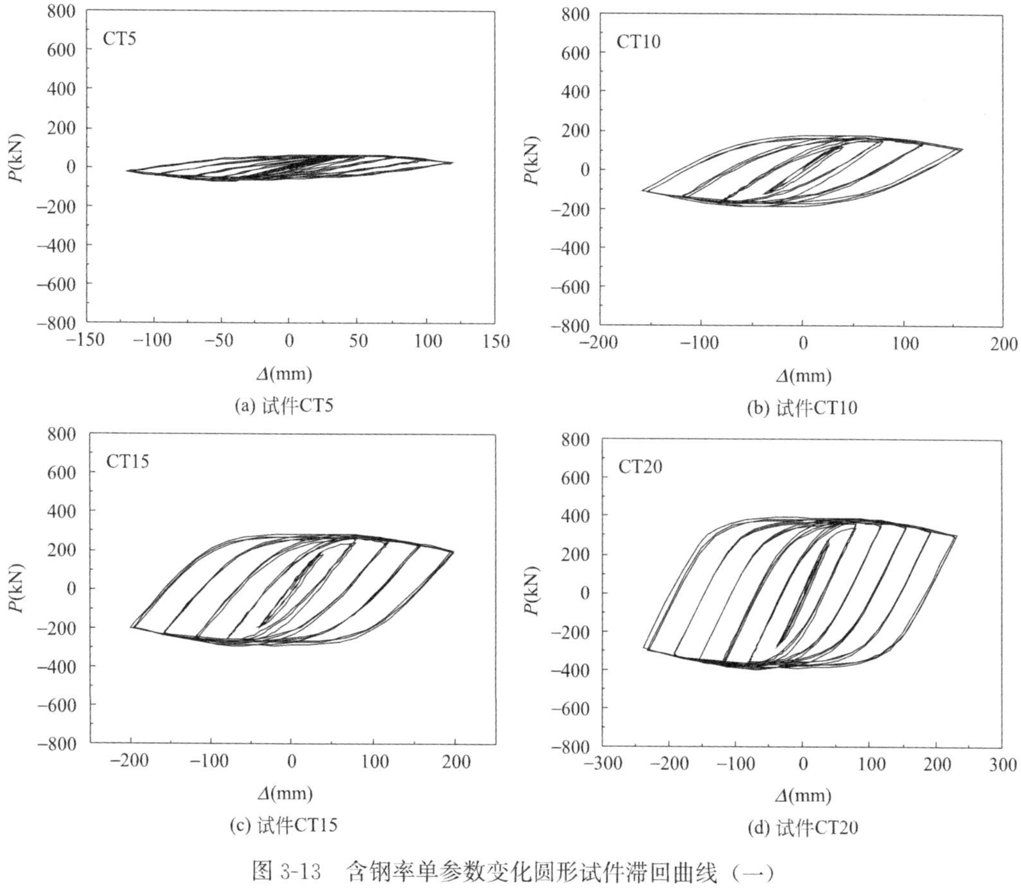

(a) 试件CT5

(b) 试件CT10

(c) 试件CT15

(d) 试件CT20

图 3-13　含钢率单参数变化圆形试件滞回曲线（一）

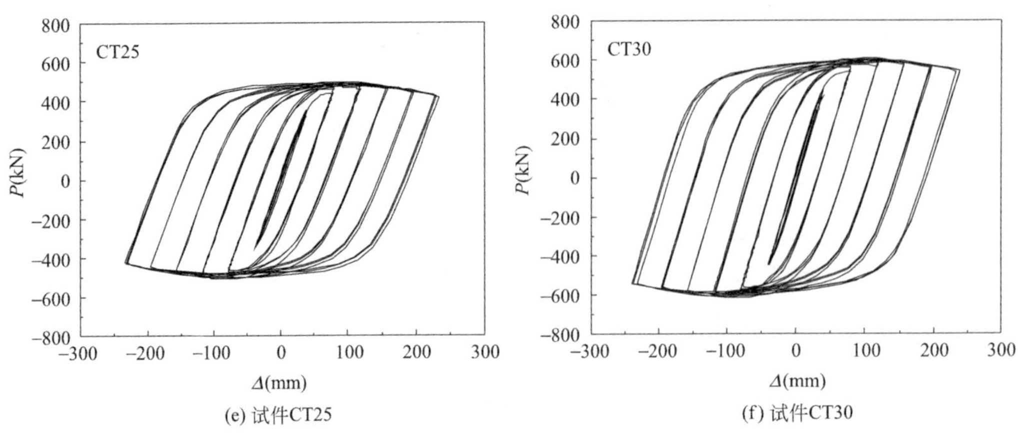

(e) 试件CT25

(f) 试件CT30

图 3-13　含钢率单参数变化圆形试件滞回曲线（二）

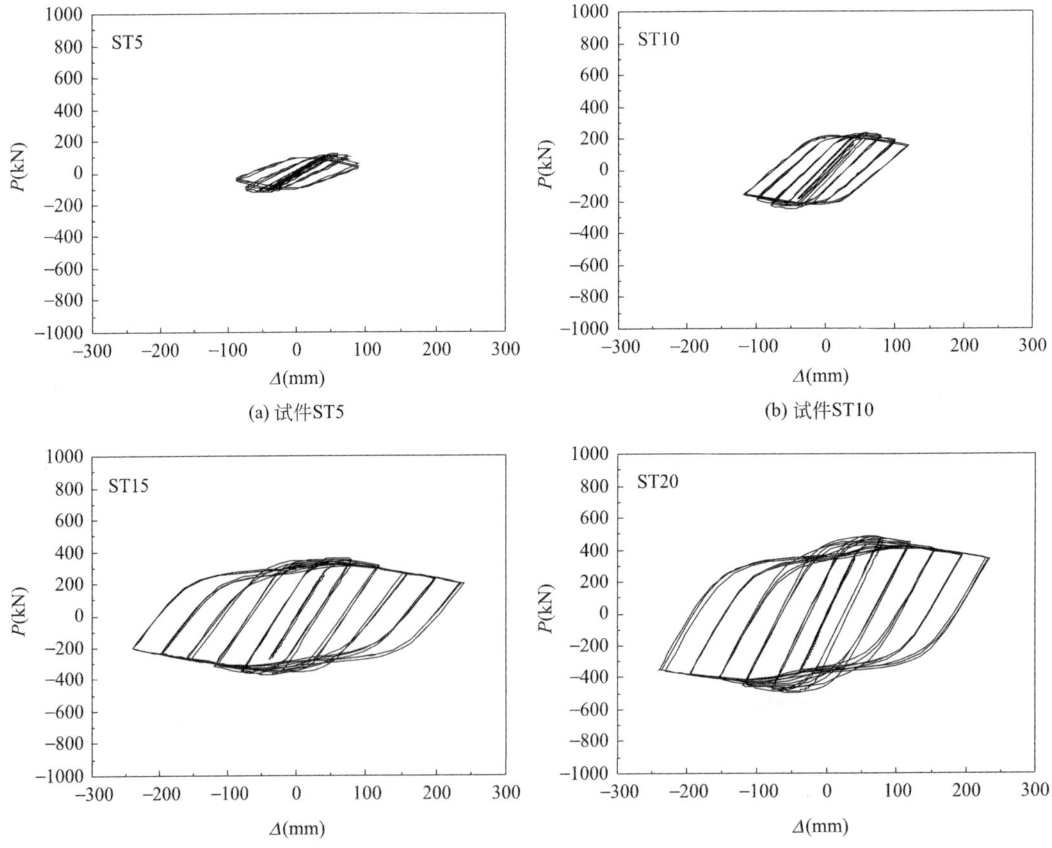

(a) 试件ST5

(b) 试件ST10

(c) 试件ST15

(d) 试件ST20

图 3-14　含钢率单参数变化方形试件滞回曲线（一）

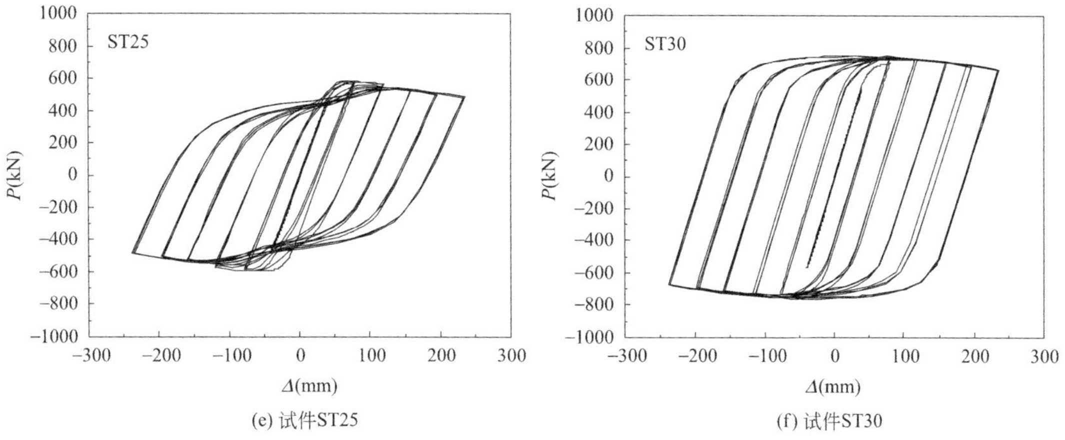

(e) 试件ST25　　(f) 试件ST30

图 3-14　含钢率单参数变化方形试件滞回曲线（二）

由图 3-13、图 3-14 可见，针对圆形或者方形试件，随着含钢率的增加，各级循环位移下滞回环的面积逐渐增大，滞回曲线越来越饱满，耗能性能依次提高。对于试件 CT5 和 ST5，由于含钢率较小，外部钢管对核心 RAC 的约束效果欠佳，在滞回曲线的后期，

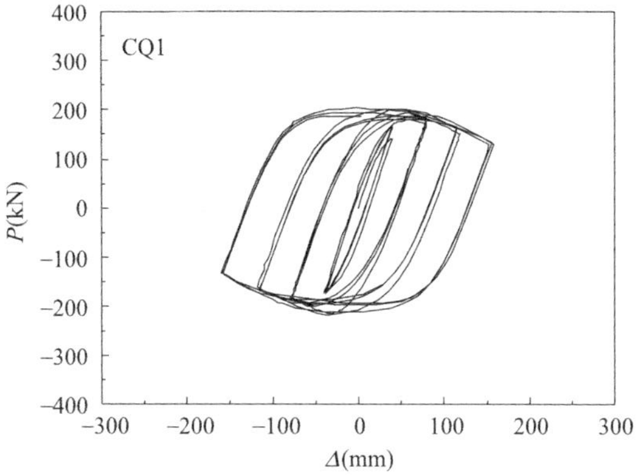

(a) 试件CQ1　　(b) 试件CQ2

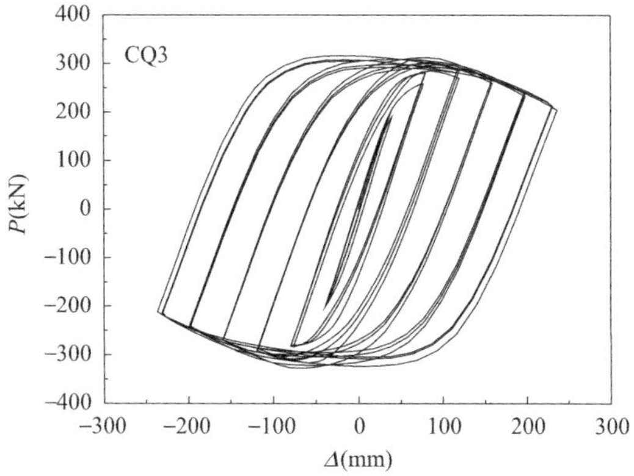

(c) 试件CQ3　　(d) 试件CQ4

图 3-15　钢材牌号单参数变化圆形试件滞回曲线

试件的累积损伤明显增加，强度衰减较为严重，同级循环位移下的不同滞回环偏离较多，尤其是方形试件，表现更为明显。随着含钢率的增加，类似于试件 CT5 和 ST5 滞回曲线现象越来越弱。

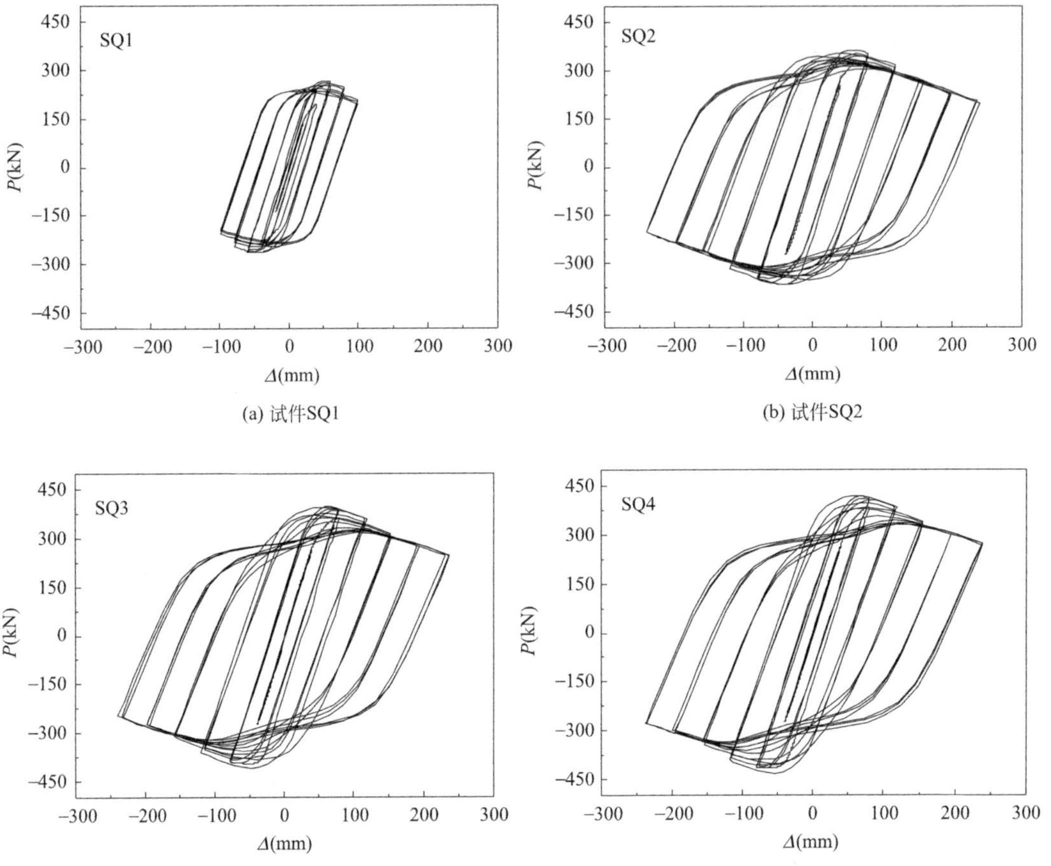

(a) 试件SQ1

(b) 试件SQ2

(c) 试件SQ3

(d) 试件SQ4

图 3-16 钢材牌号单参数变化方形试件滞回曲线

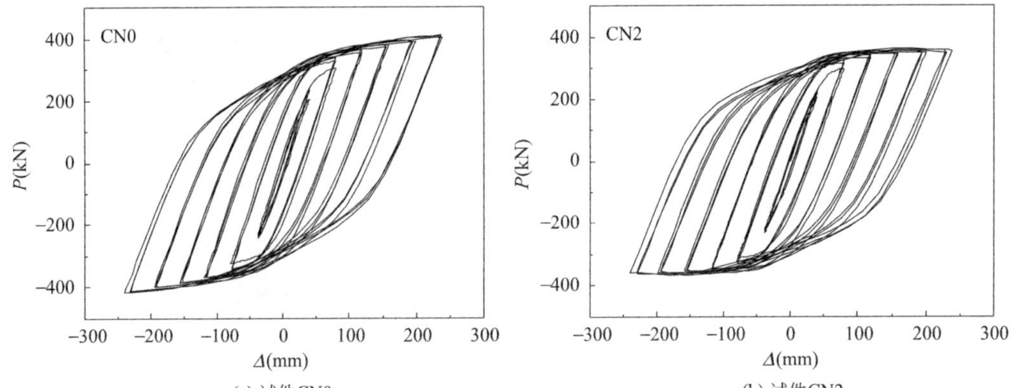

(a) 试件CN0

(b) 试件CN2

图 3-17 轴压比单参数变化圆形试件滞回曲线（一）

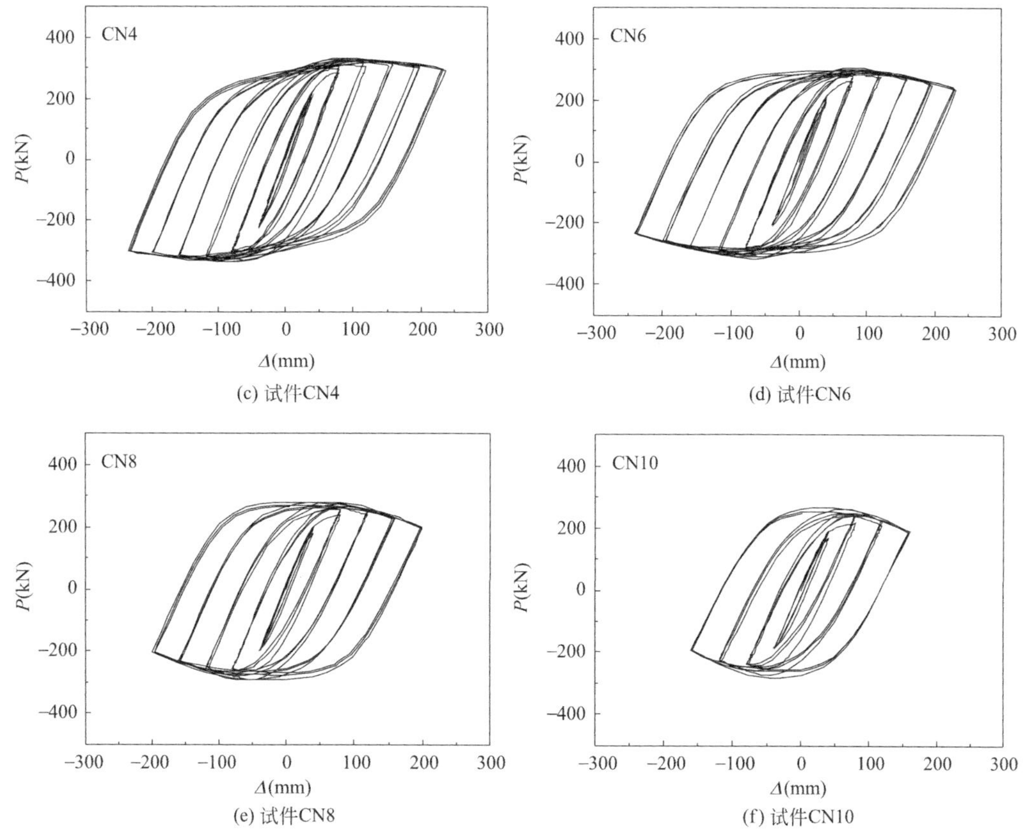

(c) 试件CN4　(d) 试件CN6

(e) 试件CN8　(f) 试件CN10

图 3-17　轴压比单参数变化圆形试件滞回曲线（二）

由图 3-15、图 3-16 可见，钢材牌号对滞回曲线的影响规律与含钢率相似。即随着钢材牌号的提高，滞回曲线越来越饱满，耗能性能逐渐提高。当钢材牌号较低时，滞回曲线后期承载力下降较快，在循环位移幅值较小时，即可达到峰值承载力的 85%，试件宣告破坏。

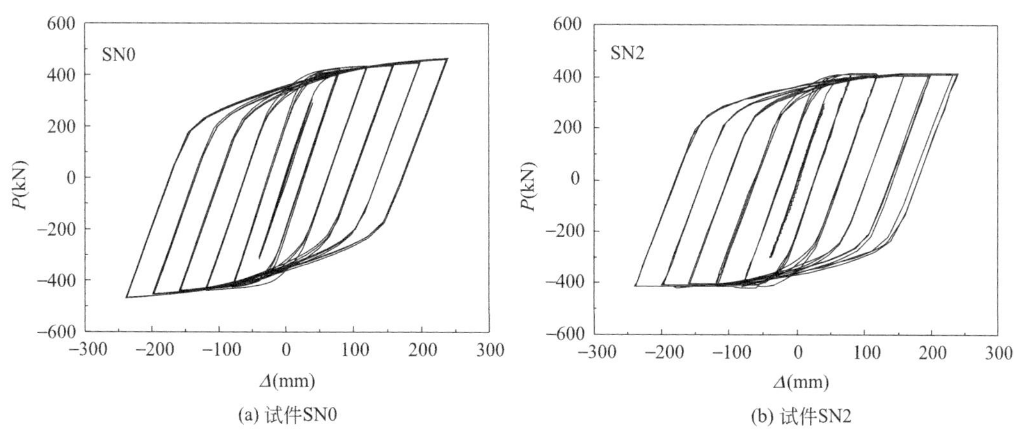

(a) 试件SN0　(b) 试件SN2

图 3-18　轴压比单参数变化方形试件滞回曲线（一）

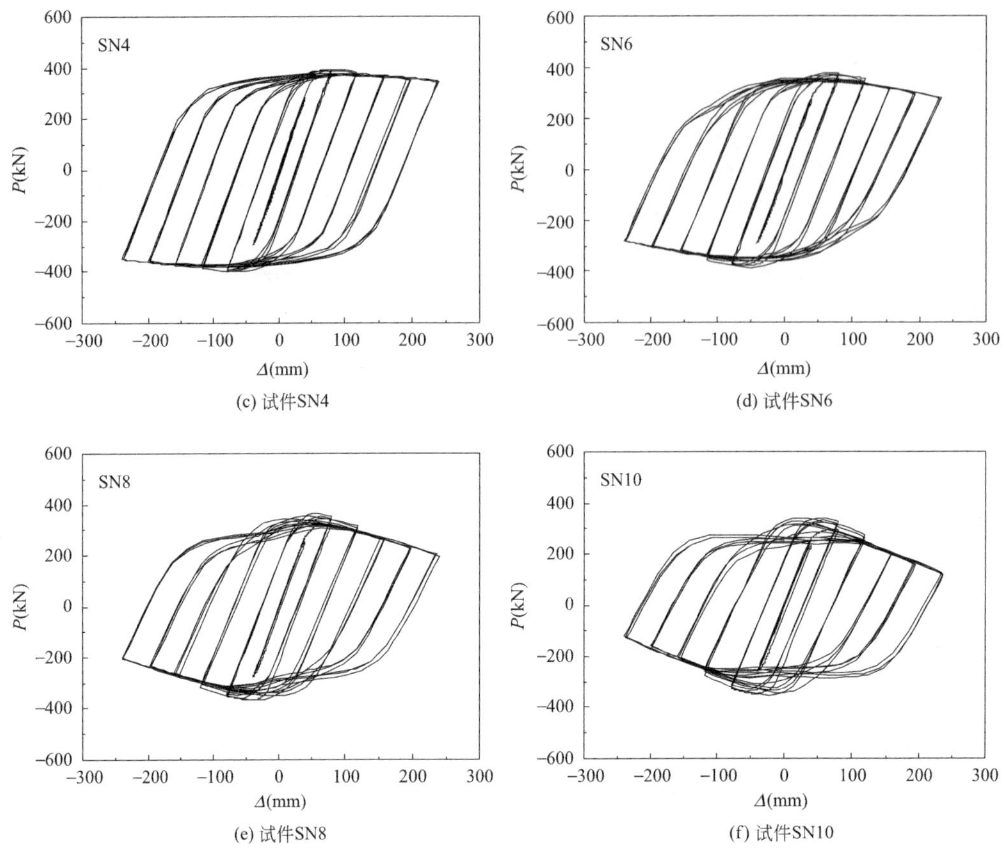

图 3-18 轴压比单参数变化方形试件滞回曲线（二）

从图 3-17、图 3-18 可见，除试件 SN8 和 SN10 外，不同轴压比下试件滞回曲线呈现较为饱满的梭形，耗能良好，甚至在轴压比为 0.0 和 0.2 时，圆、方形试件滞回曲线没有出现下降段。试件 SN8 和 SN10 的后期滞回曲线出现些许捏拢，这是因为在后期加载阶段，柱底方钢管屈曲较多，加之方钢管的约束效果本就欠佳，此时 RAC 所受到的约束力较小，在较大的轴压比下，柱底方钢管与 RAC 之间出现了较多的粘结滑移现象，以至于改变了滞回曲线后期的形状。

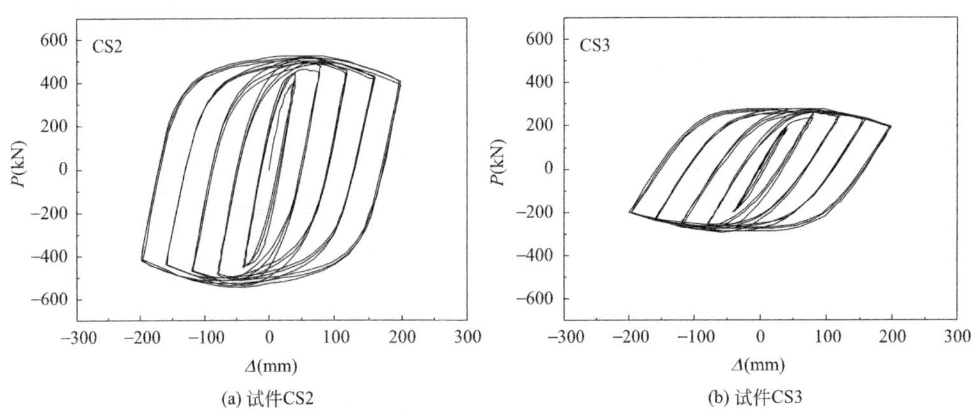

图 3-19 长细比单参数变化圆形试件滞回曲线（一）

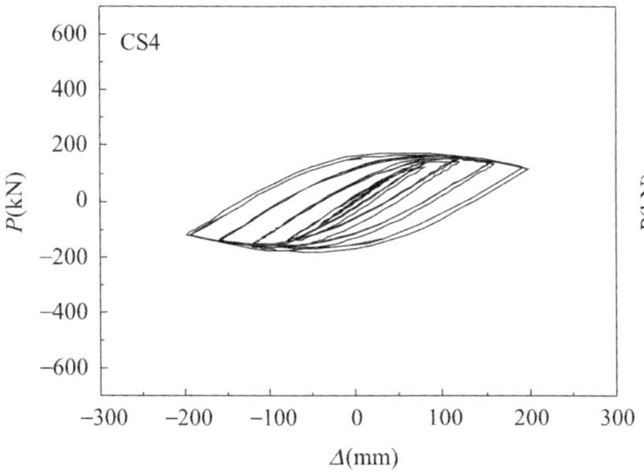

(c) 试件CS4

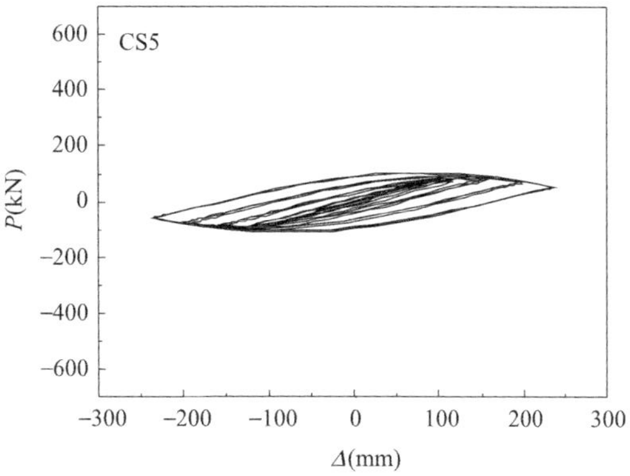

(d) 试件CS5

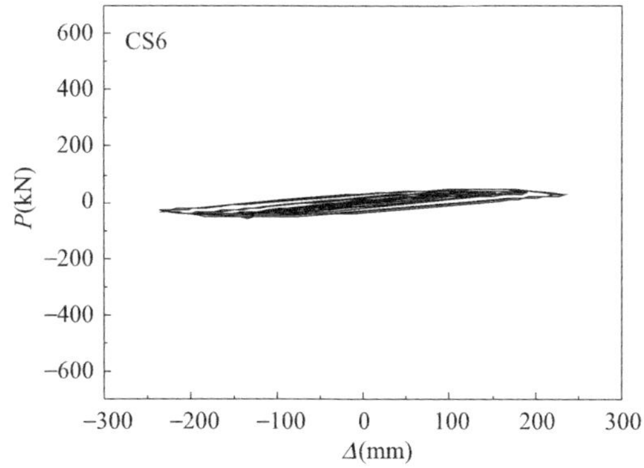

(e) 试件CS6

图 3-19　长细比单参数变化圆形试件滞回曲线（二）

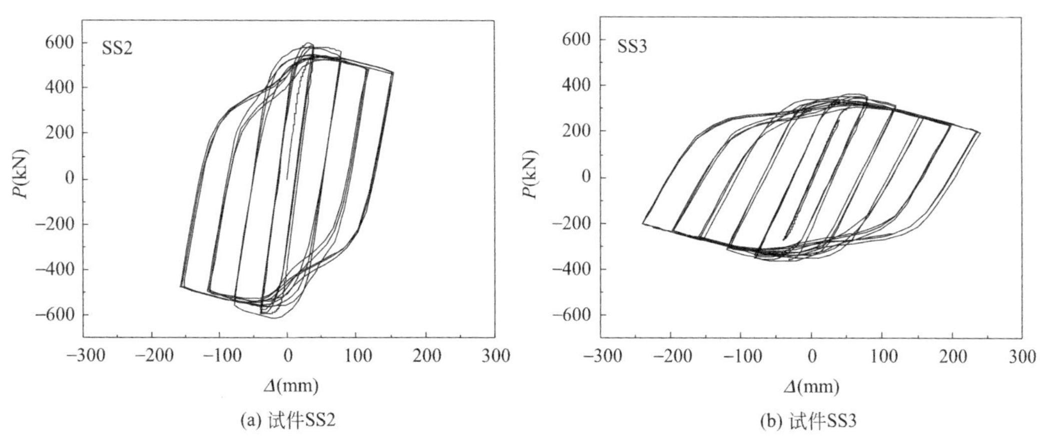

(a) 试件SS2

(b) 试件SS3

图 3-20　长细比单参数变化方形试件滞回曲线（一）

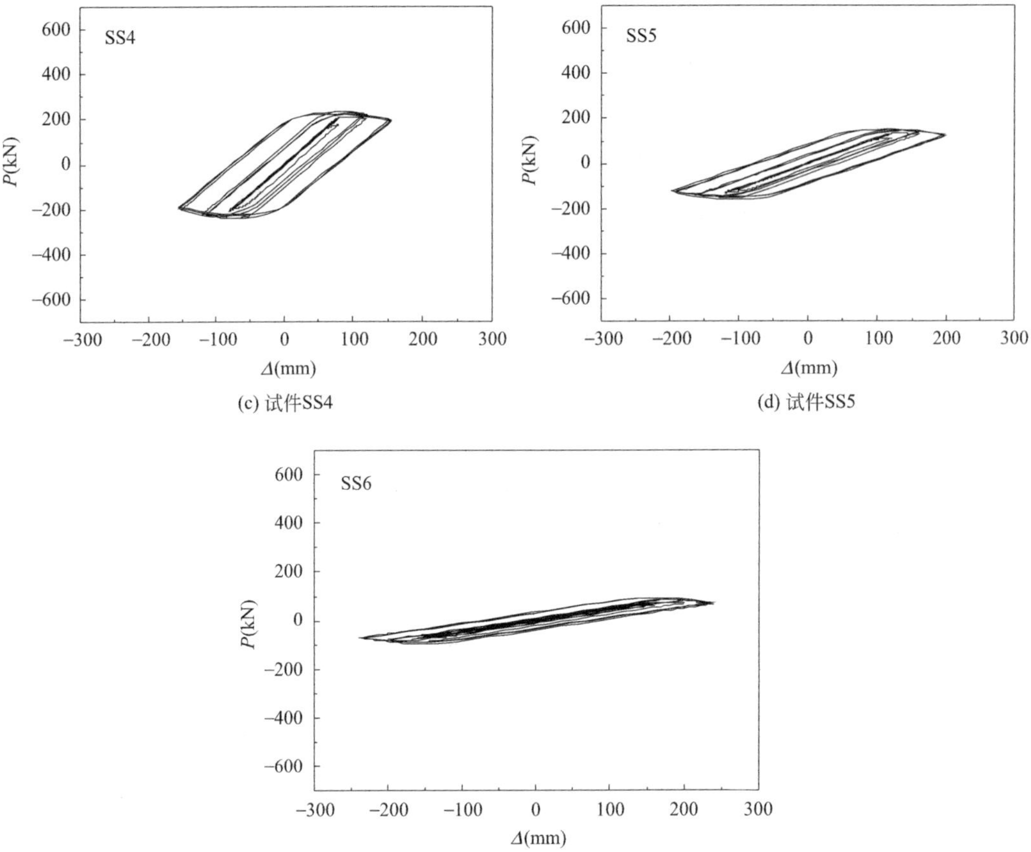

(c) 试件SS4

(d) 试件SS5

(e) 试件SS6

图 3-20　长细比单参数变化方形试件滞回曲线（二）

由图 3-19、图 3-20 可见，随着长细比的增加，圆、方形试件滞回曲线的形状并不一致。当长细比较小时，滞回曲线较为饱满；当长细比较大时，滞回曲线逐渐向水平位移轴倾斜，耗能性能逐渐降低。这是因为随着长细比的增加，在较大的轴压比作用下，试件整体失稳的模态越来越明显，钢管和 RAC 的材料性能得不到充分发挥，影响了试件的能量耗散能力。

在不同截面高宽比下，方形试件绕强轴转动的抗震滞回曲线如图 3-21 所示。可见，随着截面高宽比增加，承载力逐渐提高，在同级循环位移下试件滞回曲线越来越饱满，耗能性能逐渐增强。由于截面高宽比越大，核心 RAC 的受压面积越多，其对抗弯刚度的贡献越大，则滞回曲线越来越向竖向荷载轴倾斜。

3.3.3　骨架曲线

根据已模拟的滞回曲线，提取相应的骨架曲线。在不同取代率下圆、方形试件骨架曲线如图 3-22、图 3-23 所示。可见，在弹性阶段，不同取代率下骨架曲线完全重合，表明再生粗骨料取代率的固有缺陷对试件的初始弹性阶段刚度影响不大；在峰值点处，固有缺陷表现较为明显，使得承载力有一定的区别，随着取代率的提高，圆形试件峰值承载力的

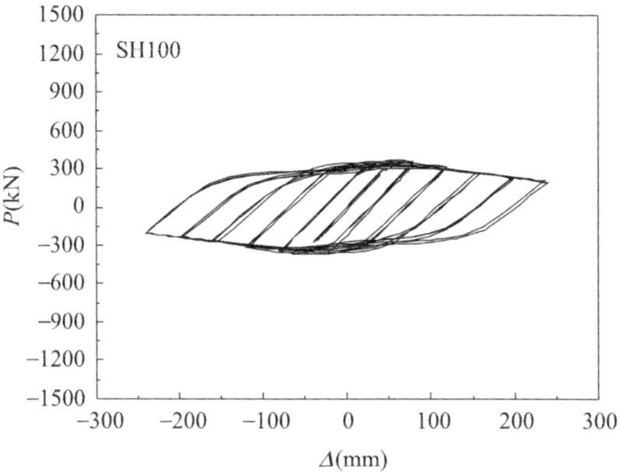

(a) 试件SH100

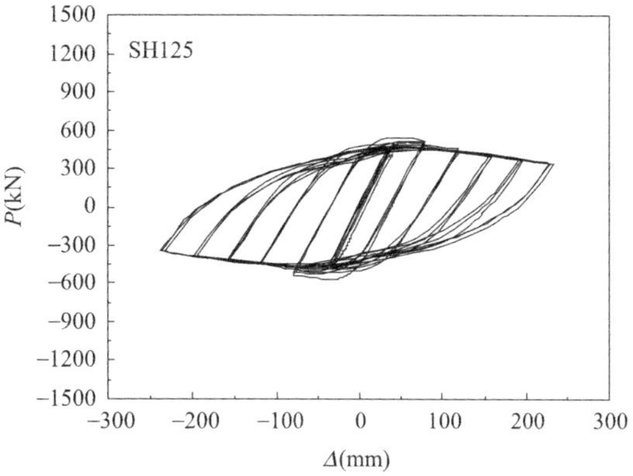

(b) 试件SH125

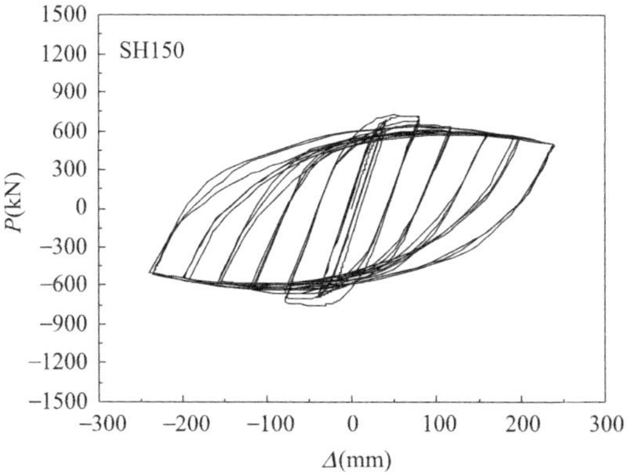

(c) 试件SH150

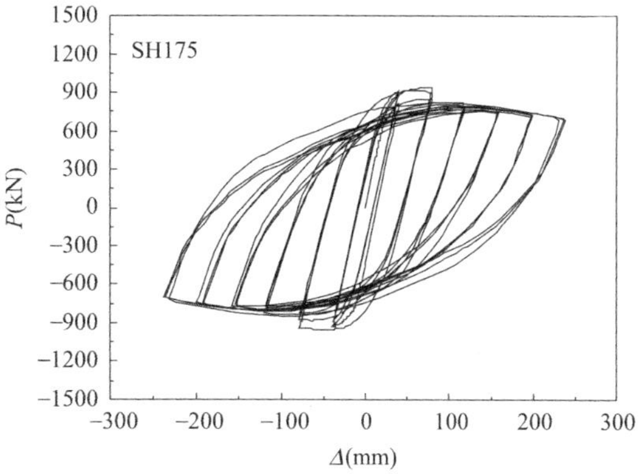

(d) 试件SH175

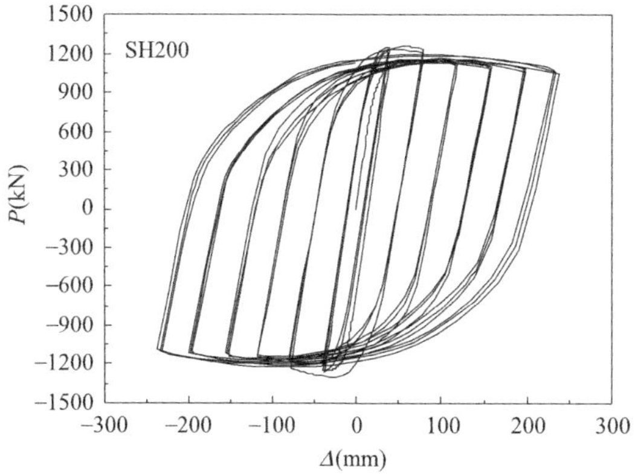

(e) 试件SH200

图 3-21　截面高宽比单参数变化方形试件滞回曲线

变化幅度为 0.62%、0.45%、0.53%、1.22%、0.47%、0.08%、−0.62%、0.92%、−0.94%和−0.64%，方形试件峰值承载力的变化幅度为 1.67%、0.90%、−0.97%、0.45%、−3.37%、3.82%、0.10%、0.52%、−0.12%和−0.04%，但相差均小于 5%，处于工程允许的范围之内；在下降段，骨架曲线虽没有完全重合，但上下波动并不

明显。总体上来讲，随着再生粗骨料取代率的改变，试件的骨架曲线受影响较小。对比图 3-22、图 3-23 可见，圆形试件下降段较为缓和，延性较好，而方形试件下降段较为急促，延性较差，再次表明了两种截面试件不同的约束效果。

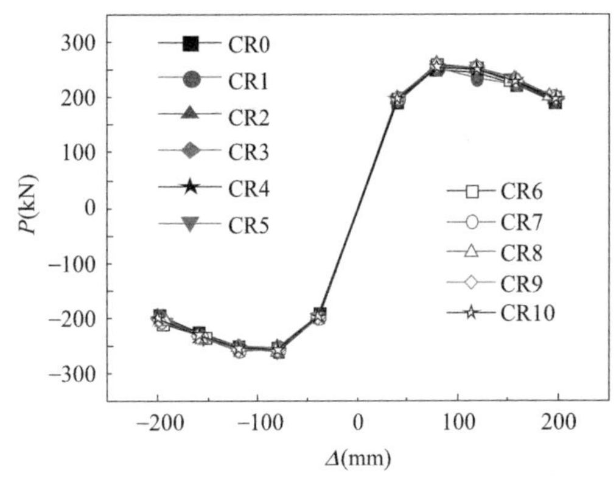

图 3-22 取代率单参数变化圆形试件骨架曲线

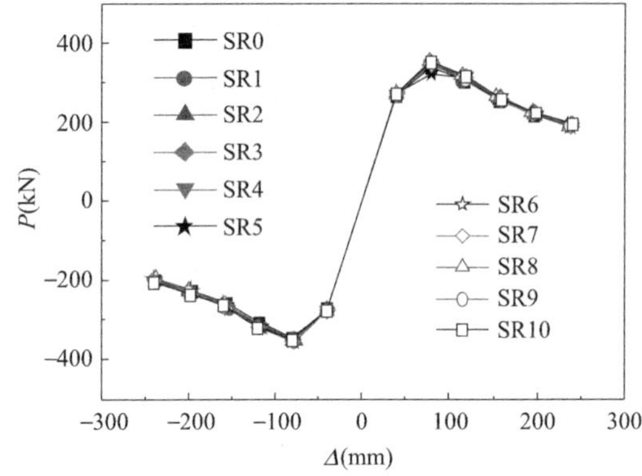

图 3-23 取代率单参数变化方形试件骨架曲线

在不同含钢率下圆、方形试件骨架曲线如图 3-24、图 3-25 所示。可见，随着含钢率的增加，试件的初始弹性阶段刚度逐渐增大，峰值承载力逐渐提高，圆形试件变化幅度为 148.18%、63.04%、42.38%、31.01% 和 22.53%，方形试件变化幅度为 98.06%、54.45%、35.33%、21.80%和 26.51%，下降段曲线越来越缓和，位移延性越来越大。随着含钢率的均匀增加，峰值承载力均匀提高。

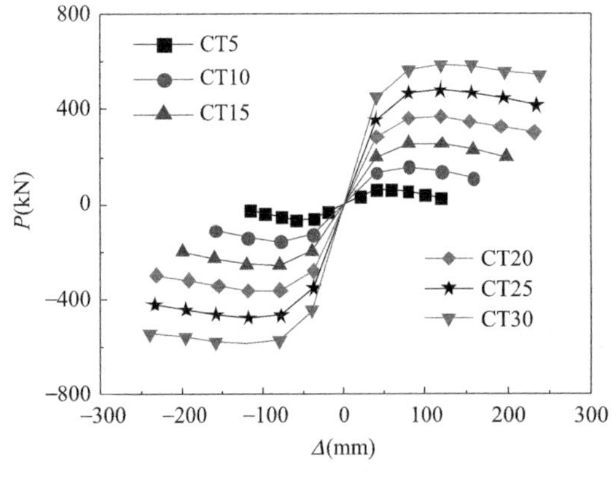

图 3-24 含钢率单参数变化圆形试件骨架曲线

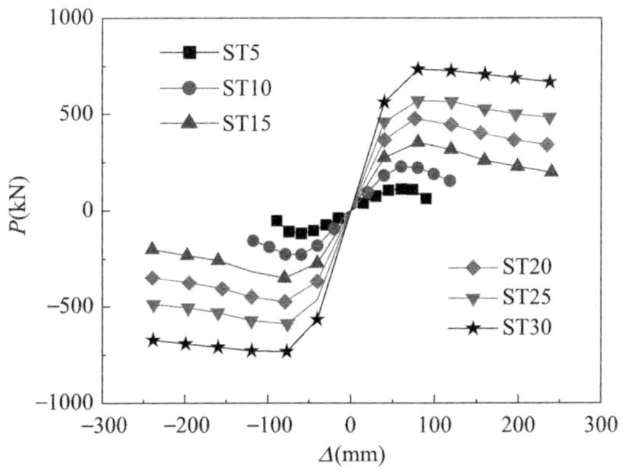

图 3-25 含钢率单参数变化方形试件骨架曲线

在不同钢材牌号下圆、方形试件骨架曲线如图 3-26、图 3-27 所示。可见，钢材牌号即钢材的屈服强度对试件初始弹性阶段刚度影响不大，峰值承载力随屈服强度的提高而提高，圆形试件峰值承载力变化幅度为 40.31%、12.58%和 6.68%，方形试件峰值承载力变化幅度为 33.95%、10.86%和 6.35%。钢材牌号由 Q235 变为 Q345 时，承载力提高幅度非常明显，而钢材牌号由 Q345 变为 Q390 以及由 Q390 变为 Q420 时，承载力提高幅度并不显著。

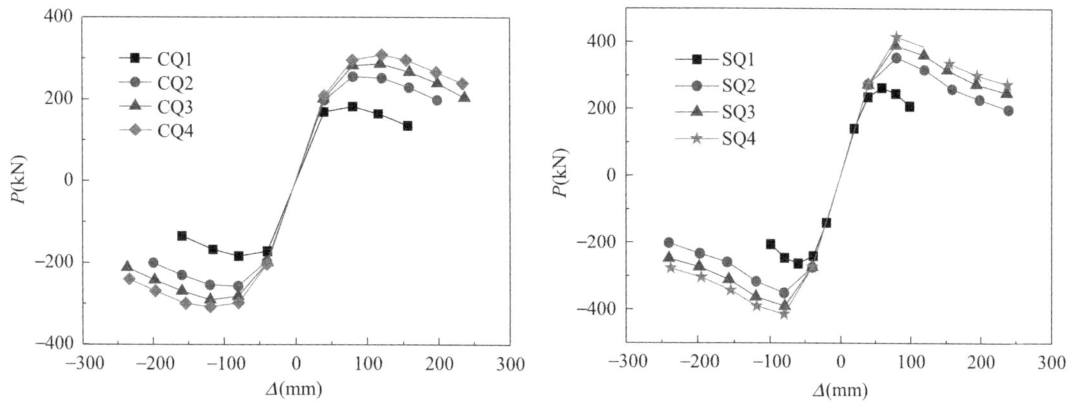

图 3-26 钢材牌号单参数变化圆形试件骨架曲线　　图 3-27 钢材牌号单参数变化方形试件骨架曲线

在不同轴压比下圆、方形试件骨架曲线如图 3-28、图 3-29 所示。可见，轴压比对试件的初始弹性阶段刚度影响较小；峰值承载力随轴压比的提高而减小，圆形试件变化幅度为－12.83%、－12.18%、－8.37%、－10.72%和－7.35%，方形试件变化幅度为－11.61%、－4.78%、－4.91%、－5.82%和－7.74%，减小的幅度较小，这与选取的轴压比计算方法有关。当轴压比为 0.4 时，骨架曲线开始出现下降段，并随着轴压比的增大，延性逐渐变差。

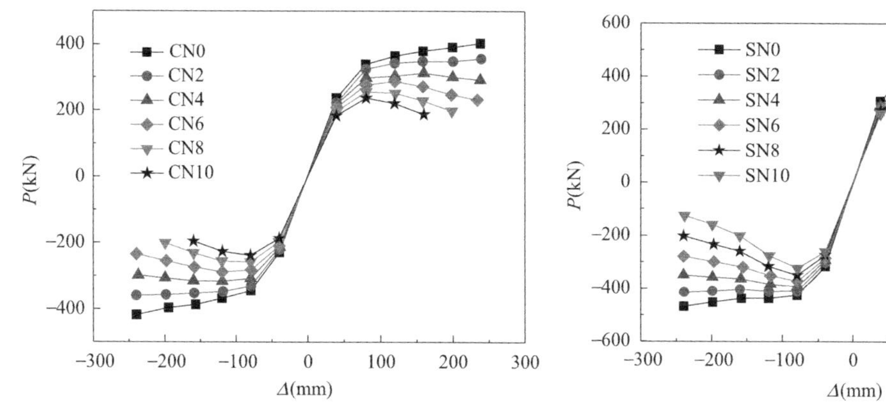

图 3-28 轴压比单参数变化圆形试件骨架曲线　　图 3-29 轴压比单参数变化方形试件骨架曲线

在不同长细比下圆、方形试件骨架曲线如图 3-30、图 3-31 所示。可见，长细比不仅显著改变了试件的初始弹性阶段刚度，也同样显著改变了试件的峰值承载力。随着长细比的增加，试件的初始弹性阶段刚度和峰值承载力明显降低，圆形试件峰值承载力变化幅度为－46.53%、－41.53%、－44.09%和－51.96%，方形试件峰值承载力变化幅度为－40.28%、－37.34%、－37.05%和－42.75%。

在不同截面高宽比下矩形试件骨架曲线如图 3-32 所示。可见，与长细比相似，截面高宽比同样不仅显著改变了试件的初始弹性阶段刚度，也显著改变了试件的峰值承载力。随着截面高宽比的增加，试件的初始弹性阶段刚度和峰值承载力明显增加，试件峰值承载力变化幅度为48.39%、38.23%、29.82%和32.18%。

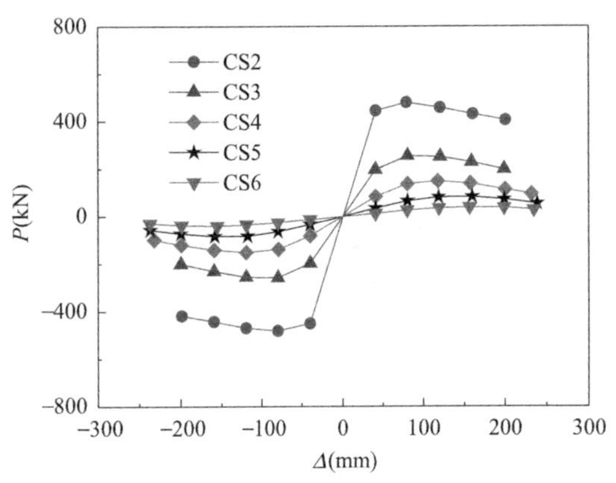

图 3-30 长细比单参数变化圆形试件骨架曲线

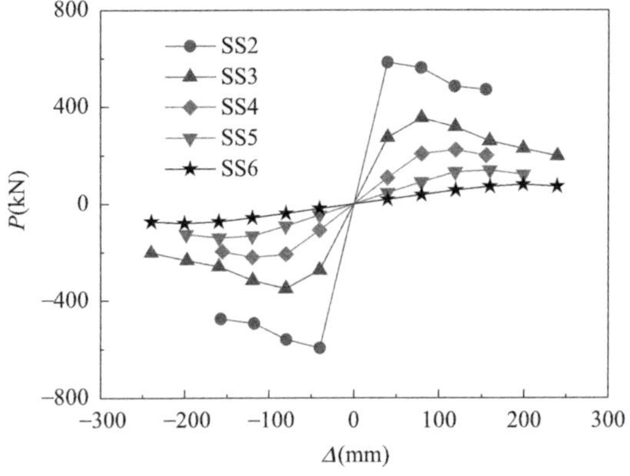

图 3-31 长细比单参数变化方形试件骨架曲线

3.3.4 延性系数

根据能量等值法所求得的不同单参数变化圆、方形试件的位移延性系数及特征点荷载与位移分别见表 3-10～表 3-20。

由表 3-10、表 3-11 可见，所有圆形试件位移延性系数均在 3.00 左右，所有方形试件均在 2.30 左右。随着取代率的增加，位移延性系数的变化幅度在 5%之内，表明再生粗骨料取代率以 10%为级差，在 0～100%范围内均匀变化时，足尺试件的抗震变形性能受影响不大。基于抗震延性需求，再生粗骨料可以应用于钢管混凝土工程结构之中。

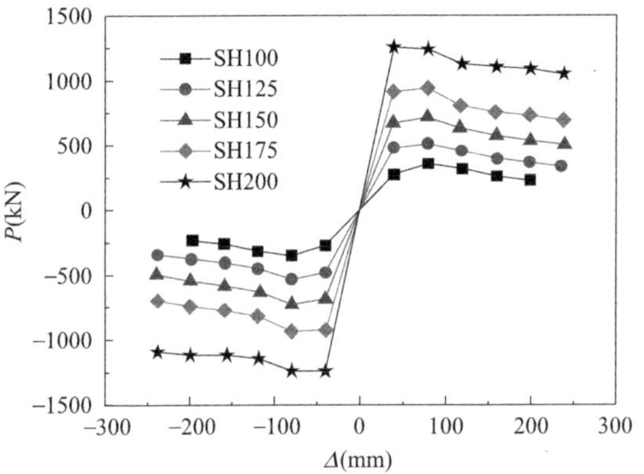

图 3-32 截面高宽比单参数变化矩形试件骨架曲线

取代率单参数变化圆形试件骨架曲线各特征点荷载与位移 **表 3-10**

编号	加载方向	屈服点		峰值点		破坏点		$\mu=\Delta_u/\Delta_y$	$\mu_{平均}$
		Δ_y	P_y	Δ_m	P_m	Δ_u	P_u		
CR0	正向	57.24	219.80	78.33	250.25	171.15	212.72	2.99	3.06
	负向	57.83	224.33	79.73	252.65	181.44	214.75	3.14	
	平均	57.54	222.07	79.03	251.45	176.30	213.73		
CR1	正向	57.84	221.18	79.61	253.2	169.77	215.22	2.94	2.98
	负向	57.77	221.38	79.63	252.82	175.17	214.90	3.03	
	平均	57.81	221.28	79.62	253.01	172.47	215.06		
CR2	正向	57.40	223.00	78.85	254.10	171.53	215.99	2.99	3.01
	负向	57.61	221.18	79.85	254.18	174.41	216.05	3.03	
	平均	57.51	222.09	79.35	254.14	172.97	216.02		

续表

编号	加载方向	屈服点		峰值点		破坏点		$\mu=\Delta_u/\Delta_y$	$\mu_{平均}$
		Δ_y	P_y	Δ_m	P_m	Δ_u	P_u		
CR3	正向	58.14	224.52	79.8	256.1	173.66	217.69	2.99	3.02
	负向	57.64	223.70	79.27	254.89	175.79	216.66	3.05	
	平均	57.89	224.11	79.54	255.50	174.73	217.17		
CR4	正向	58.03	224.54	79.94	257.48	171.68	218.86	2.96	2.97
	负向	58.62	225.51	79.14	259.75	174.58	220.79	2.98	
	平均	58.33	225.03	79.54	258.62	173.13	219.82		
CR5	正向	57.99	227.08	79.2	258.73	170.28	219.92	2.93	2.93
	负向	58.88	227.67	79.68	260.91	172.41	221.77	2.94	
	平均	58.44	227.38	79.44	259.82	171.35	220.85		
CR6	正向	58.46	227.08	79.94	259.39	169.40	220.48	2.90	2.91
	负向	58.83	228.84	79.60	260.65	172.03	221.55	2.92	
	平均	58.65	227.96	79.77	260.02	170.72	221.02		
CR7	正向	57.76	228.25	79.01	258.85	175.04	220.02	3.03	3.06
	负向	57.83	226.78	79.57	257.99	178.43	219.29	3.09	
	平均	57.80	227.52	79.29	258.42	176.74	219.66		
CR8	正向	58.43	227.67	79.98	259.92	172.66	220.93	2.96	2.96
	负向	58.89	227.10	79.74	261.70	174.16	222.45	2.96	
	平均	58.66	227.39	79.86	260.81	173.41	221.69		
CR9	正向	57.97	225.90	79.48	258.56	173.41	219.78	2.99	3.01
	负向	58.44	230.22	79.96	258.17	176.42	219.44	3.02	
	平均	58.21	228.06	79.72	258.37	174.92	219.61		
CR10	正向	57.62	224.13	79.78	255.38	174.04	217.07	3.02	3.00
	负向	58.71	226.10	79.80	258.05	175.42	219.34	2.99	
	平均	58.17	225.12	79.79	256.72	174.73	218.21		

取代率单参数变化方形试件骨架曲线各特征点荷载与位移　　表 3-11

编号	加载方向	屈服点		峰值点		破坏点		$\mu=\Delta_u/\Delta_y$	$\mu_{平均}$
		Δ_y	P_y	Δ_m	P_m	Δ_u	P_u		
SR0	正向	55.99	297.96	79.07	339.10	132.27	288.23	2.36	2.30
	负向	57.11	303.65	79.88	345.49	127.38	293.67	2.23	
	平均	56.55	300.81	79.48	342.30	129.83	290.95		
SR1	正向	57.64	306.39	79.52	349	125.00	296.65	2.17	2.20
	负向	56.99	303.44	79.40	347.02	127.26	294.97	2.23	
	平均	57.32	304.92	79.46	348.01	126.13	295.81		
SR2	正向	57.80	307.00	79.91	350.31	131.22	297.76	2.27	2.27
	负向	56.99	310.38	76.26	351.98	129.39	299.18	2.27	
	平均	57.40	308.69	78.09	351.15	130.31	298.47		

续表

编号	加载方向	屈服点		峰值点		破坏点		$\mu=\Delta_u/\Delta_y$	$\mu_{平均}$
		Δ_y	P_y	Δ_m	P_m	Δ_u	P_u		
SR3	正向	56.57	304.71	79	345.34	133.15	293.54	2.35	2.31
	负向	57.34	307.65	79.93	350.14	130.02	297.62	2.27	
	平均	56.96	306.18	79.47	347.74	131.59	295.58		
SR4	正向	56.88	306.60	79.24	347.06	134.16	295.00	2.36	2.33
	负向	57.40	308.50	79.42	351.53	131.90	298.80	2.30	
	平均	57.14	307.55	79.33	349.30	133.03	296.90		
SR5	正向	55.99	294.80	79.45	323.9	144.82	275.32	2.59	2.42
	负向	57.11	308.71	79.48	351.17	129.14	298.49	2.26	
	平均	56.55	301.76	79.47	337.54	136.98	286.91		
SR6	正向	56.72	304.95	78.57	347.96	132.25	295.77	2.33	2.29
	负向	57.52	309.98	79.26	352.91	129.52	299.97	2.25	
	平均	57.12	307.47	78.92	350.44	130.89	297.87		
SR7	正向	57.17	306.81	79.83	348.58	131.90	296.29	2.31	2.30
	负向	57.50	310.80	79.05	353.00	132.40	300.05	2.30	
	平均	57.34	308.81	79.44	350.79	132.15	298.17		
SR8	正向	57.46	310.39	77.40	353.35	128.39	300.35	2.23	2.26
	负向	57.42	309.34	79.58	351.89	131.27	299.11	2.29	
	平均	57.44	309.87	78.49	352.62	129.83	299.73		
SR9	正向	57.95	310.18	79.52	353.45	127.51	300.43	2.20	2.27
	负向	57.14	310.00	78.64	350.94	133.28	298.30	2.33	
	平均	57.55	310.09	79.08	352.20	130.40	299.37		
SR10	正向	58.14	309.97	79.97	353.24	130.39	300.25	2.24	2.27
	负向	57.38	307.23	79.87	350.88	132.00	298.25	2.30	
	平均	57.76	308.60	79.92	352.06	131.20	299.25		

由表 3-12、表 3-13 可见，随着含钢率的增加，位移延性系数增大。圆形试件变化幅度分别为 26.20%、27.12%和 22.33%，方形试件变化幅度分别为 15.43%、21.39%、17.62%和 49.44%。对于圆形试件，当含钢率为 5%时，位移延性系数仅为 1.87，变形性能较差，不建议应用于工程实践之中；对于方形试件，当含钢率分别为 5%和 10%时，位移延性系数仅为 1.62 和 1.87，变形性能同样较差，亦不建议应用于工程实践之中。

含钢率单参数变化圆形试件骨架曲线各特征点荷载与位移　　表 3-12

编号	加载方向	屈服点		峰值点		破坏点		$\mu=\Delta_u/\Delta_y$	$\mu_{平均}$
		Δ_y	P_y	Δ_m	P_m	Δ_u	P_u		
CT5	正向	39.82	57.35	57.94	60.57	78.45	51.48	1.97	1.87
	负向	43.07	60.10	59.78	66.32	76.20	56.37	1.77	
	平均	41.45	58.73	58.86	63.44	77.33	53.93		

续表

编号	加载方向	屈服点		峰值点		破坏点		$\mu=\Delta_u/\Delta_y$	$\mu_{平均}$
		Δ_y	P_y	Δ_m	P_m	Δ_u	P_u		
CT10	正向	52.23	139.21	79.48	156.38	126.52	132.92	2.42	2.36
	负向	55.19	139.75	79.71	158.53	127.12	134.75	2.30	
	平均	53.71	139.48	79.60	157.46	126.82	133.84		
CT15	正向	57.62	224.13	79.78	255.38	174.04	217.07	3.02	3.00
	负向	58.71	226.10	79.80	258.05	175.42	219.34	2.99	
	平均	58.17	225.12	79.79	256.72	174.73	218.21		
CT20	正向	59.23	320.45	118.83	365.54	214.05	310.71	3.61	3.67
	负向	57.13	320.22	118.83	365.47	212.41	310.65	3.72	
	平均	58.18	320.34	118.83	365.51	213.23	310.68		
CT25	正向	61.14	417.42	118.04	477.94	—	—	—	—
	负向	60.42	417.13	117.91	479.73	—	—	—	
	平均	60.78	417.28	117.98	478.84	—	—		
CT30	正向	61.52	513.71	118.99	588.84	—	—	—	—
	负向	59.72	511.69	119.73	584.56	—	—	—	
	平均	60.62	512.70	119.36	586.70	—	—		

含钢率单参数变化方形试件骨架曲线各特征点荷载与位移　　表 3-13

编号	加载方向	屈服点		峰值点		破坏点		$\mu=\Delta_u/\Delta_y$	$\mu_{平均}$
		Δ_y	P_y	Δ_m	P_m	Δ_u	P_u		
ST5	正向	46.44	105.11	60.00	111.48	78.37	94.76	1.69	1.62
	负向	49.62	109.00	59.58	118.71	76.69	100.90	1.55	
	平均	48.03	107.06	59.79	115.09	77.53	97.83		
ST10	正向	51.27	207.82	59.80	227.12	96.30	193.05	1.88	1.87
	负向	51.58	209.83	59.51	228.78	95.69	194.46	1.86	
	平均	51.43	208.83	59.66	227.95	96.00	193.76		
ST15	正向	58.14	309.97	79.97	353.24	130.39	300.25	2.24	2.27
	负向	57.38	307.23	79.87	350.88	132.00	298.25	2.30	
	平均	57.76	308.60	79.92	352.06	131.20	299.25		
ST20	正向	57.90	419.78	76.27	477.42	152.26	405.81	2.63	2.67
	负向	57.94	417.71	79.43	475.50	157.30	404.18	2.71	
	平均	57.92	418.75	77.85	476.46	154.78	404.99		
ST25	正向	55.28	503.49	79.66	570.4	236.01	484.84	4.27	3.99
	负向	56.13	524.25	76.07	590.26	207.76	501.72	3.70	
	平均	55.71	513.87	77.87	580.33	221.89	493.28		
ST30	正向	58.62	644.20	79.8	734.26	—	—	—	—
	负向	57.41	649.29	76.82	734.12	—	—	—	
	平均	58.02	646.75	78.31	734.19	—	—		

由表 3-14、表 3-15 可见，随着钢材牌号的增加，试件峰值点平均强度提高较大，而位移延性系数变化不显著，变化幅度远远小于 5%。这表明对于 RACFST 试件，钢材牌号的增大在提高试件承载力的同时并没有降低其位移延性系数，试件的强度和延性均得到了保证。

钢材牌号单参数变化圆形试件骨架曲线各特征点荷载与位移 **表 3-14**

编号	加载方向	屈服点		峰值点		破坏点		$\mu=\Delta_u/\Delta_y$	$\mu_{平均}$
		Δ_y	P_y	Δ_m	P_m	Δ_u	P_u		
CQ1	正向	45.09	170.93	79.56	181.91	128.79	154.63	2.86	2.89
	负向	44.65	173.52	79.15	184.01	130.39	156.41	2.92	
	平均	44.87	172.23	79.36	182.96	129.59	155.52		
CQ2	正向	57.62	224.13	79.78	255.38	174.04	217.07	3.02	3.00
	负向	58.71	226.10	79.80	258.05	175.42	219.34	2.99	
	平均	58.17	225.12	79.79	256.72	174.73	218.21		
CQ3	正向	63.68	250.08	117.65	286.44	191.37	243.47	3.01	2.94
	负向	66.47	256.77	119.53	291.58	191.17	247.84	2.88	
	平均	65.08	253.43	118.59	289.01	191.27	245.66		
CQ4	正向	68.41	271.52	119.95	308.09	203.33	261.87	2.97	2.99
	负向	69.07	275.06	119.45	308.57	207.07	262.28	3.00	
	平均	68.74	273.29	119.70	308.33	205.20	262.08		

钢材牌号单参数变化方形试件骨架曲线各特征点荷载与位移 **表 3-15**

编号	加载方向	屈服点		峰值点		破坏点		$\mu=\Delta_u/\Delta_y$	$\mu_{平均}$
		Δ_y	P_y	Δ_m	P_m	Δ_u	P_u		
SQ1	正向	42.54	238.90	59.60	262.39	90.60	223.03	2.13	2.16
	负向	41.22	244.00	59.98	263.29	90.42	223.79	2.19	
	平均	41.88	241.45	59.79	262.84	90.51	223.41		
SQ2	正向	58.14	309.97	79.97	353.24	130.39	300.25	2.24	2.27
	负向	57.38	307.23	79.87	350.88	132.00	298.25	2.30	
	平均	57.76	308.60	79.92	352.06	131.20	299.25		
SQ3	正向	63.54	345.12	78.3	389.88	140.07	331.40	2.20	2.22
	负向	63.50	346.04	78.86	390.73	141.84	332.12	2.23	
	平均	63.52	345.58	78.58	390.31	140.96	331.76		
SQ4	正向	67.40	372.00	79.92	415.36	143.06	353.06	2.12	2.16
	负向	67.13	372.61	79.86	414.78	148.16	352.56	2.21	
	平均	67.27	372.31	79.89	415.07	145.61	352.81		

由表 3-16、表 3-17 可见，随着轴压比的增加，试件的位移延性逐渐降低。当轴压比为 0.6、0.8 和 1.0 时，圆形试件延性系数变化幅度分别为−9.64%和−13.67%，方形试件延性系数变化幅度分别为−14.02%和−5.73%。

轴压比单参数变化圆形试件骨架曲线各特征点荷载与位移　　表 3-16

编号	加载方向	屈服点		峰值点		破坏点		$\mu=\Delta_u/\Delta_y$	$\mu_{平均}$
		Δ_y	P_y	Δ_m	P_m	Δ_u	P_u		
CN4	正向	69.90	278.55	159.54	312.55	—	—	—	—
	负向	66.16	278.00	159.71	315.07	—	—	—	
	平均	68.03	278.28	159.63	313.81	—	—		
CN6	正向	64.24	249.69	119.17	286.95	203.76	243.91	3.17	3.32
	负向	63.23	252.05	119.17	288.13	219.06	244.91	3.46	
	平均	63.74	250.87	119.17	287.54	211.41	244.41		
CN8	正向	57.62	224.13	79.78	255.38	174.04	217.07	3.02	3.00
	负向	58.71	226.10	79.80	258.05	175.42	219.34	2.99	
	平均	58.17	225.12	79.79	256.72	174.73	218.21		
CN10	正向	56.80	207.81	79.74	237.23	143.19	201.65	2.52	2.59
	负向	57.10	208.80	79.98	238.48	152.09	202.71	2.66	
	平均	56.95	208.31	79.86	237.86	147.64	202.18		

轴压比单参数变化方形试件骨架曲线各特征点荷载与位移　　表 3-17

编号	加载方向	屈服点		峰值点		破坏点		$\mu=\Delta_u/\Delta_y$	$\mu_{平均}$
		Δ_y	P_y	Δ_m	P_m	Δ_u	P_u		
SN4	正向	60.54	344.37	79.87	392.63	—	—	—	—
	负向	60.24	347.47	79.02	393.56	—	—	—	
	平均	60.39	345.92	79.45	393.10	—	—		
SN6	正向	59.63	328.15	79.74	374.5	152.59	318.33	2.56	2.64
	负向	58.58	326.99	79.31	373.12	159.24	317.15	2.72	
	平均	59.11	327.57	79.53	373.81	155.92	317.74		
SN8	正向	58.14	309.97	79.97	353.24	130.39	300.25	2.24	2.27
	负向	57.38	307.23	79.87	350.88	132.00	298.25	2.30	
	平均	57.76	308.60	79.92	352.06	131.20	299.25		
SN10	正向	55.54	287.22	79.14	325.93	117.73	277.04	2.12	2.14
	负向	55.31	286.80	79.3	323.72	119.23	275.16	2.16	
	平均	55.43	287.01	79.22	324.83	118.48	276.10		

由表 3-18、表 3-19 可见，随着长细比的增加，试件位移延性逐渐降低，圆形试件延性系数变化幅度分别为−30.88%、−26.33%、−13.12%和−13.02%。值得注意的是，当长细比达到 60 时，圆形试件的延性系数仅为 1.67。这是由于当长细比较大时，在轴压比作用下，试件屈曲失稳模态较为明显，材料的性能没能够得到充分的发挥。

长细比单参数变化圆形试件骨架曲线各特征点荷载与位移　　表 3-18

编号	加载方向	屈服点		峰值点		破坏点		$\mu=\Delta_u/\Delta_y$	$\mu_{平均}$
		Δ_y	P_y	Δ_m	P_m	Δ_u	P_u		
CS2	正向	45.50	449.61	78.21	479.11	197.62	407.24	4.34	4.34
	负向	45.07	454.11	79.85	481.13	—	—	—	
	平均	45.29	451.86	79.03	480.12	—	—		
CS3	正向	57.62	224.13	79.78	255.38	174.04	217.07	3.02	3.00
	负向	58.71	226.10	79.80	258.05	175.42	219.34	2.99	
	平均	58.17	225.12	79.79	256.72	174.73	218.21		
CS4	正向	80.75	138.03	117.23	149.61	176.80	127.17	2.19	2.21
	负向	82.36	139.59	119.70	150.59	184.45	128.00	2.24	
	平均	81.56	138.81	118.47	150.10	180.63	127.59		
CS5	正向	104.88	76.26	159.22	83.8	202.26	71.23	1.93	1.92
	负向	106.79	77.81	158.39	84.03	203.26	71.43	1.90	
	平均	105.84	77.04	158.81	83.92	202.76	71.33		
CS6	正向	124.52	36.69	156.44	39.89	217.43	33.91	1.75	1.67
	负向	134.31	37.36	155.33	40.73	214.05	34.62	1.59	
	平均	129.42	37.03	155.89	40.31	215.74	34.26		

长细比单参数变化方形试件骨架曲线各特征点荷载与位移　　表 3-19

编号	加载方向	屈服点		峰值点		破坏点		$\mu=\Delta_u/\Delta_y$	$\mu_{平均}$
		Δ_y	P_y	Δ_m	P_m	Δ_u	P_u		
SS2	正向	39.70	584.10	39.7	584.35	112.98	496.70	2.85	2.79
	负向	40.77	594.38	39.86	594.71	111.28	505.50	2.73	
	平均	40.24	589.24	39.78	589.53	112.13	501.10		
SS3	正向	58.14	309.97	79.97	353.24	130.39	300.25	2.24	2.27
	负向	57.38	307.23	79.87	350.88	132.00	298.25	2.30	
	平均	57.76	308.60	79.92	352.06	131.20	299.25		
SS4	正向	86.81	209.37	120	222.02	—	—	—	—
	负向	84.77	209.12	119.96	219.16	—	—	—	
	平均	85.79	209.25	119.98	220.59	—	—		
SS5	正向	125.36	132.00	159.59	138.2	—	—	—	—
	负向	126.45	133.00	159.35	139.53	—	—	—	
	平均	125.91	132.50	159.47	138.87	—	—		
SS6	正向	173.94	74.86	199.06	79.87	—	—	—	—
	负向	171.54	74.65	199.95	79.14	—	—	—	
	平均	172.74	74.76	199.51	79.51	—	—		

由表 3-20 可见，随着矩形试件截面高宽比的增加，试件的位移延性逐渐提高，试件

延性系数变化幅度分别为 20.70%、8.76%、8.05%和 87.89%。当截面高宽比达到 2 时，延性系数达到 6.05，抗震变形性能良好。

高宽比单参数变化矩形试件骨架曲线各特征点荷载与位移　　表 3-20

编号	加载方向	屈服点		峰值点		破坏点		$\mu=\Delta_u/\Delta_y$	$\mu_{平均}$
		Δ_y	P_y	Δ_m	P_m	Δ_u	P_u		
SH100	正向	58.14	309.97	79.97	353.24	130.39	300.25	2.24	2.27
	负向	57.38	307.23	79.87	350.88	132.00	298.25	2.30	
	平均	57.76	308.60	79.92	352.06	131.20	299.25		
SH125	正向	44.59	484.50	79.72	511.20	133.20	434.52	2.99	2.74
	负向	47.62	492.84	79.66	533.65	118.91	453.60	2.50	
	平均	46.11	488.67	79.69	522.42	126.06	444.06		
SH150	正向	44.14	676.69	79.05	716.68	133.98	609.18	3.04	2.98
	负向	44.55	691.01	79.02	727.61	130.43	618.47	2.93	
	平均	44.35	683.85	79.04	722.15	132.21	613.82		
SH175	正向	41.77	914.80	79.59	938.53	122.35	797.75	2.93	3.22
	负向	40.46	928.65	79.54	936.38	141.84	795.92	3.51	
	平均	41.12	921.73	79.57	937.46	132.10	796.84		
SH200	正向	38.81	1219.55	79.76	1237.97	235.01	1052.27	6.05	6.05
	负向	39.65	1228.65	79.45	1240.29	—	—	—	
	平均	39.23	1224.10	79.61	1239.13	—	—		

3.3.5 耗能性能

采用等效黏滞阻尼系数 h_e 评定结构或构件耗能能力，不同单参数变化试件的等效黏滞阻尼系数见表 3-21～表 3-31。

由表 3-21、表 3-22 可见，随着循环位移的增加，足尺试件耗能系数逐渐增大，当加载结束时，圆形试件耗能系数达到了 0.650 左右，方形试件达到了 0.750 左右。随着取代率的增加，在同一循环位移下的耗能系数变化不大，变化幅度基本在 5%之内，表明再生粗骨料取代率以 10%为级差，在 0～100%范围内均匀变化时，足尺试件的抗震耗能性能受影响不大。基于抗震耗能需求，再生粗骨料可以应用于钢管混凝土工程结构之中。

取代率单参数变化圆形试件各级位移等效黏滞阻尼系数　　表 3-21

试件编号	Δ_y	$2\Delta_y$	$3\Delta_y$	$4\Delta_y$	$5\Delta_y$
CR0	0.059	0.207	0.366	0.502	0.665
CR1	0.059	0.205	0.366	0.490	0.669
CR2	0.058	0.202	0.366	0.499	0.648
CR3	0.058	0.202	0.361	0.491	0.650
CR4	0.059	0.203	0.354	0.499	0.629
CR5	0.058	0.206	0.362	0.482	0.626

续表

试件编号	Δ_y	$2\Delta_y$	$3\Delta_y$	$4\Delta_y$	$5\Delta_y$
CR6	0.057	0.198	0.347	0.483	0.627
CR7	0.058	0.199	0.366	0.472	0.632
CR8	0.056	0.199	0.353	0.474	0.625
CR9	0.058	0.201	0.350	0.498	0.643
CR10	0.059	0.209	0.355	0.489	0.652

取代率单参数变化方形试件各级位移等效黏滞阻尼系数　　表 3-22

试件编号	Δ_y	$2\Delta_y$	$3\Delta_y$	$4\Delta_y$	$5\Delta_y$	$6\Delta_y$
SR0	0.026	0.212	0.400	0.529	0.605	0.757
SR1	0.025	0.200	0.401	0.522	0.613	0.735
SR2	0.025	0.196	0.392	0.544	0.608	0.740
SR3	0.025	0.203	0.389	0.540	0.601	0.745
SR4	0.025	0.204	0.390	0.543	0.627	0.737
SR5	0.025	0.196	0.384	0.538	0.634	0.752
SR6	0.025	0.201	0.387	0.542	0.604	0.723
SR7	0.026	0.204	0.390	0.506	0.630	0.773
SR8	0.025	0.205	0.373	0.531	0.628	0.746
SR9	0.025	0.202	0.385	0.534	0.630	0.740
SR10	0.025	0.203	0.389	0.529	0.617	0.746

由表 3-23、表 3-24 可见，随着循环位移的增加，含钢率单参数变化试件耗能系数逐渐增大。当含钢率分别为 15%、20%、25%和 30%时，同一级循环位移下试件耗能系数逐渐减小，这是因为含钢率越低的试件在同一循环位移越接近破坏，材料性能发挥越充分，耗能能力越强。

含钢率单参数变化圆形试件各级位移等效黏滞阻尼系数　　表 3-23

试件编号	Δ_y	$2\Delta_y$	$3\Delta_y$	$4\Delta_y$	$5\Delta_y$	$6\Delta_y$
CT5	0.066	0.093	0.183	0.311	0.559	1.107
CT10	0.069	0.240	0.417	0.687	—	—
CT15	0.025	0.203	0.389	0.529	0.617	0.746
CT20	0.052	0.211	0.343	0.449	0.541	0.622
CT25	0.042	0.205	0.340	0.428	0.498	0.564
CT30	0.038	0.208	0.337	0.417	0.476	0.526

含钢率单参数变化方形试件各级位移等效黏滞阻尼系数　　表 3-24

试件编号	Δ_y	$2\Delta_y$	$3\Delta_y$	$4\Delta_y$	$5\Delta_y$	$6\Delta_y$
ST5	0.012	0.029	0.077	0.099	0.194	0.612
ST10	0.002	0.038	0.104	0.203	0.358	0.521
ST15	0.025	0.203	0.389	0.529	0.617	0.746
ST20	0.018	0.187	0.353	0.442	0.471	0.548
ST25	0.014	0.175	0.295	0.367	0.420	0.466
ST30	0.009	0.149	0.264	0.342	0.394	0.434

由表 3-25、表 3-26 可见，随着循环位移的增加，钢材牌号单参数变化试件耗能系数逐渐增大。当钢材牌号分别为 Q345、Q390 和 Q420 时，同一级循环位移下的耗能系数逐渐减小，这同样与钢材牌号较低的试件较早地进入破坏状态有关。

钢材牌号单参数变化圆形试件各级位移等效黏滞阻尼系数　　表 3-25

试件编号	Δ_y	$2\Delta_y$	$3\Delta_y$	$4\Delta_y$	$5\Delta_y$	$6\Delta_y$
CQ1	0.123	0.322	0.522	0.718	—	—
CQ2	0.025	0.203	0.389	0.529	0.617	0.746
CQ3	0.046	0.167	0.301	0.438	0.563	0.704
CQ4	0.041	0.151	0.277	0.386	0.514	0.631

钢材牌号单参数变化方形试件各级位移等效黏滞阻尼系数　　表 3-26

试件编号	Δ_y	$2\Delta_y$	$3\Delta_y$	$4\Delta_y$	$5\Delta_y$	$6\Delta_y$
SQ1	0.008	0.118	0.199	0.328	0.472	—
SQ2	0.025	0.203	0.389	0.529	0.617	0.746
SQ3	0.010	0.156	0.324	0.441	0.493	0.575
SQ4	0.009	0.131	0.278	0.385	0.444	0.538

由表 3-27、表 3-28 可见，随着循环位移的增加，轴压比单参数变化试件耗能系数逐渐增大。随轴压比的增大，同一级循环位移下各试件的耗能系数逐渐增大。

轴压比单参数变化圆形试件各级位移等效黏滞阻尼系数　　表 3-27

试件编号	Δ_y	$2\Delta_y$	$3\Delta_y$	$4\Delta_y$	$5\Delta_y$	$6\Delta_y$
CN0	0.052	0.188	0.283	0.309	0.338	0.325
CN2	0.051	0.183	0.289	0.346	0.372	0.389
CN4	0.052	0.177	0.307	0.377	0.431	0.472
CN6	0.053	0.190	0.318	0.424	0.505	0.605
CN8	0.059	0.209	0.355	0.489	0.652	—
CN10	0.067	0.226	0.390	0.580	—	—

轴压比单参数变化方形试件各级位移等效黏滞阻尼系数　　表 3-28

试件编号	Δ_y	$2\Delta_y$	$3\Delta_y$	$4\Delta_y$	$5\Delta_y$	$6\Delta_y$
SN0	0.018	0.171	0.293	0.344	0.358	0.375
SN2	0.017	0.168	0.310	0.374	0.401	0.426
SN4	0.016	0.174	0.320	0.407	0.472	0.494
SN6	0.018	0.184	0.354	0.464	0.525	0.557
SN8	0.025	0.203	0.389	0.529	0.617	0.746
SN10	0.039	0.219	0.433	0.651	0.795	1.154

由表 3-29、表 3-30 可见，随着循环位移的增加，长细比单参数变化试件耗能系数逐渐增大。随长细比的增大，同一级循环位移下各试件的耗能系数逐渐减小，这与长细比较大的试件易出现屈曲失稳的破坏形态有关。

长细比单参数变化圆形试件各级位移等效黏滞阻尼系数　　表 3-29

试件编号	Δ_y	$2\Delta_y$	$3\Delta_y$	$4\Delta_y$	$5\Delta_y$
CS2	0.187	0.361	0.471	0.682	0.944
CS3	0.059	0.209	0.355	0.489	0.652
CS4	0.018	0.092	0.199	0.356	0.558
CS5	0.009	0.040	0.102	0.195	0.364
CS6	0.007	0.018	0.053	0.116	0.230

长细比单参数变化方形试件各级位移等效黏滞阻尼系数　　表 3-30

试件编号	Δ_y	$2\Delta_y$	$3\Delta_y$	$4\Delta_y$	$5\Delta_y$	$6\Delta_y$
SS2	0.191	0.414	0.485	0.590	—	—
SS3	0.025	0.203	0.389	0.529	0.617	0.746
SS4	0.000	0.052	0.174	0.305	—	—
SS5	0.000	0.004	0.055	0.135	0.269	—
SS6	0.000	0.000	0.005	0.053	0.101	0.232

由表 3-31 可见，随着循环位移的增加，截面高宽比单参数变化试件耗能系数逐渐增大。随高宽比的增大，总体上，同一级循环位移下各试件的耗能系数逐渐减小。

截面高宽比单参数变化试件各级位移等效黏滞阻尼系数　　表 3-31

试件编号	Δ_y	$2\Delta_y$	$3\Delta_y$	$4\Delta_y$	$5\Delta_y$	$6\Delta_y$
SH100	0.025	0.203	0.389	0.529	0.617	0.746
SH125	0.064	0.262	0.387	0.495	0.524	0.590
SH150	0.102	0.286	0.386	0.432	0.445	0.532
SH175	0.140	0.303	0.382	0.389	0.412	0.484
SH200	0.121	0.287	0.355	0.381	0.399	0.427

3.4 小　　结

本章对 RACFST 足尺试件的抗震性能进行有限元分析，主要得到以下结论：

(1) 本章计算的破坏形态、滞回曲线、骨架曲线与实测结果吻合较好，对比误差在一定的允许范围之内，表明采用本章所建立的有限元模型对 RACFST 柱进行抗震性能分析是可行的。

(2) 在已建立有限元模型的基础之上，进行了抗震性能有限元参数分析。对比研究了不同单参数变化试件的滞回曲线，获得了足尺试件的各项抗震性能指标，探讨了再生粗骨料取代率、含钢率、钢材牌号、轴压比、长细比以及截面高宽比对 RACFST 试件抗震性能指标的影响规律。

第4章 钢管再生混凝土柱抗震性能指标计算与模型建立

4.1 P-Δ 二阶效应分析

4.1.1 强度影响分析

P-Δ 二阶效应不仅存在于钢筋混凝土结构之中，而且还存在于 RACFST 结构之中。RACFST 结构由于抗震性能良好，位移延性系数较优，变形能力充分。在恒定轴向力的作用之下，由于较大的侧向变形，RACFST 结构 P-Δ 二阶效应将更加明显。RACFST 柱在水平及竖向荷载作用下的受力及变形如图 4-1 所示。

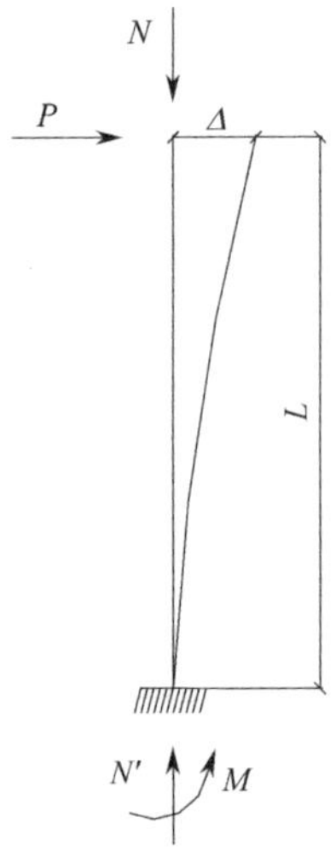

图 4-1 RACFST 柱的受力及变形

由于 RACFST 柱的轴向刚度较大，可忽略轴向变形。根据力学原理，对支座点取矩，若不考虑二阶效应，则弯矩平衡方程如式(4-1)所示。

$$P' \cdot L = M \tag{4-1}$$

若考虑二阶效应，则弯矩平衡方程如式(4-2) 所示。

$$P \cdot L + N \cdot \Delta = M \tag{4-2}$$

式中，P' 和 P 分别为不考虑二阶效应和考虑二阶效应的水平承载力，由此可见，

$$P' = P + N \cdot \Delta / L = P + \delta P = P(1+\delta) \tag{4-3}$$

式中，引入提高系数 δ，即不考虑 P-Δ 二阶效应时，水平承载力的提高幅度。但在工程实际中，P-Δ 二阶效应只会降低结构的承载力，降低系数采用 η 表示。则在 P-Δ 二阶效应的影响下，RACFST 柱的水平承载力降低系数 η 如式(4-4) 所示。

$$\eta = \frac{P' - P}{P'} = \frac{\delta P}{P + \delta P} = \frac{\delta}{1+\delta} \tag{4-4}$$

P-Δ 二阶效应在 RACFST 试件受力全过程连续存在，选取试件屈服点、峰值点以及破坏点等具有代表性的特征点，考察 P-Δ 二阶效应对强度的不利影响。将实测相关数据代入式(4-3) 和式(4-4)，得到 RACFST 试件水平承载力的提高系数 δ 和水平承载力降低

系数 η，圆、方形试件分别见表 4-1、表 4-2。

圆形试件特征点强度受 P-Δ 二阶效应影响相关参数 δ 和 η　　表 4-1

试件编号	加载方向	δ(%)			η(%)		
		屈服点	峰值点	破坏点	屈服点	峰值点	破坏点
C-1	正向	17.05	33.71	56.53	14.56	25.21	36.12
	负向	15.21	24.78	46.79	13.20	19.86	31.87
	平均	16.13	29.24	51.66	13.88	22.53	33.99
C-2	正向	18.46	32.83	61.81	15.58	24.72	38.20
	负向	14.61	24.55	59.12	12.75	19.71	37.16
	平均	16.53	28.69	60.46	14.16	22.21	37.68
C-3	正向	21.46	38.66	77.86	17.67	27.88	43.78
	负向	13.60	36.87	69.65	11.97	26.94	41.05
	平均	17.53	37.77	73.75	14.82	27.41	42.42
C-4	正向	19.90	26.73	82.56	16.60	21.09	45.22
	负向	14.34	28.49	43.13	12.54	22.17	30.13
	平均	17.12	27.61	62.85	14.57	21.63	37.68
C-5	正向	17.62	20.24	89.74	14.98	16.83	47.30
	负向	12.38	24.38	43.92	11.02	19.60	30.52
	平均	15.00	22.31	66.83	13.00	18.22	38.91
C-6	正向	11.84	29.46	50.05	10.59	22.76	33.36
	负向	8.18	14.21	59.42	7.56	12.44	37.27
	平均	10.01	21.84	54.74	9.07	17.60	35.32
C-7	正向	16.90	26.09	59.47	14.46	20.69	37.29
	负向	17.04	31.07	54.33	14.56	23.71	35.20
	平均	16.97	28.58	56.90	14.51	22.20	36.25
C-8	正向	22.64	26.17	60.54	18.46	20.74	37.71
	负向	12.86	21.37	39.99	11.40	17.60	28.57
	平均	17.75	23.77	50.26	14.93	19.17	33.14
C-9	正向	16.04	31.60	54.68	13.82	24.01	35.35
	负向	15.02	22.22	43.66	13.06	18.18	30.39
	平均	15.53	26.91	49.17	13.44	21.10	32.87
C-10	正向	14.79	23.27	46.44	12.89	18.88	31.71
	负向	14.57	21.89	44.31	12.71	17.96	30.71
	平均	14.68	22.58	45.37	12.80	18.42	31.21

方形试件特征点强度受 **P-Δ** 二阶效应影响相关参数 **δ** 和 **η** 表 4-2

试件编号	加载方向	δ(%)			η(%)		
		屈服点	峰值点	破坏点	屈服点	峰值点	破坏点
S-1	正向	15.78	25.04	47.55	13.63	20.02	32.23
	负向	15.06	24.59	43.14	13.09	19.74	30.14
	平均	15.42	24.81	45.35	13.36	19.88	31.18
S-2	正向	16.18	27.25	50.84	13.93	21.41	33.71
	负向	14.13	27.37	43.70	12.38	21.49	30.41
	平均	15.15	27.31	47.27	13.15	21.45	32.06
S-3	正向	14.53	22.56	38.33	12.69	18.41	27.71
	负向	17.95	23.44	52.19	15.22	18.99	34.29
	平均	16.24	23.00	45.26	13.96	18.70	31.00
S-4	正向	11.77	14.20	34.69	10.53	12.44	25.75
	负向	17.27	20.96	50.61	14.73	17.33	33.60
	平均	14.52	17.58	42.65	12.63	14.88	29.68
S-5	正向	13.25	20.95	37.03	11.70	17.32	27.03
	负向	13.19	16.81	42.99	11.65	14.39	30.07
	平均	13.22	18.88	40.01	11.68	15.86	28.55
S-6	正向	14.93	20.97	42.31	12.99	17.33	29.73
	负向	11.70	21.09	39.40	10.47	17.41	28.26
	平均	13.31	21.03	40.86	11.73	17.37	29.00

由表 4-1、表 4-2 可见，当试件加载达到屈服点时，由于循环位移较小，δ 和 η 较小。随着循环位移的增加，δ 和 η 逐渐增大，P-Δ 二阶效应影响越来越大。当加载达到峰值荷载时，δ、η 分别达到 30%、20%左右，此时，P-Δ 二阶效应影响已经较为明显。当加载达到破坏荷载时，δ 已超过 50%，η 已超过 30%，P-Δ 二阶效应影响已经非常严重。

4.1.2 刚度影响分析

在压弯荷载作用下，构件所产生的侧向位移由两部分组成，如图 4-2 所示。

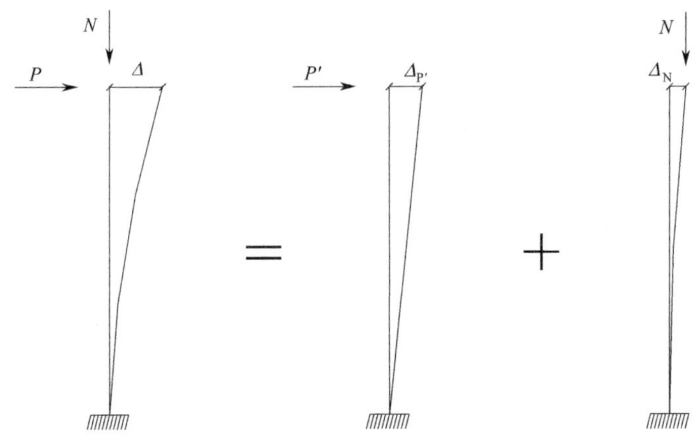

图 4-2 侧向位移

$$\Delta=\Delta_{P'}+\Delta_N \tag{4-5}$$

$\Delta_{P'}$ 为水平力作用下构件顶点所产生的位移，Δ_N 为附加弯矩 $N\Delta$ 作用于构件顶点所产生的附加位移，Δ 为构件顶点总位移，即试验实测位移。由材料力学基本原理可知，在荷载-位移曲线弹性阶段，$\Delta_{P'}$ 和 Δ_N 计算式分别如式(4-6)、式(4-7) 所示。

$$\Delta_{P'}=\frac{P'l^3}{3EI} \tag{4-6}$$

$$\Delta_N=\frac{N\Delta l^2}{2EI} \tag{4-7}$$

则有：

$$\frac{\Delta_{P'}}{\Delta_N}=\frac{2P'L}{3N\Delta} \tag{4-8}$$

当荷载-位移曲线进入弹塑性阶段时，$\Delta_{P'}$ 和 Δ_N 发生非线性变化，$\Delta_{P'}$ 和 Δ_N 的比例关系较为复杂，由于 P-Δ 二阶效应主要发生在弹塑性阶段，为便于分析，假定 $\Delta_{P'}$ 和 Δ_N 依然保持式(4-8) 的简化比例关系。

依据《建筑抗震试验规程》JGJ/T 101—2015，如考虑二阶效应，割线刚度计算式如式(4-9) 所示。

$$K=\frac{|+P|+|-P|}{|+\Delta|+|-\Delta|} \tag{4-9}$$

如不考虑二阶效应时，割线刚度计算式如式(4-10) 所示。

$$K'=\frac{|+P'|+|-P'|}{|+\Delta_{P'}|+|-\Delta_{P'}|} \tag{4-10}$$

定义构件的抗侧刚度降低系数 ξ 如式(4-11) 所示。

$$\xi=\frac{K'-K}{K'} \tag{4-11}$$

由于 P-Δ 二阶效应在弹性阶段不明显，选取试件屈服点、峰值点以及破坏点等代表性特征点，考察 P-Δ 二阶效应对刚度的不利影响。将实测相关数据代入式(4-5)、式(4-8)、式(4-9) 和式(4-10) 之中，得到 RACFST 试件抗侧刚度降低系数 ξ（%），圆、方形试件分别见表 4-3、表 4-4。

圆形试件特征点刚度受 P-Δ 二阶效应影响相关参数　　表 4-3

试件编号	K'_y	K'_m	K'_u	K_y	K_m	K_u	ξ_y	ξ_m	ξ_u
C-1	4.96	3.39	2.53	3.54	1.95	1.10	28.68	42.44	56.57
C-2	5.28	3.69	2.57	3.73	2.14	1.02	29.37	42.01	60.26
C-3	5.45	3.37	2.53	3.78	1.74	0.89	30.61	48.44	64.80
C-4	5.18	3.72	2.57	3.64	2.20	1.02	29.76	40.90	60.37
C-5	6.43	4.64	2.77	4.81	3.03	1.13	25.22	34.67	59.14
C-6	13.95	7.65	4.79	9.62	5.60	2.23	31.04	26.81	53.45
C-7	5.26	3.78	2.67	3.70	2.21	1.10	29.70	41.56	58.74
C-8	4.52	3.71	2.50	3.70	2.21	1.10	18.16	40.41	55.95
C-9	4.21	2.92	2.13	3.03	1.74	0.95	27.94	40.51	55.44
C-10	3.65	2.71	1.84	2.67	1.73	0.86	26.80	36.10	53.27

方形试件特征点刚度受 *P*-*Δ* 二阶效应影响相关参数 表 4-4

试件编号	K'_y	K'_m	K'_u	K_y	K_m	K_u	ξ_y	ξ_m	ξ_u
S-1	5.26	3.82	2.75	3.79	2.36	1.29	27.90	38.23	53.16
S-2	5.76	3.91	2.93	4.18	2.32	1.34	27.47	40.64	54.25
S-3	5.91	4.62	3.23	4.22	2.94	1.54	28.56	36.32	52.26
S-4	6.01	5.28	3.10	4.43	3.69	1.52	26.32	30.11	50.93
S-5	5.51	4.25	2.75	4.14	2.87	1.38	24.86	32.39	49.79
S-6	4.69	3.41	2.32	3.51	2.23	1.15	25.20	34.51	50.48

由表 4-3、表 4-4 可见，当加载达到屈服点时，ξ_y 达到 30%左右；随着循环位移的增加，降低系数逐渐增大，*P*-*Δ* 二阶效应影响越来越大；当加载达到峰值荷载时，ξ_m 已达到 40%左右，此时 *P*-*Δ* 二阶效应影响已经较为明显；当加载达到破坏荷载时，ξ_u 已超过 50%，*P*-*Δ* 二阶效应影响已经非常严重。对比表 4-1 与表 4-3、表 4-2 与表 4-4 可见，*P*-*Δ* 二阶效应对抗侧刚度的不利影响大于对压弯强度的不利影响，这是因为在外部钢管的约束下，核心 RAC 处于三向受力状态，强度提高较为明显，大部分 RAC 能够全过程参与受力工作，受到外界不利因素的影响较小，而 RACFST 柱本身抗侧刚度较低，对外界影响因素较为敏感，在 *P*-*Δ* 二阶效应的影响之下，附加侧向变形较为明显，刚度降低较多。

4.2 压弯强度计算

目前，国内外对钢管混凝土结构的研究较为成熟，并发布了一系列的相关标准，国内如 CECS 254、DL/T 5085、DBJ 13-51、GJB 4142、CECS 159；国外如美国规范 AISC-LRFD，英国规范 BS 5400 以及欧洲规范 EC 4 等。朱伯龙研究表明：低周反复荷载作用下构件的骨架曲线与静力单调条件下较为接近。为考察现有的静力单调条件下钢管混凝土构件的强度计算方法是否适用于低周反复荷载作用下 RACFST 构件，基于试验实测数据，利用上述标准，计算试件的压弯强度，并将实测结果 N_u^t 与计算结果 N_u^c 进行对比分析，圆、方形试件对比结果及统计特征值分别见表 4-5 和表 4-6、表 4-7 和表 4-8。

圆形试件 N_u^t 与 N_u^c 对比结果 表 4-5

编号	N_u^t (kN)	CECS 254		DL/T 5085		DBJ 13-51		AISC-LRFD		BS 5400		EC 4	
		N_u^c (kN)	N_u^t/N_u^c	N_u^c (kN)	N_u^t/N_u^c	N_u^c (kN)	N_u^t/N_u^c	N_u^c (kN)	N_u^t/N_u^c	N_u^c (kN)	N_u^t/N_u^c	N_u^c (kN)	N_u^t/N_u^c
C-1	54.32	44.21	0.76	60.47	0.90	69.00	0.79	37.90	1.45	28.71	1.74	47.88	0.92
C-2	53.30	42.13	0.77	58.79	0.91	68.25	0.78	36.82	1.47	30.01	1.63	48.15	0.90
C-3	52.03	41.66	0.76	58.82	0.88	68.29	0.76	36.01	1.47	31.03	1.54	48.35	0.88
C-4	54.95	42.38	0.80	58.95	0.93	68.32	0.80	37.00	1.51	29.88	1.69	48.10	0.93
C-5	63.52	48.57	0.81	66.84	0.95	78.23	0.81	42.00	1.53	30.94	1.91	54.64	0.95
C-6	78.96	40.92	1.04	64.83	1.22	82.51	0.96	34.00	2.37	49.09	1.50	59.47	1.26

续表

编号	N_u^t (kN)	CECS 254		DL/T 5085		DBJ 13-51		AISC-LRFD		BS 5400		EC 4	
		N_u^c (kN)	N_u^t/N_u^c	N_u^c (kN)	N_u^t/N_u^c	N_u^c (kN)	N_u^t/N_u^c	N_u^c (kN)	N_u^t/N_u^c	N_u^c (kN)	N_u^t/N_u^c	N_u^c (kN)	N_u^t/N_u^c
C-7	39.83	23.65	0.93	37.18	1.07	39.85	1.00	14.25	2.88	23.59	1.58	27.51	1.24
C-8	42.03	26.74	0.91	39.61	1.06	41.14	1.02	16.33	2.63	20.64	1.91	42.95	0.99
C-9	39.08	29.83	0.79	42.03	0.93	41.87	0.93	18.41	2.16	17.69	2.07	43.04	0.91
C-10	38.54	32.93	0.74	44.45	0.87	42.04	0.92	20.49	1.90	14.75	2.45	43.12	0.90

圆形试件 N_u^t/N_u^c 的统计特征　　表 4-6

统计特征值	CECS 254	DL/T 5085	DBJ 13-51	AISC-LRFD	BS 5400	EC 4
平均值	0.83	0.97	0.88	1.94	1.80	0.99
方差	0.0095	0.0123	0.0097	0.2913	0.0854	0.0202
变异系数	0.1171	0.1140	0.1121	0.2785	0.1623	0.1439

由表 4-5、表 4-6 可见：

（1）规程 AISC-LRFD、BS 5400 计算结果比试验实测结果小很多，设计偏于保守。这是因为两种规范采用的均是叠加计算理论。在外部钢管与核心混凝土承载力叠加的过程之中，规范 BS 5400 核心混凝土虽然采用了三轴受压强度，但对核心混凝土承载力进行了小幅度的折减，使得叠加后的计算结构小于实测结果；而规范 AISC-LRFD 采用了不考虑承载力提高的计算公式，外部钢管的套箍效应没有得到体现，故计算得到的极限承载力明显低于实测值。在设计上，规范 AISC-LRFD 比规范 BS 5400 更加偏于保守。

（2）与规范 AISC-LRFD、BS 5400 相比，采用 EC 4 计算得到的极限承载力与试验值吻合较好，这是由于 EC4 考虑了钢管的套箍效应，使得计算承载力提高较多，但考虑到国内设计人员使用国外设计规程的不便之处，建议 EC 4 不宜用于反复荷载作用下 RACFST 柱压弯承载力的设计计算。

（3）规范 CECS 254、DL/T 5085 和 DBJ 13-51 中关于钢管混凝土压弯承载力计算方法采用的是统一理论，即把钢管混凝土看作是一种组合材料，将各种受力状态下的钢管混凝土构件统一在组合性能指标上，并采用统一的设计公式来进行承载力计算，其设计方法是基于大量的试验结果，通过数据回归和总结得到的。由规程 DL/T 5085 计算得到的圆 RACFST 试件的极限承载力与试验实测数据离散性不大，吻合较好，建议用于反复荷载作用下 RACFST 柱压弯承载力的设计。而规程 CECS 254 和 DBJ 13-51 试验结果均小于计算结果，容易引起安全隐患，两者均不适用于反复荷载作用下 RACFST 柱的强度设计。

方形试件 N_u^t 与 N_u^c 对比结果　　表 4-7

编号	N_u^t (kN)	CECS 254		GJB 4142		DBJ 13-51		CECS 159		AISC-LRFD		BS 5400		EC 4	
		N_u^c (kN)	N_u^t/N_u^c	N_u^c (kN)	N_u^t/N_u^c	N_u^c (kN)	N_u^t/N_u^c	N_u^c (kN)	N_u^t/N_u^c	N_u^c (kN)	N_u^t/N_u^c	N_u^c (kN)	N_u^t/N_u^c	N_u^c (kN)	N_u^t/N_u^c
S-1	62.84	48.73	1.29	66.12	0.95	53.42	1.18	99.54	0.63	51.65	1.22	121.39	0.52	74.70	0.84
S-2	60.16	47.24	1.27	64.08	0.94	52.95	1.14	95.96	0.63	50.28	1.20	123.98	0.49	75.04	0.80

续表

编号	N_u^t (kN)	CECS 254		GJB 4142		DBJ 13-51		CECS 159		AISC-LRFD		BS 5400		EC 4	
		N_u^c (kN)	N_u^t/N_u^c	N_u^c (kN)	N_u^t/N_u^c	N_u^c (kN)	N_u^t/N_u^c	N_u^c (kN)	N_u^t/N_u^c	N_u^c (kN)	N_u^t/N_u^c	N_u^c (kN)	N_u^t/N_u^c	N_u^c (kN)	N_u^t/N_u^c
S-3	59.12	46.78	1.26	63.18	0.94	53.04	1.11	95.52	0.62	49.24	1.20	125.93	0.47	75.23	0.79
S-4	62.37	47.43	1.31	64.37	0.97	52.99	1.18	96.37	0.65	50.50	1.24	124.04	0.50	74.97	0.83
S-5	60.68	49.66	1.22	67.47	0.90	53.56	1.13	101.54	0.60	53.85	1.13	108.54	0.56	90.94	0.67
S-6	56.95	51.90	1.10	70.58	0.81	53.90	1.06	106.73	0.53	57.21	1.00	93.03	0.61	106.48	0.53

方形试件 N_u^t/N_u^c 的统计特征 **表 4-8**

统计特征值	CECS 254	GJB 4142	DBJ 13-51	CECS 159	AISC-LRFD	BS 5400	EC 4
平均值	1.24	0.92	1.13	0.61	1.16	0.52	0.74
方差	0.0061	0.0034	0.0020	0.0016	0.0080	0.0028	0.0144
变异系数	0.0626	0.0637	0.0395	0.0665	0.0770	0.1008	0.1612

由表 4-7、表 4-8 可见：

(1) 规程 CEC S159、BS 5400、EC 4 计算结果比试验实测结果大很多，设计偏于冒险。规程 CECS 254 计算结果比试验实测结果小，变化幅度达到 24%，设计偏于保守。

(2) 规范 GJB 4142、DBJ 13-51 和 AISC-LRFD 计算值与试验值吻合较好，但考虑到国内设计人员使用国外设计规程的不便之处，建议 AISC-LRFD 不宜用于反复荷载作用下 RACFST 柱压弯承载力的设计计算。规程 GJB 4142 计算值与试验值偏离幅度达到 8%，设计略微不安全；规程 DBJ 13-51 计算值与试验值偏离幅度达到 13%，设计略微保守。建议对采用规程 GJB 4142 计算反复荷载作用下方 RACFST 柱的压弯强度乘以 0.92 的折减系数；对采用规程 DBJ 13-51 计算反复荷载作用下方 RACFST 柱的压弯强度乘以 1.13 的提高系数。

4.3 抗侧刚度计算

在高层建筑以及超高层建筑之中，框架柱在承受较大的水平风荷载的同时也承受着较大的竖向荷载。一方面，在水平风荷载的作用下，结构或构件发生侧移，由于 P-Δ 二阶效应降低了结构或构件的抗侧刚度，侧移加大；另一方面，由于竖向荷载能够延迟和限制水平裂缝的开展，结构抗侧刚度便会增加，侧移减小。一般情况下，对于钢筋混凝土结构，后者占主导作用，故轴力往往能够增加框架柱的抗侧刚度；对于钢结构，二阶效应较为明显，抵消了轴力对柱子抗侧刚度的提高作用；对于 RACFST 结构，由“4.1 P-Δ 二阶效应分析”可知，二阶效应同样较为明显。目前，现有规范对高层框架的抗侧刚度及侧移计算方法均未有效考虑竖向荷载以及二阶效应影响，因此，计算的抗侧刚度及侧移存在一定的误差。

梁启智与梁平建议了轴力作用下柱抗侧刚度计算方法，如图 4-3 所示。悬臂柱的弯矩

由两部分组成：一部分为水平力 P 所产生的弯矩，称为一阶弯矩，它与柱的变形状态无关；另一部分为竖向荷载 N 对变位后的杆件截面所产生的弯矩，称为二阶弯矩，它与柱的变形状态有关。若坐标原点取在变位后柱轴的上端，x 轴正向向下，y 轴正向向左，则二阶弯矩为 $N\Delta$。

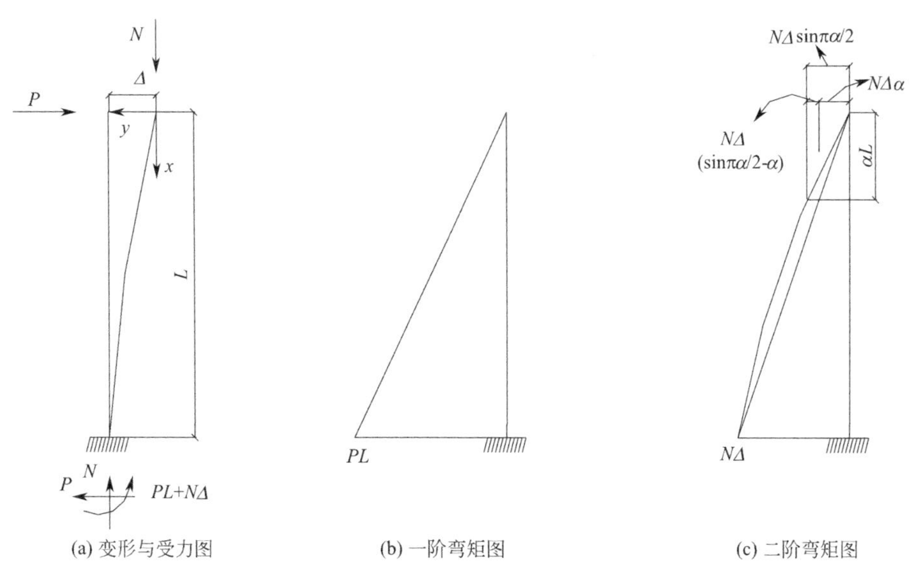

(a) 变形与受力图　(b) 一阶弯矩图　(c) 二阶弯矩图

图 4-3　抗侧刚度计算方法

在二阶弯矩 $N\Delta$ 的计算中，变位曲线 $y(x)$ 可近似取正弦曲线，即：

$$N\Delta = N\sin\frac{\pi\alpha}{2} \tag{4-12}$$

式中，$\alpha = \dfrac{x}{L}$。

则柱顶侧移 Δ 如式(4-13) 所示。

$$\begin{aligned}\Delta &= \frac{PL}{EI}\ \frac{L}{2}\ \frac{2L}{3} + \frac{N\Delta}{EI}\ \frac{L}{2}\ \frac{2L}{3} + \frac{N\Delta}{EI}L^2\int_0^1 \alpha\left(\sin\frac{\pi\alpha}{2} - \alpha\right)d_\alpha \\ &= \frac{PL^3}{3EI} + \frac{N\Delta L^2}{3EI} + \frac{N\Delta L^2}{3EI}\left[3\left(\frac{2}{\pi}\right)^2 - 1\right] \\ &= \frac{P}{S'} + 3\frac{N\Delta}{LS'}\left(\frac{2}{\pi}\right)^2\end{aligned} \tag{4-13}$$

故压弯作用下悬臂柱的抗侧刚度如式(4-14) 所示。

$$S = \frac{P}{\Delta} = S' - 3\left(\frac{2}{\pi}\right)^2\frac{N}{L} \tag{4-14}$$

式中，S' 表示无轴力悬臂柱的侧移刚度，其表达式如式(4-15) 所示。

$$S' = \frac{3i}{L^2} \tag{4-15}$$

式中，i 表示线刚度，$i = EI/L$。

为考察静力单调条件下钢管混凝土构件抗弯刚度的计算方法是否适用于低周反复荷载作用下 RACFST 构件，采用有关钢管混凝土标准，首先对 RACFST 柱的线刚度进行计算，然后通过式(4-14) 和式(4-15) 计算 S。各国标准计算表达式并不一致，但均是基于叠加法原理，并对混凝土部分的抗弯刚度进行一定程度的折减。本章采用日本规程 AIJ、福建省工程建设标准 DBJ 13-51、欧洲规程 EC4 和美国规程 AISC-LRFD，进行抗弯刚度计算。

(1) AIJ

$$EI=E_sI_s+0.2E_cI_c \tag{4-16}$$

式中，E_s 和 E_c 分别为钢管和混凝土的弹性模量，I_s 和 I_c 分别为两者的惯性矩。

(2) DBJ 13-51

$$EI=E_sI_s+\alpha E_cI_c \tag{4-17}$$

对于圆钢管混凝土，$\alpha=0.8$；对于方钢管混凝土，$\alpha=0.6$。

(3) EC 4

$$EI=E_sI_s+0.6E_cI_c \tag{4-18}$$

(4) AISC-LRFD

$$EI=E_sI_s+0.8E_cI_c \tag{4-19}$$

圆 RACFST 柱抗弯线刚度采用 AIJ、DBJ 13-51 计算，方 RACFST 柱抗弯线刚度采用 AIJ、DBJ 13-51 和 AISC-LRFD 计算。依据上述公式和实测数据，计算试件压弯作用下的刚度，并将实测结果 S^t 与计算结果 S^c 进行对比分析，圆、方形试件对比结果及统计特征值分别见表 4-9～表 4-12。

圆形试件对比结果 **表 4-9**

编号	S^t(kN/mm)	AIJ		EC4		DBJ 13-51	
		S^c(kN/mm)	S^t/S^c	S^c(kN/mm)	S^t/S^c	S^c(kN/mm)	S^t/S^c
C-1	10.43	8.14	1.28	10.31	1.01	11.39	0.92
C-2	9.87	8.12	1.22	10.35	0.95	11.47	0.86
C-3	9.90	8.09	1.22	10.35	0.96	11.49	0.86
C-4	10.64	8.08	1.32	10.22	1.04	11.29	0.94
C-5	18.87	12.00	1.57	15.11	1.25	16.67	1.13
C-6	38.46	18.27	2.10	23.05	1.67	25.44	1.51
C-7	9.32	4.71	1.98	6.96	1.34	8.09	1.15
C-8	8.60	4.80	1.79	7.06	1.22	8.19	1.05
C-9	7.93	4.90	1.62	7.15	1.11	8.28	0.96
C-10	6.99	5.00	1.40	7.25	0.96	8.38	0.83

圆形试件 S^t/S^c 的统计特征 **表 4-10**

统计特征值	AIJ	EC 4	DBJ 13-51
平均值	1.55	1.15	1.02
方差	0.1024	0.0513	0.0420
变异系数	0.2064	0.1969	0.2009

由表 4-9、表 4-10 可见：规程 AIJ 的计算结果普遍小于实测值，设计偏于保守，这是

由于规程 AIJ 中对于圆钢管对核心混凝土的约束作用，考虑较少，从而在抗弯刚度的表达式中对混凝土贡献部分折减较多，使得 RACFST 试件整体抗弯刚度与实际值偏离较大。与规程 EC4 相比，规程 DBJ 13-51 的计算结果与试验值吻合较好，数据离散性较小，建议采用此规程用于低周反复荷载作用下圆 RACFST 柱的压弯刚度设计计算。此外，对于试件 C-5 和 C-6，三种标准的计算结果普遍大幅度地小于实测值，这是由于公式推导过程考虑了 P-Δ 二阶效应的影响，而试件 C-5 和 C-6 的长细比较小，二阶效应不太明显，使计算结果与试验实测值偏离较大。

方形试件对比结果　　表 4-11

编号	S^t(kN/mm)	AIJ		DBJ13-51		AISC-LRFD	
		S^c(kN/mm)	S^t/S^c	S^c(kN/mm)	S^t/S^c	S^c(kN/mm)	S^t/S^c
S-1	14.15	11.52	1.23	13.91	1.02	15.10	0.94
S-2	13.16	11.50	1.14	13.96	0.94	15.19	0.87
S-3	14.20	11.47	1.24	13.96	1.02	15.21	0.93
S-4	13.35	11.45	1.17	13.81	0.97	14.99	0.89
S-5	12.27	13.18	0.93	15.85	0.77	17.18	0.71
S-6	11.25	8.40	0.55	18.48	0.45	20.02	0.42

方形试件 S^t/S^c 的统计特征　　表 4-12

统计特征值	AIJ	DBJ 13-51	AISC-LRFD
平均值	1.04	0.86	0.79
方差	0.0716	0.0479	0.0402
变异系数	0.2573	0.2544	0.2539

由表 4-11、表 4-12 可见：规程 DBJ 13-51 和 AISC-LRFD 的计算结果普遍大于试验实测值，设计偏于冒险，这是由于方钢管对核心混凝土的约束效果较弱，而上述两部标准抗弯刚度叠加表达式中核心混凝土贡献部分折减较少，使 RACFST 试件整体抗弯刚度与实际值偏离较大。规程 AIJ 对核心混凝土抗弯刚度的贡献部分采用了 0.2 的折减系数，计算值与试验值吻合较好，数据离散性不大，建议采用规程 AIJ 用于低周反复荷载作用下方 RACFST 试件压弯刚度的设计计算。

4.4 累积损伤评估

RACFST 作为一种新材料组合结构形式，有关抗震性能方面的研究不能回避损伤演化过程的分析，而损伤评估模型不止一种，且各有利弊，仅仅采用某一种损伤模型对于工程结构尤其是新兴结构进行评估分析，并不全面。本书将在抗震性能试验研究的基础之上，分别采用基于变形、耗能的单参数地震损伤评估模型和基于双参数的地震损伤评估模型，对 RACFST 试件在低周反复荷载作用下的地震损伤演化全过程进行分析。

4.4.1 基于变形的单参数地震损伤演化评估模型

Fajfar 模型认为损伤是由结构或构件的最大弹塑性变形产生的，并且假定单调加载下的极限变形等于结构循环加载下的极限变形。其数学表达式如式(4-20）所示。

$$D=\frac{x_{m}-x_{y}}{x_{u}-x_{y}} \tag{4-20}$$

式中，x_m 和 x_y 分别为结构或构件在循环荷载作用下的最大弹塑性变形和屈服变形；x_u 为结构或构件在单调荷载作用下的极限变形。该模型虽然无法反映结构或构件在地震作用下循环变形对损伤的影响，也不能考虑低周疲劳效应，但表达形式简单、应用方便。基于本书的实测数据，可以得到不同循环位移下试件的损伤指标 D。不同设计参数下圆、方形试件损伤指标 D 分别如图 4-4、图 4-5 所示。

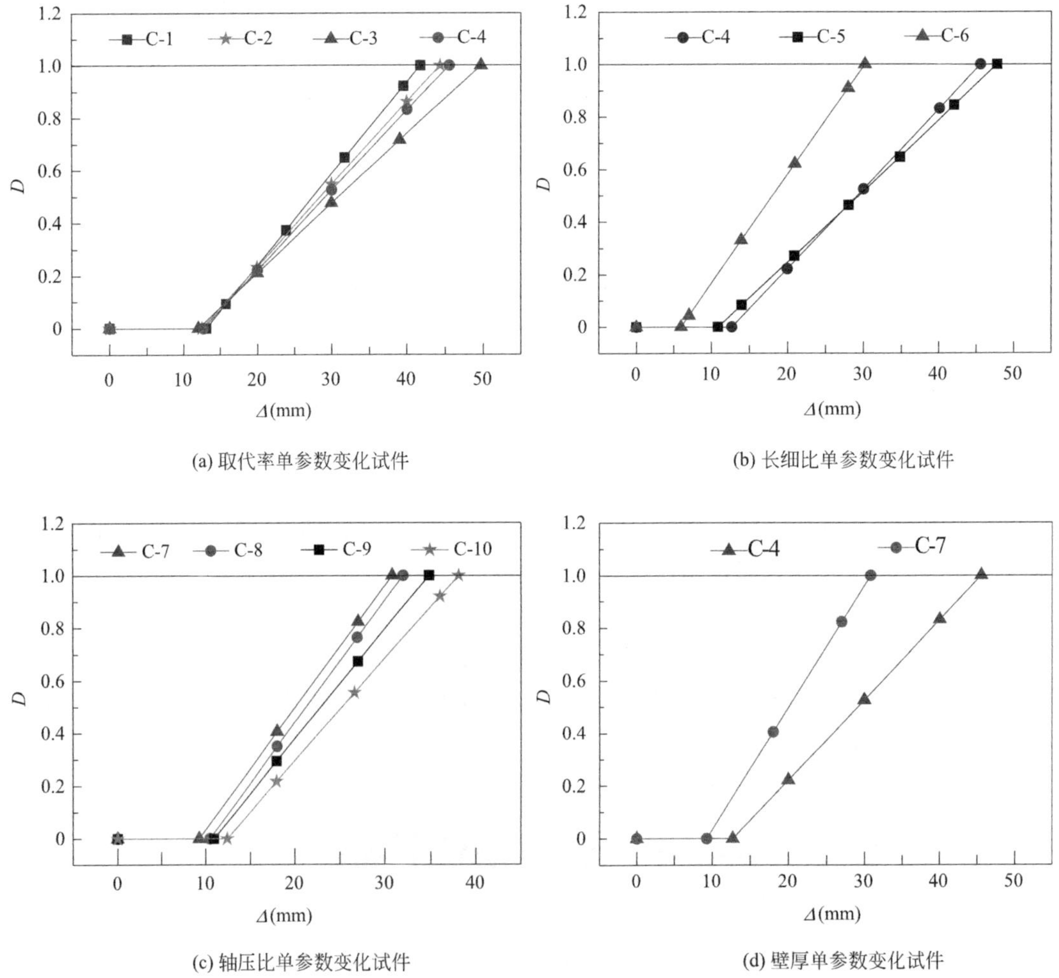
C-1
C-2
C-3
C-4
C-5
C-6
C-7
C-8
C-9
C-10
D
Δ(mm)
(a) 取代率单参数变化试件
(b) 长细比单参数变化试件
(c) 轴压比单参数变化试件
(d) 壁厚单参数变化试件

图 4-4 不同设计参数下圆形试件损伤指标 D

由图 4-4、图 4-5 可见，由于 Fajfar 模型认为试件在屈服之前处于弹性阶段，损伤可忽略不计，故 D-Δ 关系曲线中存在一水平段。随着循环位移的增加，损伤指标 D 逐渐线

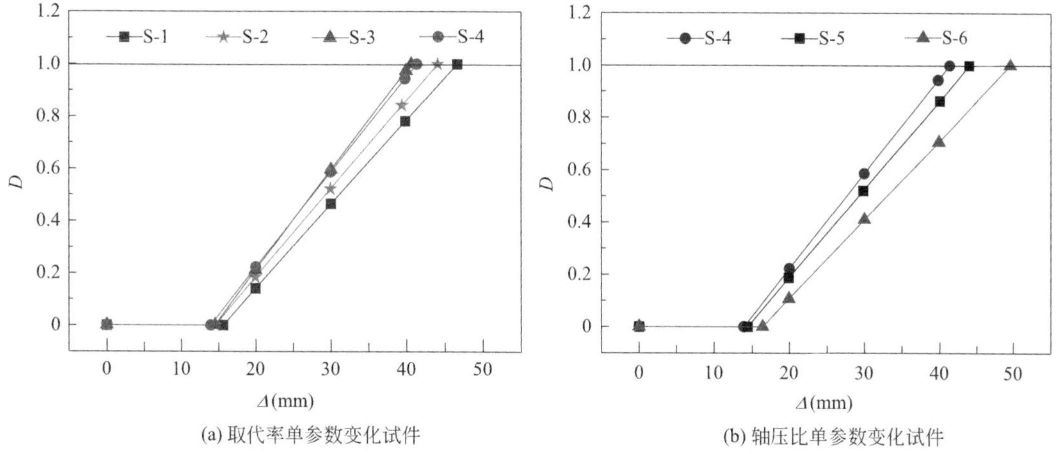

图 4-5　不同设计参数下方形试件损伤指标 D

性增大。由于式(4-20) 中 x_u 取为循环加载下的极限变形 Δ_u，故在试件承载力下降至 $85\%P_m$ 时，即达到极限位移 Δ_u，试件的损伤指标 D 达到 1，试件处于破坏状态。

此外，对于圆形试件，随着长细比的减小，在同一位移下，损伤指标 D 逐渐增大；随着轴压比的增大，在同一位移下，损伤指标 D 逐渐增大；随着含钢率的减小，由于试件 C-7 屈服及破坏较早，在同一位移下，试件 C-7 已较早地进入破坏阶段，则损伤指标 D 大于试件 C-4。对于方形试件，随着轴压比的增大，在同一位移下，损伤指标 D 逐渐增大，表现出与圆形试件相似的规律。但是，对于圆形试件，随着取代率的增加，在同一位移下，损伤指标 D 无明显统一的规律，而方形试件损伤指标 D 则依次增加，这是由于圆钢管与方钢管对核心 RAC 的约束效果不同所致，在圆钢管较大的横向约束力下，核心 RAC 材料本身的缺陷被弱化，使得构件层面上的力学损伤性能受影响较小。

4.4.2　基于耗能的单参数地震损伤演化评估模型

在地震作用下，结构或构件始终处于吸收能量和释放能量的一个交替循环过程之中，而吸收能量和释放能量的差值即为结构或构件通过不可恢复的塑性变形以及内部损伤所耗散的能量。因此，耗能的过程即是损伤产生的过程，从能量守恒的角度考虑结构或构件塑性累积损伤成为一个明显的突破口。刁波模型和改进的 Miner 模型属于基于耗能的单参数地震损伤评估模型，耗能模型表达式主要存在累积滞回耗能和极限滞回耗能两种主要参数。

累积滞回耗能是指结构或构件进入非线性阶段之后滞回环所包围面积的累加，用 E_c 来表示。其数学表达式如式(4-21) 所示。

$$E_c=\int_{\Delta_0}^{\Delta_t} P(\Delta)\mathrm{d}\Delta \tag{4-21}$$

式中，Δ_0 为结构或构件进入非线性阶段时的位移；Δ_t 为循环位移幅值，当 Δ_t 取为 Δ_u 时，E_c 即为试件达到破坏时的累积滞回耗能；$P(\Delta)$ 为关于 Δ 的承载力函数。

基于本书的实测数据，得到不同循环位移下的累积滞回耗能，圆、方形试件分别见表 4-13、表 4-14。其中，各级循环位移对应的数据为本级位移下三次循环结束时的累积滞回耗能。

不同循环位移下圆形试件 E_c 表 4-13

试件编号	Δ_y	$2\Delta_y$	$3\Delta_y$	$4\Delta_y$	$5\Delta_y$	$6\Delta_y$	$7\Delta_y$	$8\Delta_y$
C-1	723.53	2840.23	7577.93	15940.27	28460.80	45166.08	66080.83	91088.49
C-2	1205.86	5122.48	13005.35	25588.97	43214.49	66055.18		
C-3	1187.37	5125.87	13126.37	26136.96	44488.56	67335.35		
C-4	1226.32	5038.10	12916.53	25786.12	43944.87	67311.03		
C-5	906.89	3508.79	8744.49	17486.58	30440.97	47714.35	69068.64	94147.39
C-6	1527.93	6228.30	15240.57	29517.65	49129.74	73769.00		
C-7	962.05	3691.07	9058.35	17459.39	28997.96	43530.31	60374.96	
C-8	908.17	3416.73	8672.60	16632.89	27663.31	40983.58	56468.50	
C-9	740.24	2993.93	7518.60	14719.35	24504.25	36597.33	50312.19	
C-10	636.17	2718.72	7075.01	14009.81	23451.96	34983.65	48014.47	

不同循环位移下方形试件 E_c 表 4-14

试件编号	Δ_y	$2\Delta_y$	$3\Delta_y$	$4\Delta_y$	$5\Delta_y$	$6\Delta_y$	$7\Delta_y$
S-1	1205.12	4605.18	12071.09	25582.58	45494.93	71057.46	101981.30
S-2	1256.22	5099.40	13580.02	28532.96	49572.55	75916.29	107622.72
S-3	1376.83	5427.58	14277.87	29708.73	51319.21	78812.01	110577.13
S-4	1276.81	5285.56	13711.78	28342.08	48747.31	74584.16	105938.24
S-5	1066.20	4637.90	12702.25	26722.89	46398.32	71339.96	101100.77
S-6	855.99	3820.63	10907.50	23585.07	41470.58	64344.15	91956.39

为揭示不同设计参数下累积滞回耗能的变化规律，图 4-6、图 4-7 分别呈现了圆、方形试件 E_c-Δ 关系曲线。可见，随着循环位移的增加，累积滞回耗能 E_c 呈现非线性增长的趋势。对于圆形试件，随着长细比的增大，在同一位移下，累积滞回耗能 E_c 逐渐增

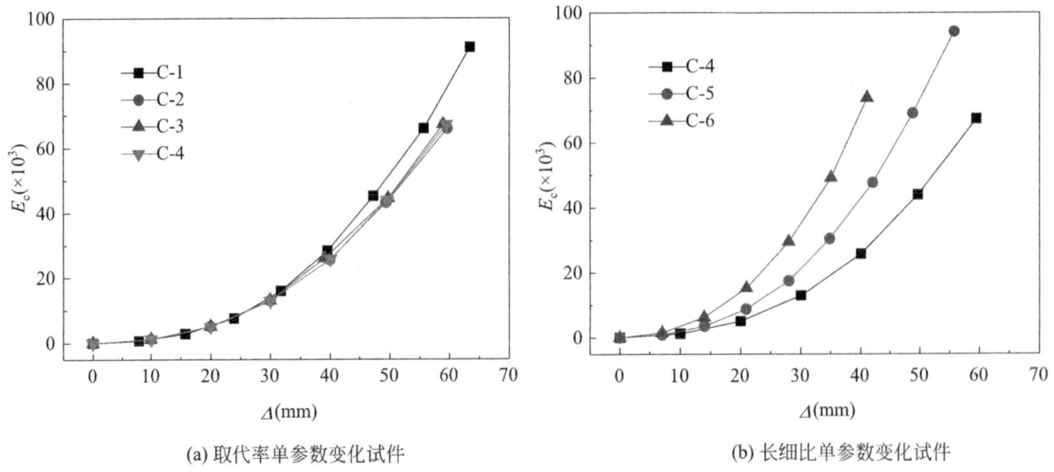

(a) 取代率单参数变化试件 (b) 长细比单参数变化试件

图 4-6 不同设计参数下圆形试件累积滞回耗能（一）

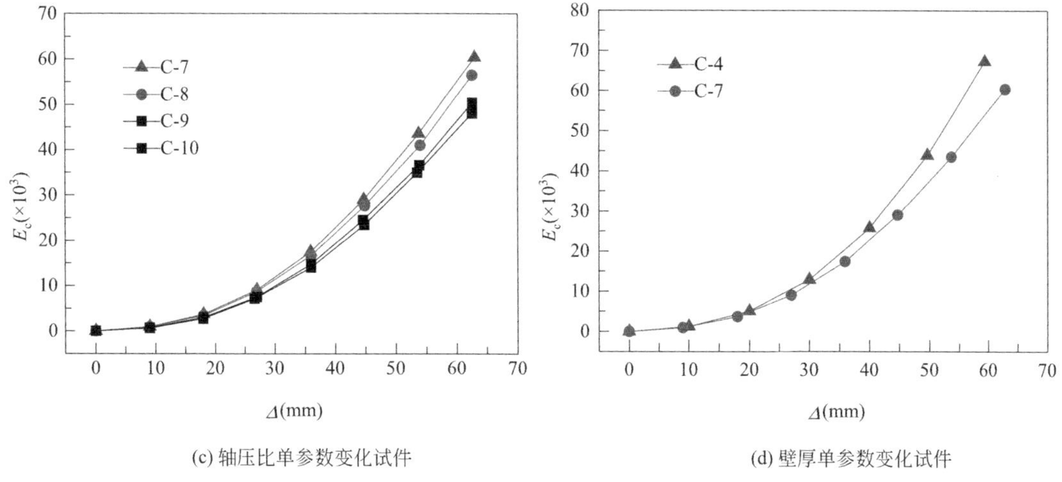

(c) 轴压比单参数变化试件　　(d) 壁厚单参数变化试件

图 4-6　不同设计参数下圆形试件累积滞回耗能（二）

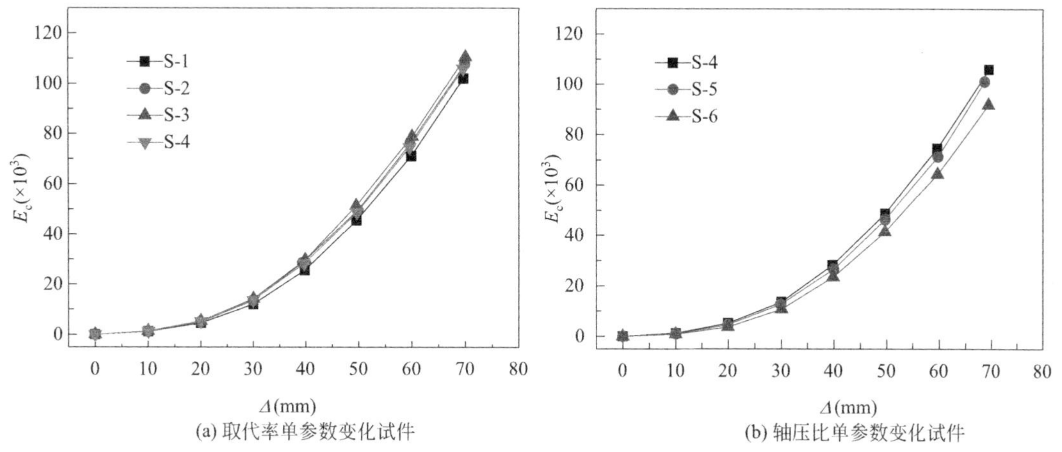

(a) 取代率单参数变化试件　　(b) 轴压比单参数变化试件

图 4-7　不同设计参数下方形试件累积滞回耗能

大；随着轴压比的增大，在同一位移下，累积滞回耗能 E_c 逐渐增大；随着含钢率的增加，由于 C-4 的滞回环较试件 C-7 饱满，在同一位移下，累积滞回耗能 E_c 逐渐增加。对于方形试件，随着轴压比的增大，在同一位移下，累积滞回耗能 E_c 逐渐增大，表现出与圆形试件相似的规律。但是，对于圆形试件，随着取代率的增加，在同一位移下，累积滞回耗能 E_c 无明显统一的规律，而方形试件累积滞回耗能 E_c 整体上呈现依次增加的趋势。

为进一步认识累积滞回耗能 E_c 随循环位移 Δ 的变化规律，并预测不同 Δ 下的累积滞回耗能 E_c，对 E_c 和 Δ 进行无量纲化分析，如图 4-8、图 4-9 所示。所有试件的 $E_c/E_u-\Delta/L$ 表现出良好的规律性，可采用如式(4-22) 所示的指数形式数学方程。

$$y=a\mathrm{e}^{bx}+c \tag{4-22}$$

其中，$y=E_c/E_u$，E_u 为达到试件破坏点时的累积滞回耗能；$x=\Delta/L$。圆形试件拟合函数中，控制参数 a，b 和 c 分别取为 0.7800、14.2991 和 −0.8295，拟合相似度为 0.82；方形试件分别取为 0.1366、39.7850 和 −0.1714，拟合相似度为 0.95。

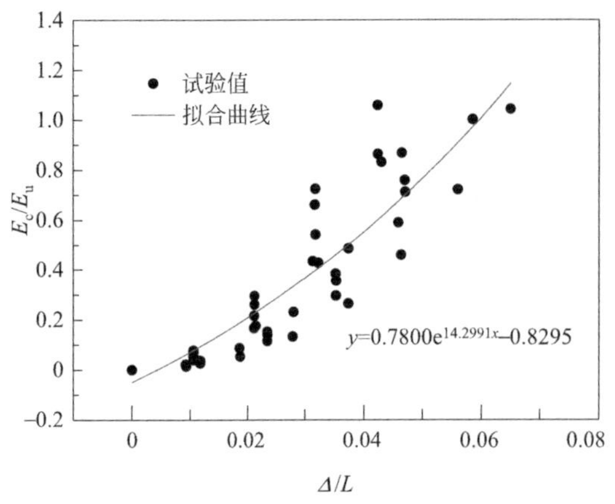

图 4-8 圆形试件 E_c/E_u-Δ/L 拟合曲线

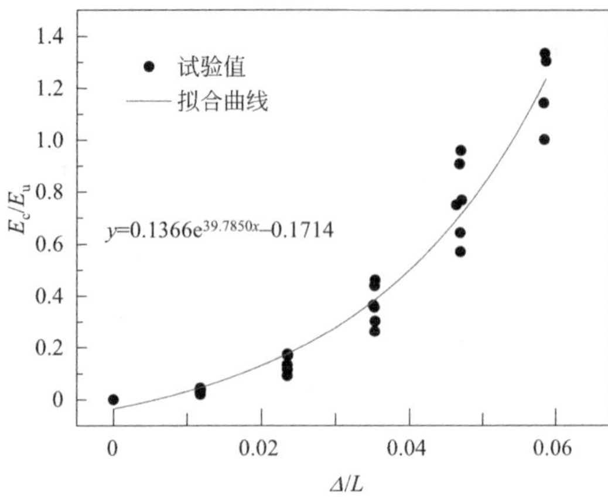

图 4-9 方形试件 E_c/E_u-Δ/L 拟合曲线

极限滞回耗能是指结构或构件在既定荷载或位移幅值下循环至破坏的累积滞回耗能，一般通过低周疲劳试验获取，用 E_u 表示。在极限滞回耗能研究方面，对于混凝土结构以及钢结构，有关学者提出了较为成熟的 E_u 计算公式，而对于 RACFST 结构，还没有发现相关的研究报道。对于钢管混凝土构件 E_u 的理论计算，邱法维等进行了一定的探讨。参考邱法维等研究成果，极限滞回耗能 E_u 取为试件承载力下降至 85%峰值承载力时累积滞回耗能，试件的 E_u 见表 4-15。

所有试件的 E_u **表 4-15**

试件编号	C-1	C-2	C-3	C-4	C-5	C-6
E_u	32790.56	33745.15	44333.73	36230.95	49049.90	35506.42
试件编号	C-7	C-8	C-9	C-10		
E_u	12500.79	13111.74	13886.97	16242.90		
试件编号	S-1	S-2	S-3	S-4	S-5	S-6
E_u	39832.69	38046.01	30938.15	31210.04	34816.25	41368.39

在等位移幅值循环下，结构或构件达到破坏时所循环的周数称为结构或构件的疲劳寿命。根据邱法维等研究成果，在等位移幅值循环条件下，定义等价滞回圈 N_q，如式(4-23) 所示。

$$N_q=\frac{E_u}{Q_y X} \tag{4-23}$$

式中，E_u 为试件的极限滞回耗能；Q_y 为屈服荷载；X 为等幅循环的位移幅值。

位移 X 与 N_q 之间的关系如式(4-23) 所示。

$$\mu^m N_q=C \tag{4-24}$$

式中，$\mu=X/X_y$，X_y 为屈服位移；m 和 C 为常数，分别取为 2.122 和 356。由于进行的是变位移幅值下的循环加载，因此，循环位移不是定值。在应用以上两式时，应根据耗能相等的原则进行换算，即将等位移幅值加载下的极限滞回耗能 E_u 换算为变位移幅值加载下的极限滞回耗能 E_u，由此得到等效等幅位移 X' 和等价滞回圈 N_q，见表 4-16，即相当于在等幅位移 X' 下，试件循环 N_q 次即达到破坏点。

试件的等效等幅位移 X' 和等价滞回圈 N_q　　　　**表 4-16**

试件编号	C-1	C-2	C-3	C-4	C-5	C-6	C-7	C-8	C-9	C-10
X'(mm)	70.54	63.05	45.03	60.53	38.82	20.48	65.89	76.01	79.78	87.89
N_q	10.02	11.48	21.65	12.94	24.09	25.72	5.54	5.30	5.25	5.59
试件编号	S-1	S-2	S-3	S-4	S-5	S-6				
X'(mm)	102.87	95.36	114.42	106.15	100.03	106.15				
N_q	6.53	6.57	4.43	4.77	5.83	6.77				

(1) 线性耗能累积损伤模型

Miner 基于线性损伤累积的假设，采用式(4-25) 表示累积损伤定律。

$$D=\sum \Delta D_i=\sum \frac{n_i}{N_i}=1 \tag{4-25}$$

式中，ΔD_i 是应力幅值为 S_i 的第 i 级等幅循环应力下的损伤指标；n_i 为该级应力水平对应的循环次数；N_i 为相应的疲劳寿命。

因为线性累积损伤理论模型函数形式非常简单，实用性强，在工程实践中被广泛地采纳和应用。但是，它忽略了太多的影响因素，计算结果具有较大的离散性。

张国伟基于耗能改进了 Miner 线性累积损伤定律，认为按照加载次序结构或构件在任意变形下的损伤仍然是线性累积的，但是，每一次循环对结构或构件造成的损伤按照基于耗能的疲劳寿命模型进行计算，计算模型如式(4-26) 所示。

$$D=\sum_{j=1}^{n} D_j=\sum_{j=1}^{n}\left(\sum_{i}^{m} \frac{E^i}{E_u}\right) \tag{4-26}$$

式中，D_j 表示第 j 个加载位移下的损伤指标；E^i 表示在第 j 个加载位移下第 i 次循环的耗能；E_u 表示极限滞回耗能。

更为重要的是，当累积滞回耗能达到极限滞回耗能水平时，D 为 1，表示试件已经完全损坏，避免了能量耗散累积损伤模型中 D 计算值较小情况的出现。

基于本书实测数据，采用线性耗能累积损伤模型，分析 RACFST 试件低周反复荷载作用下的累积损伤。圆、方形试件累积损伤随循环周数的变化曲线分别如图 4-10、图 4-11 所示。

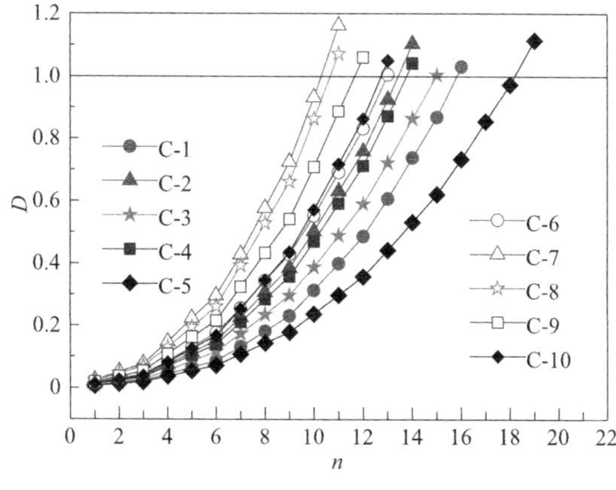

图 4-10　不同循环周数下圆形试件的累积损伤

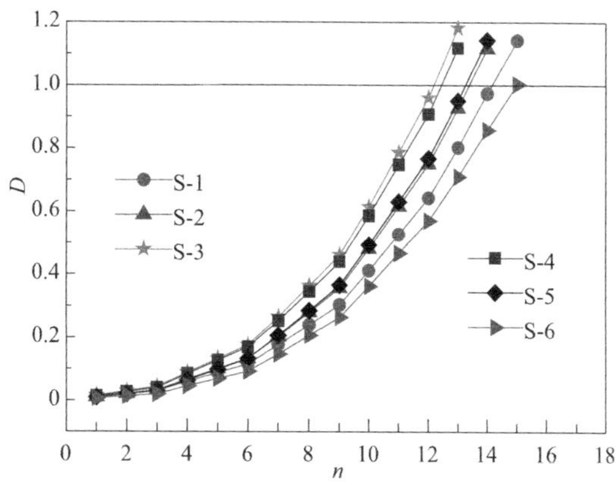

图 4-11　不同循环周数下方形试件的累积损伤

以循环位移幅值为横坐标，图 4-12 和图 4-13 分别呈现了不同变化参数下试件的累计损伤的变化趋势。其中，D 取为各级循环位移下第三次循环的累积损伤指标。

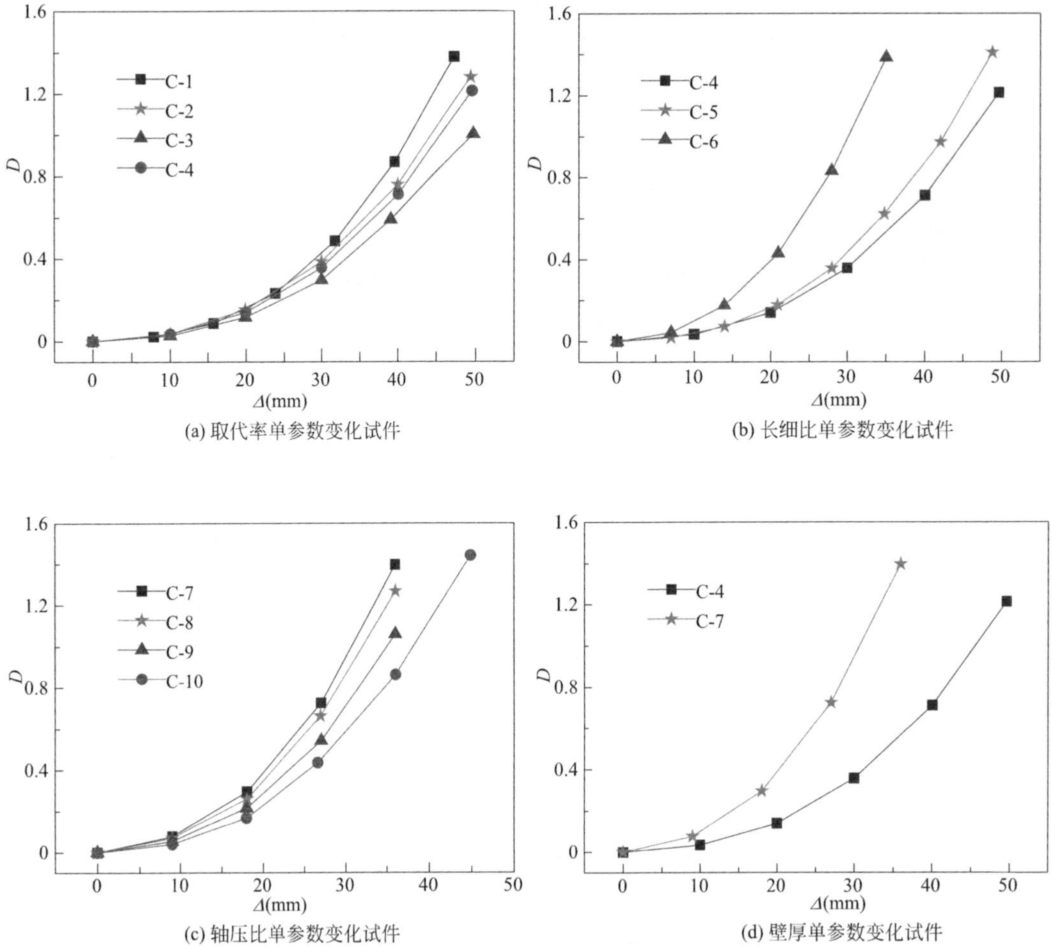

(a) 取代率单参数变化试件

(b) 长细比单参数变化试件

(c) 轴压比单参数变化试件

(d) 壁厚单参数变化试件

图 4-12　不同循环位移下圆形试件累积损伤曲线

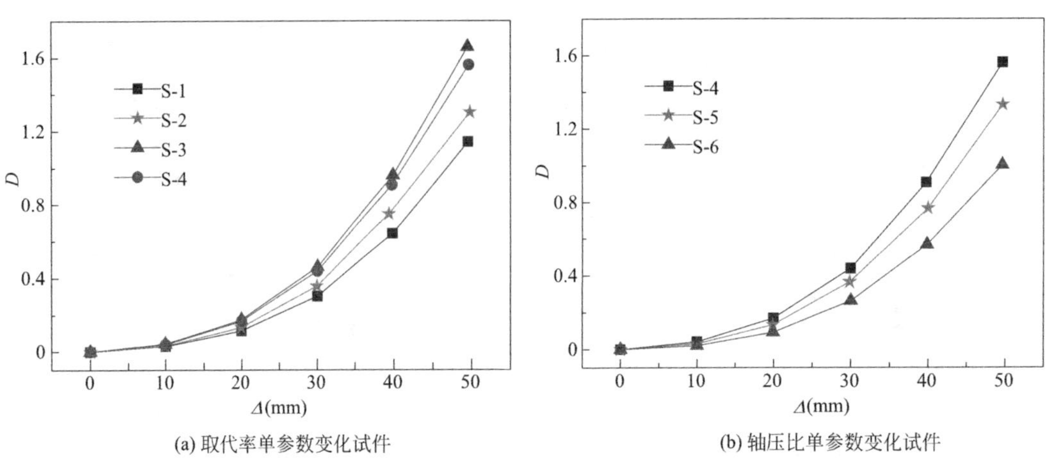

(a) 取代率单参数变化试件

(b) 轴压比单参数变化试件

图 4-13　不同循环位移下方形试件累积损伤曲线

由图 4-12、图 4-13 可见，对于圆形试件，在同一位移下，损伤指标 D 随着长细比的减小而逐渐增大；随着轴压比的增大而逐渐增大；随着含钢率的减小而逐渐增大。对于方形试件，在同一位移下，随着轴压比的增大，损伤指标 D 逐渐增大，表现出与圆形试件相似的规律。但是，对于圆形试件，在同一位移下，随着取代率的增加，损伤指标 D 无明显统一的规律，而方形试件损伤指标 D 则依次增加。

（2）能量耗散累积损伤模型

刁波等依据能量耗散原理和在低周反复荷载作用下结构或构件的滞回特性，以结构或构件在理想无损状态下外力所做的功为初始标量，建立了适用于结构或构件的损伤评价模型。该模型能够综合反映结构或构件在受力过程之中的能量耗散、强度衰减、刚度退化等重要的累积损伤特征，效果良好。模型的建立过程如图 4-14 所示。

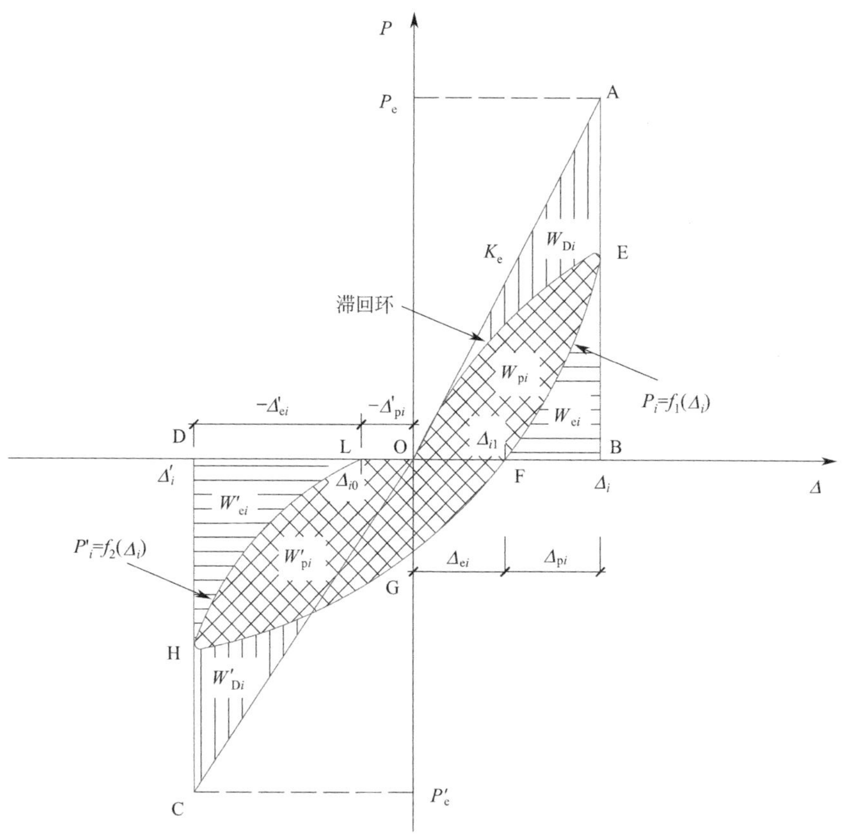

图 4-14 结构或构件第 i 次循环的受力状态

在理想无损伤状态下，外力所做的功为 W；在有损伤状态下，外力所做的功将转化成弹性变形能（$W_{ei}+W'_{ei}$）、塑性变形能（$W_{pi}+W'_{pi}$）和损伤耗散能（$W_{Di}+W'_{Di}$）。根据能量守恒定律：

$$W=W_{ei}+W_{pi}+W_{Di}+W'_{ei}+W'_{pi}+W'_{Di} \tag{4-27}$$

其中，

$$W=\frac{1}{2}K_e\Delta_i^2+\frac{1}{2}K_e\Delta_i'^2 \tag{4-28}$$

$$W_{ei}+W_{pi}+W'_{ei}+W'_{pi}=\int_{\Delta_{i0}}^{\Delta_i} f_1(\Delta_i)\mathrm{d}\Delta_i+\int_{\Delta_{i1}}^{\Delta'_i} f_2(\Delta_i)\mathrm{d}\Delta_i \tag{4-29}$$

式中，K_e 为试件初始弹性阶段的割线刚度；Δ_i 与 Δ'_i 分别为第 i 次正负向循环加载的位移幅值；$\int_{\Delta_{i0}}^{\Delta_i} f_1(\Delta_i)\mathrm{d}\Delta_i$ 和 $\int_{\Delta_{i1}}^{\Delta'_i} f_2(\Delta_i)\mathrm{d}\Delta_i$ 分别表示正负向循环加载时外力所做的功；$f_1(\Delta_i)$ 和 $f_2(\Delta_i)$ 分别表示第 i 次循环正负向加载函数；Δ_{i0} 表示第 i 次循环负向卸载为零时的残余变形；Δ_{i1} 表示第 i 次循环正向卸载为零时的残余变形。

因此，结构或构件第 i 次循环时的损伤指数 D 如式(4-30) 所示。

$$\begin{aligned}D&=\frac{W-(W_{ei}+W_{pi}+W'_{ei}+W'_{pi})}{W}\\&=\frac{\frac{1}{2}K_e\Delta_i^2+\frac{1}{2}K_e\Delta_i'^2-\left(\int_{\Delta_{i0}}^{\Delta_i} f_1(\Delta_i)\mathrm{d}\Delta_i+\int_{\Delta_{i1}}^{\Delta'_i} f_2(\Delta_i)\mathrm{d}\Delta_i\right)}{\frac{1}{2}K_e\Delta_i^2+\frac{1}{2}K_e\Delta_i'^2}\\&=\frac{\frac{1}{2}K_e\Delta_i^2+\frac{1}{2}K_e\Delta_i'^2-(S_{OEFGHL}+S_{BEF}+S_{DHL})}{\frac{1}{2}K_e\Delta_i^2+\frac{1}{2}K_e\Delta_i'^2}\end{aligned} \tag{4-30}$$

式中，S_{OEFGHL}、S_{BEF} 和 S_{DHL} 分别表示滞回环 OEFGHL、多边形 BEF 和多边形 DHL 的面积。

基于实测数据，采用上述模型，分析 RACFST 试件低周反复荷载作用下的累积损伤。在不同循环位移下圆、方形试件累计损伤指标 D 分别见表 4-17、表 4-18。其中，D 取为各级循环位移下第三次循环的累积损伤指标。

不同循环位移下圆形试件 *D* **表 4-17**

试件编号	Δ_y	$2\Delta_y$	$3\Delta_y$	$4\Delta_y$	$5\Delta_y$	$6\Delta_y$	$7\Delta_y$	$8\Delta_y$
C-1	0.085	0.126	0.166	0.220	0.325	0.578	0.678	0.741
C-2	0.112	0.172	0.317	0.355	0.565	0.656		
C-3	0.035	0.125	0.294	0.416	0.622	0.688	0.798	
C-4	0.105	0.143	0.332	0.465	0.651	0.706		
C-5	0.105	0.146	0.178	0.243	0.439	0.683	0.680	0.712
C-6	0.041	0.286	0.378	0.567	0.707	0.755		
C-7	0.176	0.265	0.406	0.591	0.756	0.812	0.856	
C-8	0.132	0.162	0.199	0.369	0.693	0.817	0.859	
C-9	0.121	0.151	0.188	0.315	0.619	0.763	0.851	
C-10	0.120	0.141	0.178	0.210	0.533	0.719	0.823	

不同循环位移下方形试件 *D* **表 4-18**

试件编号	Δ_y	$2\Delta_y$	$3\Delta_y$	$4\Delta_y$	$5\Delta_y$	$6\Delta_y$	$7\Delta_y$
S-1	0.071	0.105	0.126	0.206	0.447	0.705	0.763
S-2	0.106	0.132	0.138	0.232	0.526	0.705	0.800

续表

试件编号	Δ_y	$2\Delta_y$	$3\Delta_y$	$4\Delta_y$	$5\Delta_y$	$6\Delta_y$	$7\Delta_y$
S-3	0.152	0.184	0.196	0.313	0.616	0.735	0.770
S-4	0.152	0.190	0.255	0.415	0.683	0.747	0.813
S-5	0.112	0.110	0.178	0.269	0.469	0.660	0.760
S-6	0.093	0.095	0.160	0.196	0.437	0.595	0.724

由表 4-17、表 4-18 可见，在位移循环加载初期，累积损伤指标较小，圆形试件初始累积损伤在 0.103 左右，方形试件在 0.114 左右。随着循环位移幅值的增加，累积损伤指标逐渐增大，达到最大循环位移时，圆形试件初始累积损伤在 0.778 左右，方形试件在 0.772 左右，即直至加载结束时，试件的累积损伤仍然没有达到 1，这是由于结构或构件的累积损伤主要由最大变形和耗能两方面的因素引起的，仅仅考虑因为耗能而引起的累积损伤会使得整体损伤指标变小。

为考察不同变化参数下试件累计损伤的变化趋势，以循环位移幅值为横坐标，建立了试件的累积损伤曲线，圆、方形试件分别如图 4-15、图 4-16 所示。其中，D 取为各级循环位移下第三次循环的累积损伤指标。

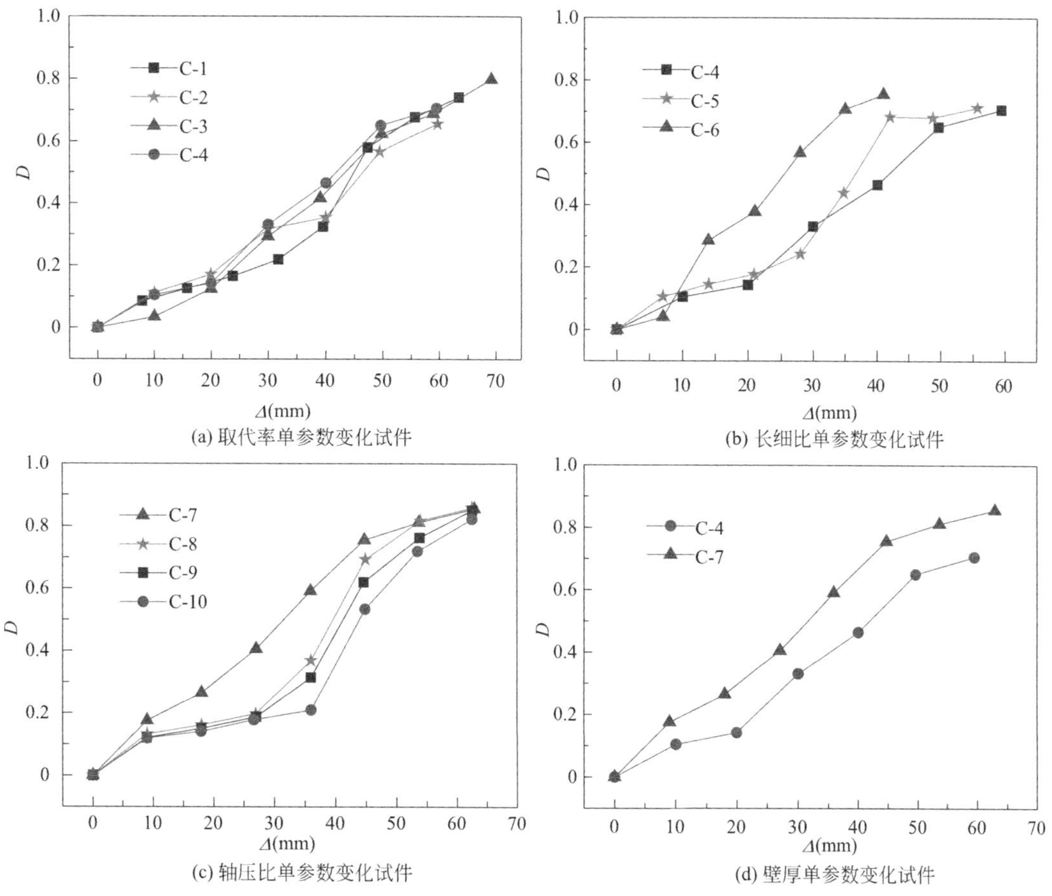

图 4-15　不同循环位移下圆形试件累积损伤曲线

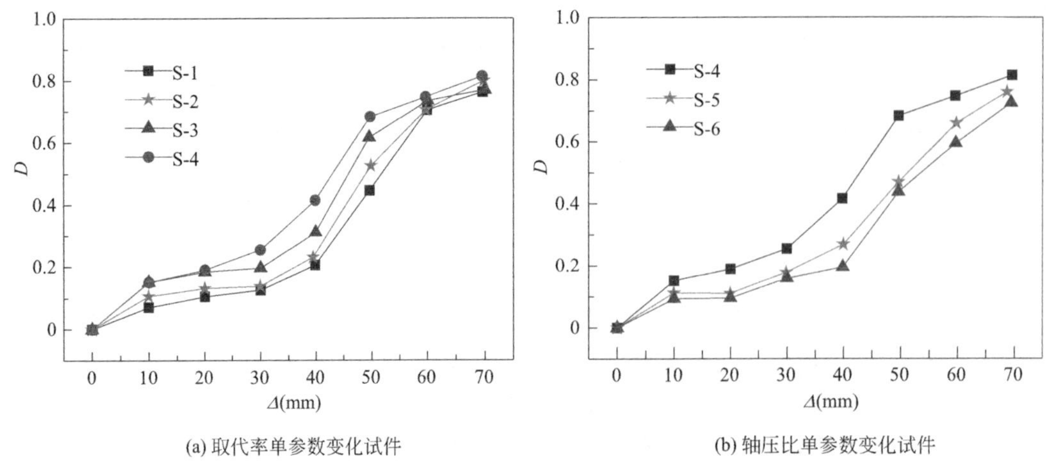

(a) 取代率单参数变化试件　　(b) 轴压比单参数变化试件

图 4-16　不同循环位移下方形试件累积损伤曲线

由图 4-15、图 4-16 可见，对于圆形试件，随着长细比的减小，在同一位移下，损伤指标 D 逐渐增大；随着轴压比的增大，在同一位移下，损伤指标 D 逐渐增大；随着含钢率的减小，试件 C-7 损伤指标 D 大于试件 C-4。对于方形试件，随着轴压比的增大，在同一位移下，损伤指标 D 逐渐增大，表现出与圆形试件相似的规律。但是，对于圆形试件，随着取代率的增加，在同一位移下，损伤指标 D 无明显统一的规律，而方形试件损伤指标 D 则依次增加。

4.4.3　基于变形和耗能的双参数地震损伤演化评估模型

仅仅基于变形或耗能的地震损伤评估模型，虽然简单实用，但并不能真实地反映地震作用下结构或构件的损伤破坏机理。Park 与 Ang 基于大量的钢筋混凝土梁柱试件试验实测结果，提出了钢筋混凝土结构基于变形和耗能的双参数地震损伤评估模型，其数学表达式如式(4-31) 所示。

$$D=\frac{\delta_{\mathrm{m}}}{\delta_{\mathrm{n}}}+\beta\frac{\int\mathrm{d}\varepsilon}{Q_{\mathrm{y}}\delta_{\mathrm{u}}} \tag{4-31}$$

式中，δ_m 为地震作用下结构或构件的最大变形；δ_u 为单调荷载作用下结构或构件的极限变形；Q_y 为屈服荷载；$\int d\varepsilon$ 为累积滞回耗能；β 为组合系数，如式(4-32) 所示。

$$\beta=(-0.447+0.073l/d+0.24n_0+0.314\rho_t)0.7^{\rho_w} \tag{4-32}$$

式中，l/d 为构件剪跨比；n_0 为轴压比；ρ_t 为纵向受力钢筋配筋率；ρ_w 为体积配箍率。

该模型综合考虑了最大变形和累积滞回耗能对结构或构件损伤的影响，应用较为广泛。但由于 β 的取值是基于钢筋混凝土梁柱试验实测数据回归而得到的，应用于其他结构时，存在一定的离散性。为使上述模型能够应用于 RACFST 结构，基于实测数据，对组合系数 β 进行反推计算，即令 $D=1$，计算得到 β。参考何利与叶献国研究成果，δ_u 取为 $\delta_m/0.62$。各试件计算得到的 β 见表 4-19。

所有试件的 β　　表 4-19

试件编号	C-1	C-2	C-3	C-4	C-5	C-6	C-7	C-8	C-9	C-10
β	0.0362	0.0376	0.0312	0.0357	0.0278	0.0351	0.0518	0.0488	0.0510	0.0475
试件编号	S-1	S-2	S-3	S-4	S-5	S-6				
β	0.0425	0.0431	0.0491	0.0499	0.0463	0.0423				

基于实测数据，采用双参数累积损伤模型，分析 RACFST 试件低周反复荷载作用下的累积损伤。圆、方形试件在不同循环位移下的累计损伤指标 D 分别见表 4-20、表 4-21。其中，D 取为各级循环位移下第三次循环的累积损伤指标。

不同循环位移下圆形试件 D　　表 4-20

试件编号	Δ_y	$2\Delta_y$	$3\Delta_y$	$4\Delta_y$	$5\Delta_y$	$6\Delta_y$	$7\Delta_y$	$8\Delta_y$
C-1	0.125	0.267	0.441	0.656	0.917	1.226	1.592	1.996
C-2	0.153	0.336	0.565	0.847	1.177	1.577		
C-3	0.135	0.293	0.486	0.711	1.002	1.312		
C-4	0.149	0.325	0.544	0.815	1.136	1.515		
C-5	0.109	0.232	0.373	0.544	0.744	0.984	1.247	1.542
C-6	0.161	0.353	0.595	0.891	1.246	1.633		
C-7	0.210	0.474	0.818	1.253	1.781	2.403	3.100	
C-8	0.200	0.448	0.773	1.178	1.670	2.232	2.846	
C-9	0.180	0.402	0.686	1.043	1.465	1.959	2.489	
C-10	0.161	0.356	0.599	0.914	1.279	1.689	2.141	

不同循环位移下方形试件 D　　表 4-21

试件编号	Δ_y	$2\Delta_y$	$3\Delta_y$	$4\Delta_y$	$5\Delta_y$	$6\Delta_y$	$7\Delta_y$
S-1	0.144	0.310	0.514	0.774	1.093	1.475	1.899
S-2	0.153	0.332	0.557	0.839	1.196	1.598	2.058
S-3	0.170	0.372	0.634	0.974	1.387	1.885	2.428
S-4	0.166	0.365	0.617	0.942	1.339	1.803	2.335
S-5	0.152	0.331	0.559	0.855	1.206	1.620	2.071
S-6	0.133	0.285	0.476	0.715	1.002	1.337	1.713

由表 4-20、表 4-21 可见，在位移循环加载初期，累积损伤指标较小，圆形试件初始累积损伤在 0.158 左右，方形试件在 0.153 左右。随着循环位移幅值的增加，累积损伤指标逐渐增大，达到最大循环位移时，试件累积损伤已远大于 1，试件已经完全破坏。

为考察不同变化参数下累积损伤的发展规律，图 4-17、图 4-18 以循环位移幅值为横坐标，呈现了不同变化参数下试件累计损伤指标。其中，D 取为各级循环位移下第三次循环的累积损伤指标。

由图 4-17、图 4-18 可见，对于圆形试件，在同一位移下，损伤指标 D 随着长细比的减小、轴压比的增大或含钢率的减小而逐渐增大。对于方形试件，在同一位移下，随着轴

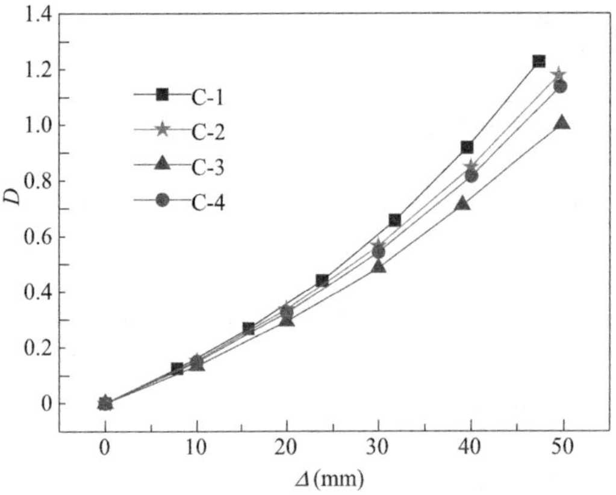

(a) 取代率单参数变化试件

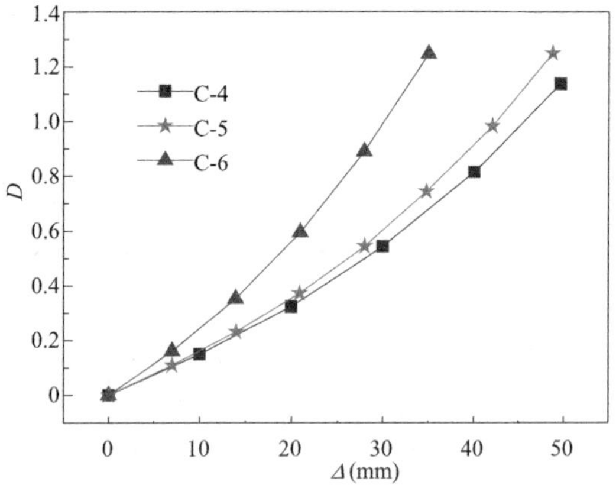

(b) 长细比单参数变化试件

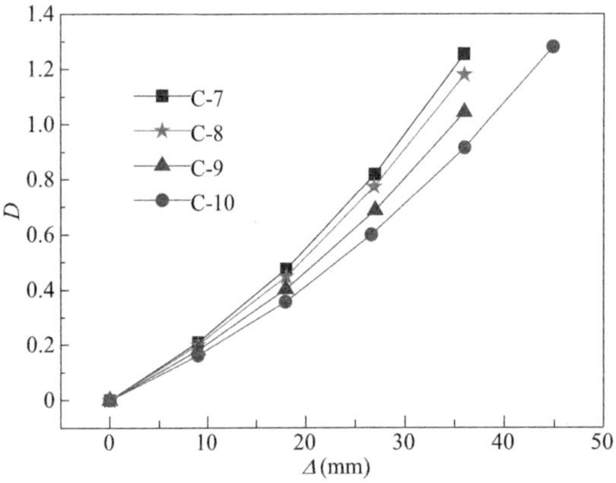

(c) 轴压比单参数变化试件

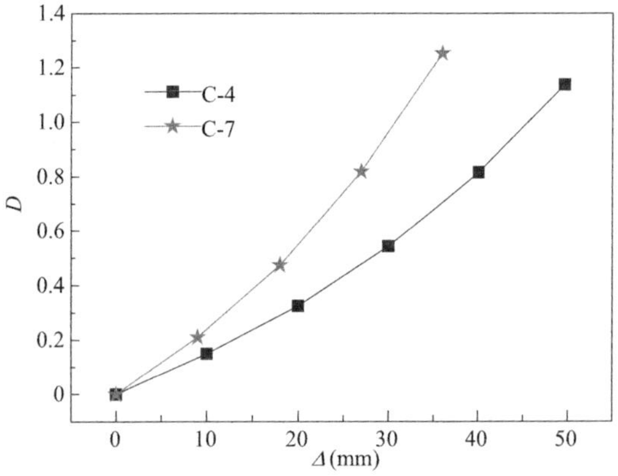

(d) 壁厚单参数变化试件

图 4-17 不同循环位移下圆形试件累积损伤曲线

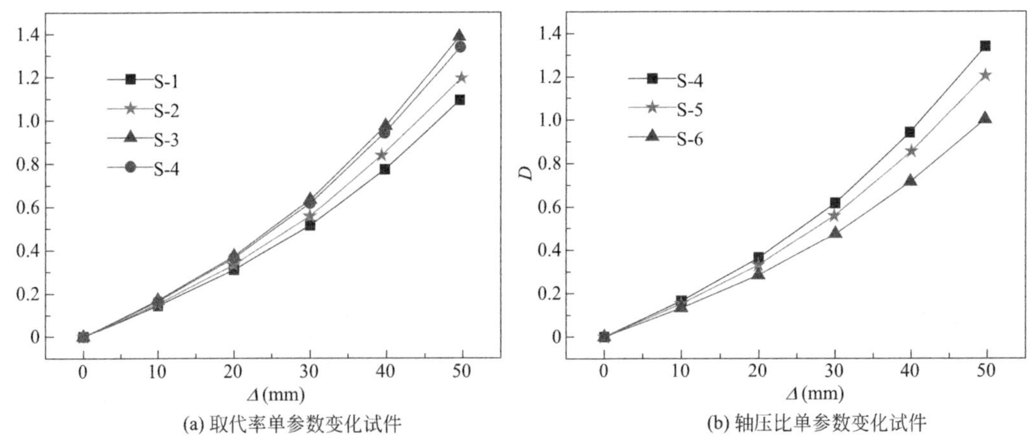

(a) 取代率单参数变化试件

(b) 轴压比单参数变化试件

图 4-18 不同循环位移下方形试件累积损伤曲线

压比的增大，损伤指标 D 逐渐增大，表现出与圆形试件相似的规律。但是，对于圆形试件，在同一位移下，随着取代率的增加，损伤指标 D 无明显统一的规律，而方形试件损伤指标 D 则依次增加。

综上所述，基于变形、基于耗能和基于变形与耗能的地震损伤评估模型各有利弊，建议根据不同工况选用不同的模型，进行 RACFST 构件的损伤评估分析。基于变形和基于耗能地震损伤评估模型简单实用，计算量小，但不能准确反映构件的地震损伤破坏机理；基于变形和耗能的地震损伤评估模型较好地揭示了地震作用下构件的损伤破坏机理，但是计算量偏大，且组合系数 β 缺少统一的表达式，给设计计算工作带来一定的不便之处。

4.5　恢复力模型

RACFST 是一种新材料组合结构，为推广和应用 RACFST 结构于抗震设防地区的高层以及超高层建筑之中，有必要研究低周反复荷载作用下的恢复力模型，并提出实用的模型表达式，为 RACFST 结构相关的设计研究工作提供参考和借鉴。本章在试验研究的基础之上，通过对大量数据拟合分析，结合 RACFST 结构所特有的抗震性能指标，采用三折线型骨架曲线，考虑了定点指向、位移幅值承载力突降、模型软化点等特殊处理方法，建立了适合于 RACFST 结构的恢复力模型。

4.5.1　骨架曲线模型

低周反复荷载作用下构件实际的骨架曲线是由不同位移幅值下的峰点所连接起来的光滑曲线，这不利于结构的弹塑性地震反应分析，本章将曲线型骨架曲线简化为三折线型骨架曲线。圆、方形试件三折线型骨架曲线理论模型分别如图 4-19、图 4-20 所示。

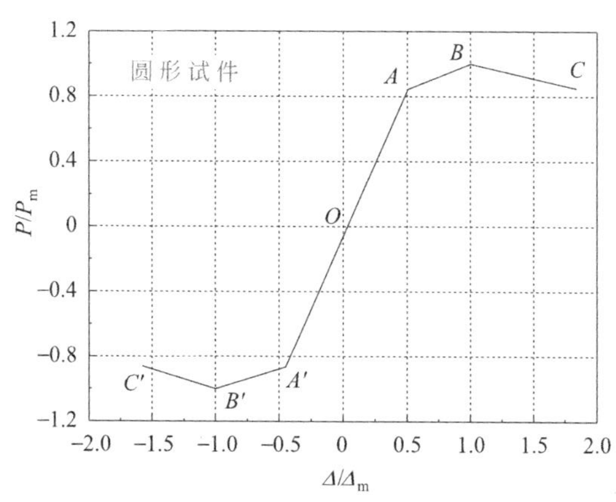

图 4-19　圆形试件三折线型骨架曲线理论模型

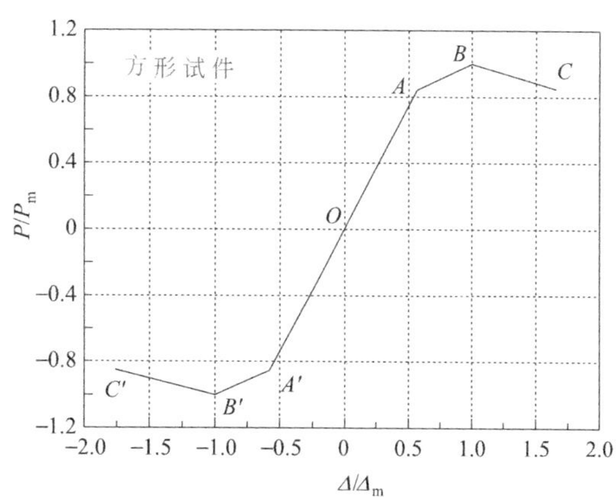

图 4-20　方形试件三折线型骨架曲线理论模型

简化后的骨架曲线采用无量纲化坐标，A 点、B 点和 C 点分别表示试件的相对屈服点、相对峰值点和相对破坏点。首先，由试验实测的各试件骨架曲线确定屈服点、峰值点和破坏点；然后，对三个特征点进行无量纲化处理；最后，通过求取平均值而得。圆、方形试件特征点无量纲化荷载与位移分别见表 4-22、表 4-23。

圆形试件实测骨架曲线特征点无量纲化的荷载与位移　　表 4-22

试件编号	加载方向	屈服点		峰值点		破坏点	
		P_y/P_m	Δ_y/Δ_m	P_m/P_m	Δ_m/Δ_m	P_u/P_m	Δ_u/Δ_m
C-1	正向	0.4350	0.8600	1.0000	1.0000	1.4255	0.8499
	负向	0.5203	0.8478	1.0000	1.0000	1.6049	0.8500
C-2	正向	0.4761	0.8471	1.0000	1.0000	1.6003	0.8501
	负向	0.5387	0.9051	1.0000	1.0000	2.0472	0.8501
C-3	正向	0.4731	0.8524	1.0000	1.0000	1.7117	0.8500
	负向	0.3301	0.9502	1.0000	1.0000	1.6055	0.9023
C-4	正向	0.6517	0.8752	1.0000	1.0000	2.6257	0.8500
	负向	0.4115	0.8177	1.0000	1.0000	1.2866	0.8499
C-5	正向	0.4848	0.8399	1.0000	1.0000	2.5071	0.8529
	负向	0.4158	0.8190	1.0000	1.0000	1.5313	0.8500
C-6	正向	0.3460	0.8609	1.0000	1.0000	1.4440	0.8500
	负向	0.1615	0.9169	1.0000	1.0000	1.1838	0.9253
C-7	正向	0.5372	0.8291	1.0000	1.0000	1.9373	0.8499
	负向	0.4914	0.8960	1.0000	1.0000	1.4864	0.8501
C-8	正向	0.7293	0.8431	1.0000	1.0000	1.9661	0.8499
	负向	0.4329	0.7192	1.0000	1.0000	1.5909	0.8500
C-9	正向	0.4186	0.8249	1.0000	1.0000	1.4708	0.8500
	负向	0.5895	0.8722	1.0000	1.0000	1.6704	0.8501
C-10	正向	0.5243	0.8247	1.0000	1.0000	1.6965	0.8500
	负向	0.6030	0.9061	1.0000	1.0000	1.7208	0.8500
平均值	正向	0.5076	0.8457	1.0000	1.0000	1.8385	0.8503
	负向	−0.4495	−0.8650	−1.0000	−1.0000	−1.5728	−0.8628

方形试件实测骨架曲线特征点无量纲化的荷载与位移　　表 4-23

试件编号	加载方向	屈服点		峰值点		破坏点	
		P_y/P_m	Δ_y/Δ_m	P_m/P_m	Δ_m/Δ_m	P_u/P_m	Δ_u/Δ_m
S-1	正向	0.5345	0.8481	1.0000	1.0000	1.6141	0.8500
	负向	0.5068	0.8275	1.0000	1.0000	1.4912	0.8499
S-2	正向	0.5375	0.9052	1.0000	1.0000	1.5860	0.8500
	负向	0.4335	0.8399	1.0000	1.0000	1.3572	0.8500
S-3	正向	0.5192	0.8060	1.0000	1.0000	1.4439	0.8501
	负向	0.6692	0.8737	1.0000	1.0000	1.8924	0.8499
S-4	正向	0.6598	0.7963	1.0000	1.0000	2.0755	0.8500
	负向	0.7309	0.8873	1.0000	1.0000	2.0519	0.8500
S-5	正向	0.5176	0.8185	1.0000	1.0000	1.5025	0.8500
	负向	0.6725	0.8571	1.0000	1.0000	2.1740	0.8500

续表

试件编号	加载方向	屈服点		峰值点		破坏点	
		P_y/P_m	Δ_y/Δ_m	P_m/P_m	Δ_m/Δ_m	P_u/P_m	Δ_u/Δ_m
S-6	正向	0.6289	0.8830	1.0000	1.0000	1.7155	0.8500
	负向	0.4638	0.8364	1.0000	1.0000	1.5881	0.8500
平均值	正向	0.5662	0.8429	1.0000	1.0000	1.6563	0.8500
	负向	−0.5795	−0.8537	−1.0000	−1.0000	−1.7591	−0.8500

圆形试件骨架曲线模型中各直线段的线性方程如式(4-33)～式(4-38) 所示。

OA 段：
$$\frac{P}{P_m}=1.6661\frac{\Delta}{\Delta_m} \tag{4-33}$$

AB 段：
$$\frac{P}{P_m}=0.6867+0.3133\frac{\Delta}{\Delta_m} \tag{4-34}$$

BC 段：
$$\frac{P}{P_m}=1.1786-0.1786\frac{\Delta}{\Delta_m} \tag{4-35}$$

OA′段：
$$\frac{P}{|P_m|}=1.9245\frac{\Delta}{|\Delta_m|} \tag{4-36}$$

A′B′段：
$$\frac{P}{|P_m|}=-0.7548+0.2452\frac{\Delta}{|\Delta_m|} \tag{4-37}$$

B′C′段：
$$\frac{P}{|P_m|}=-1.2396-0.2396\frac{\Delta}{|\Delta_m|} \tag{4-38}$$

方形试件骨架曲线模型中各直线段的线性方程如式(4-39)～式(4-44) 所示。

OA 段：
$$\frac{P}{P_m}=1.4885\frac{\Delta}{\Delta_m} \tag{4-39}$$

AB 段：
$$\frac{P}{P_m}=0.6377+0.3623\frac{\Delta}{\Delta_m} \tag{4-40}$$

BC 段：
$$\frac{P}{P_m}=1.2286-0.2286\frac{\Delta}{\Delta_m} \tag{4-41}$$

OA′段：
$$\frac{P}{P_m}=1.4732\frac{\Delta}{\Delta_m} \tag{4-42}$$

A′B′段：
$$\frac{P}{|P_m|}=-0.6520+0.3480\frac{\Delta}{|\Delta_m|} \tag{4-43}$$

B′C′段：
$$\frac{P}{|P_m|}=-1.1976-0.1976\frac{\Delta}{|\Delta_m|} \tag{4-44}$$

采用上述线性方程，根据每个试件实测的特征点位移，得到特征点荷载的理论计算值，将实测骨架曲线与理论骨架曲线进行对比分析，圆、方形试件分别如图 4-21、图 4-22

所示。其中，T 表示试验实测曲线，M 表示理论模型折线。

由图 4-21、图 4-22 可见，骨架曲线试验值与理论值吻合较好，本章经过数理统计分析所提出的理论模型能够较好地预测低周反复荷载作用下圆、方 RACFST 试件的骨架曲线。

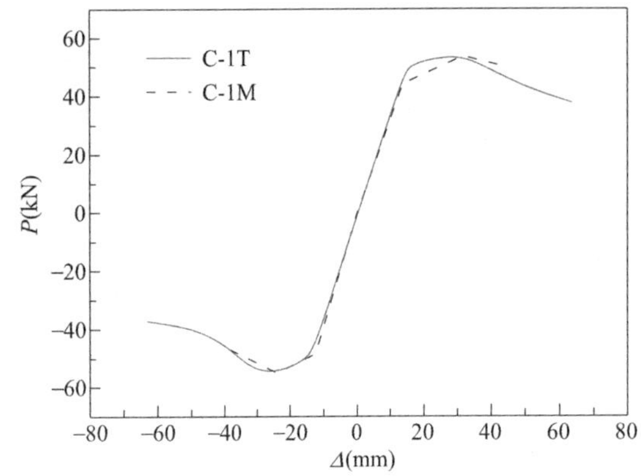

(a) 试件C-1

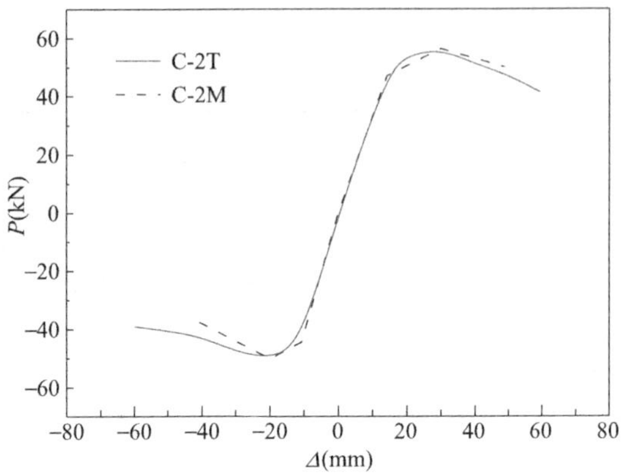

(b) 试件C-2

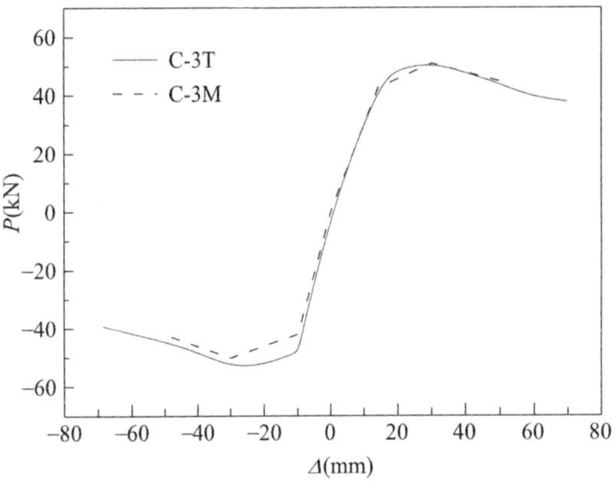

(c) 试件C-3

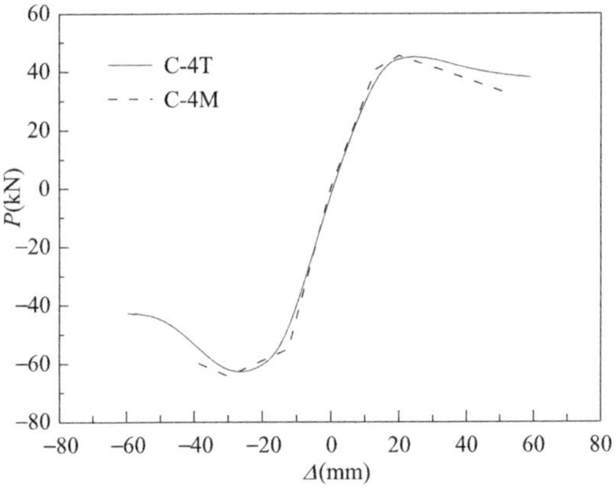

(d) 试件C-4

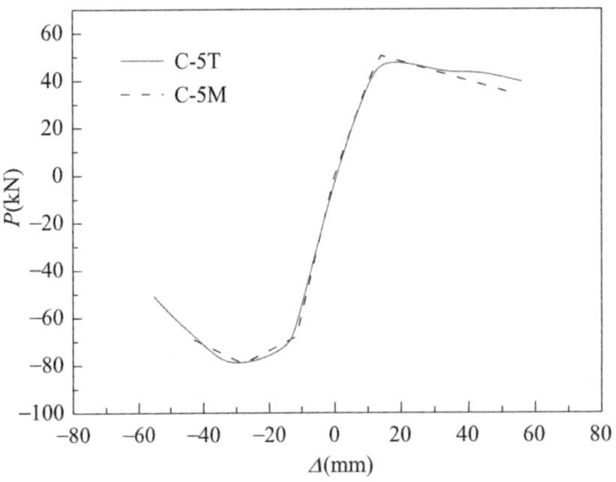

(e) 试件C-5

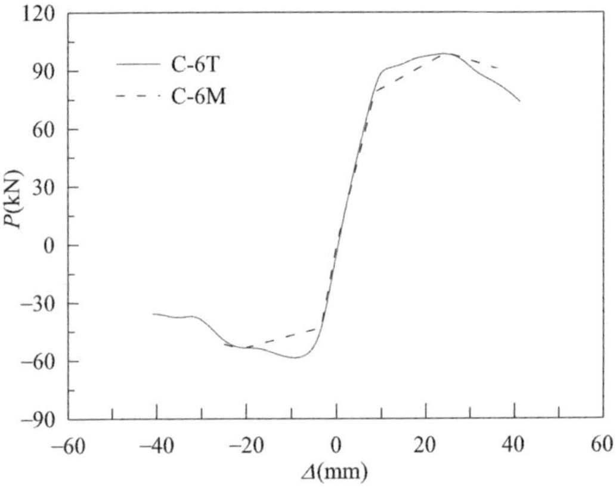

(f) 试件C-6

图 4-21 圆形试件实测骨架曲线与理论骨架曲线对比（一）

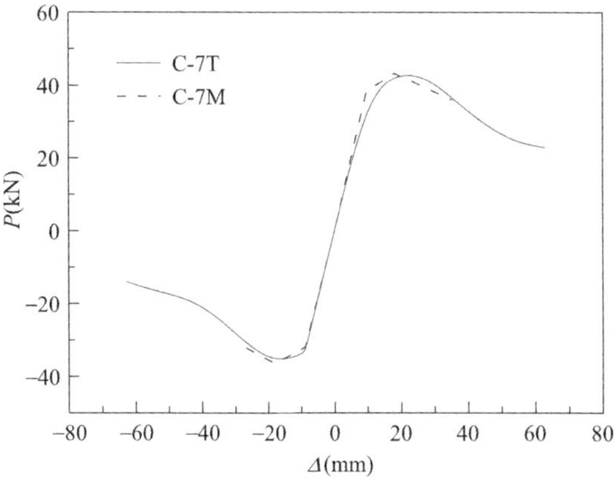

(g) 试件C-7

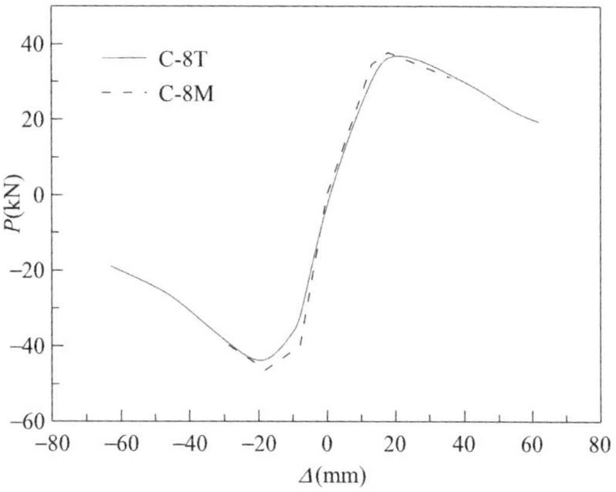

(h) 试件C-8

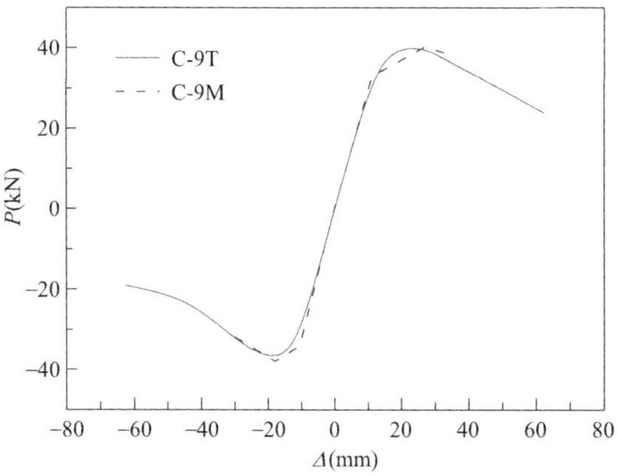

(i) 试件C-9

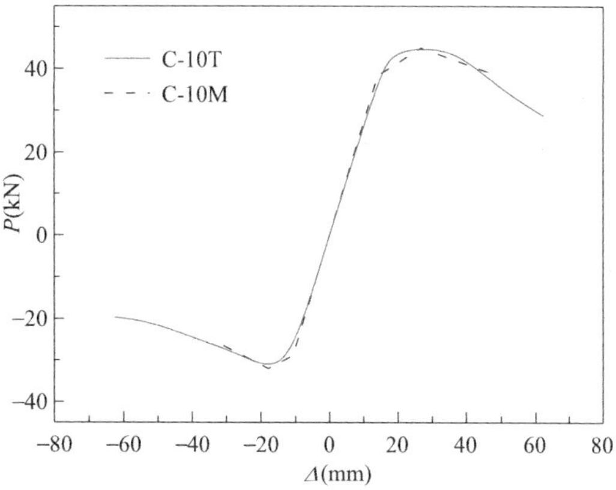

(j) 试件C-10

图 4-21　圆形试件实测骨架曲线与理论骨架曲线对比（二）

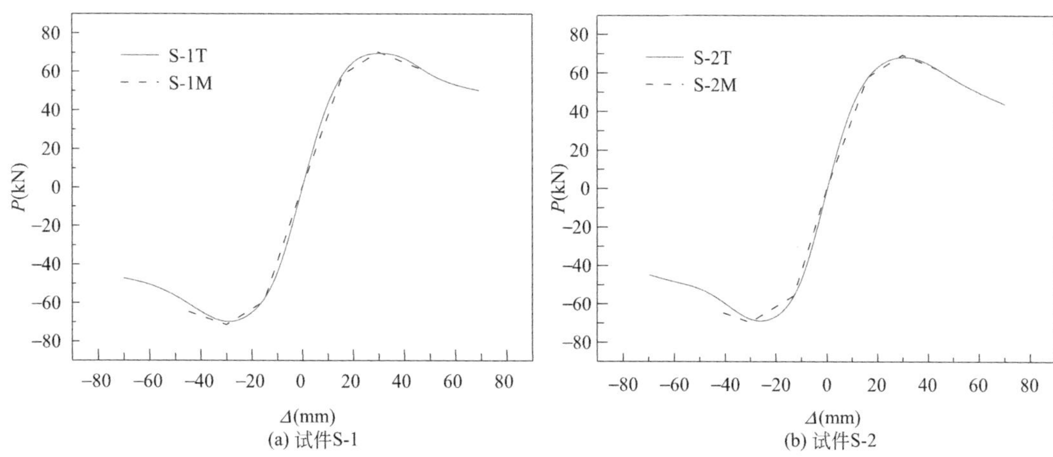

(a) 试件S-1

(b) 试件S-2

图 4-22　方形试件实测骨架曲线与理论骨架曲线对比（一）

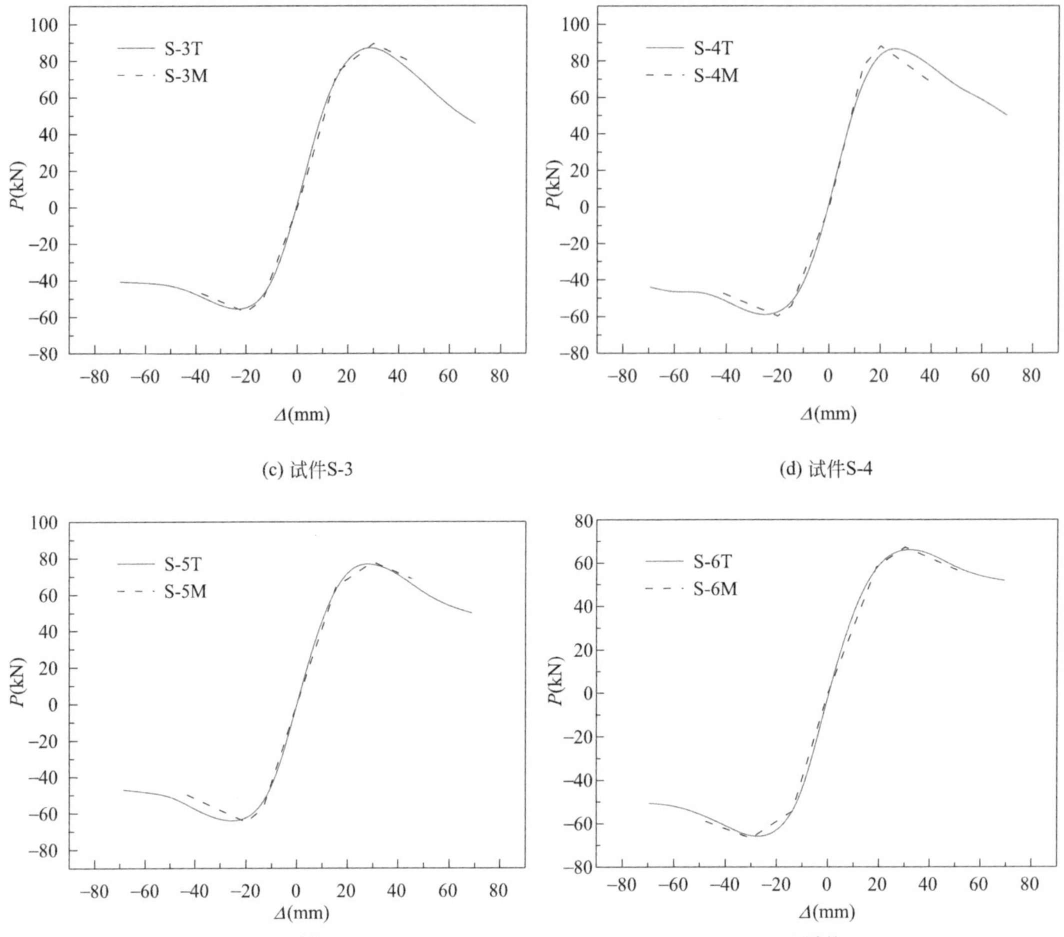

(c) 试件S-3

(d) 试件S-4

(e) 试件S-5

(f) 试件S-6

图 4-22　方形试件实测骨架曲线与理论骨架曲线对比（二）

4.5.2　卸载刚度

由试验实测滞回曲线可见，在同一循环位移幅值下，卸载曲线互相重合，卸载刚度不随循环次数的增加而减小，基本沿着第一次卸载路线进行，故在同一位移幅值三次循环范围之内，卸载刚度与循环次数无关；在不同循环位移幅值下，试件的各卸载曲线几乎平行，且与屈服刚度近似相等，故试件的卸载刚度近似取为屈服刚度。圆、方形试件实测相对弹性刚度 K_{e0} 与相对屈服刚度 K_{y0} 分别如式(4-45)、式(4-46) 所示，通过对比分析，发现 K_{y0} 与 K_{e0} 的比值接近一定值，圆、方形试件数据统计分析分别见表 4-24、表 4-25。其中，

$$K_{e0}=\frac{(P_e+|P'_e|)(\Delta_m+|\Delta'_m|)}{(\Delta_e+|\Delta'_e|)(P_m+|P'_m|)} \tag{4-45}$$

$$K_{y0}=\frac{\dfrac{P_y}{P_m}+\dfrac{|P'_y|}{|P'_m|}}{\dfrac{\Delta_y}{\Delta_m}+\dfrac{|\Delta'_y|}{|\Delta'_m|}} \tag{4-46}$$

式中，P_e 和 Δ_e 表示正向弹性点的荷载和位移；P'_e 和 Δ'_e 表示负向弹性点的荷载和位移；P_y 和 Δ_y 表示正向屈服点的荷载和位移；P'_y 和 Δ'_y 表示负向屈服点的荷载和位移；P_m 和 Δ_m 表示正向峰值点荷载和位移；P'_m 和 Δ'_m 表示负向峰值点荷载和位移。

圆形试件 K_{e0} 与 K_{y0} 对比分析　　**表 4-24**

试件编号	弹性刚度相对值 K_{e0}	屈服刚度相对值 K_{y0}	K_{y0}/K_{e0}	K_{y0}/K_{e0} 均值
C-1	5.3398	1.7826	0.3338	0.3467
C-2	4.6197	1.7256	0.3735	
C-3	5.8767	2.2134	0.3766	
C-4	4.8427	1.6294	0.3365	
C-5	7.2859	1.8390	0.2524	
C-6	11.4353	3.3425	0.2923	
C-7	4.2154	1.6752	0.3974	
C-8	3.6866	1.3245	0.3593	
C-9	4.5606	1.6701	0.3662	
C-10	4.0473	1.5345	0.3791	

由表 4-24 可见，圆形试件：

$$\frac{K_{y0}}{K_{e0}}=0.3467 \tag{4-47}$$

方形试件 K_{e0} 与 K_{y0} 对比分析　　**表 4-25**

试件编号	弹性刚度相对值 K_{e0}	屈服刚度相对值 K_{y0}	K_{y0}/K_{e0}	K_{y0}/K_{e0} 均值
S-1	6.0015	1.6090	0.2681	0.3081
S-2	5.6665	1.7929	0.3164	
S-3	4.8375	1.4084	0.2911	
S-4	3.6136	1.2106	0.3350	
S-5	4.2742	1.4014	0.3279	
S-6	5.0402	1.5637	0.3102	

由表 4-25 可见，方形试件：

$$\frac{K_{y0}}{K_{e0}}=0.3081 \tag{4-48}$$

首先，根据本章式(4-14)～式(4-17)，计算圆、方形试件初始弹性阶段抗侧刚度 S，即$(P_e+|P'_e|)/(\Delta_e+|\Delta'_e|)$；然后，将 S 和实测正、负向峰值荷载与峰值位移代入式(4-45)，得到 K_{e0}；最后，由式(4-47)、式(4-48)，得到圆、方形试件相对屈服刚度 K_{y0} 理论计算值，即求得卸载刚度值。

4.5.3 恢复力模型的建立

将骨架曲线理论模型与卸载刚度变化规律进行组合，并考虑定点指向、位移幅值承载力突降、模型软化点等特殊处理方法，建立适合 RACFST 构件的恢复力模型，如图 4-23

所示。结合 10 个圆形试件和 6 个方形试件的实测滞回曲线特性，可见：

（1）在试件屈服点或临近屈服时，各级循环位移下的正、负向加载均指向一个“定点”。为便于恢复力模型的推广应用，通过对所有试验数据的归纳分析，将圆、方形试件“定点”确立为正、负屈服点。

（2）试件正、负向达到位移幅值并开始卸载时，承载力即时突降，这是因为尽管核心 RAC 存在内部损伤和天然缺陷，但由于外部钢管强大的约束效应，RAC 的天然缺陷被弱化，RACFST 试件耗能性能依然良好，滞回环呈饱满状态，卸载曲线较陡，甚至出现了直线下降的趋势。通过对大量数据对比分析，直线降低后的正、负向荷载值建议分别取为 $0.6P_m$ 和 $-0.6|P'_m|$。

（3）在第一级循环位移控制加载下，当正负向位移幅值承载力分别小于 $0.6P_m$ 和 $-0.6|P'_m|$ 时，卸载路线与加载路线重合，但当正负向位移幅值承载力分别大于 $0.6P_m$ 和 $-0.6|P'_m|$ 时，实测滞回曲线正负向位移幅值承载力同样即时突降，同样建议取为 $0.6P_m$ 和 $-0.6|P'_m|$。

（4）恢复力模型需要考虑再加载时的软化问题，而 RACFST 试件软化点的确立并不同于一般的恢复力模型。如图 4-23 所示，通过对实测数据对比分析，路径 20-16-10-6-O-3-8-13-18-23 为软化开始点，在循环位移达到峰值点以及峰值点之前，各点纵坐标取为位移幅值承载力的 0.2 倍，在达到峰值点之后，各点纵坐标取为位移幅值承载力的 0.4 倍。

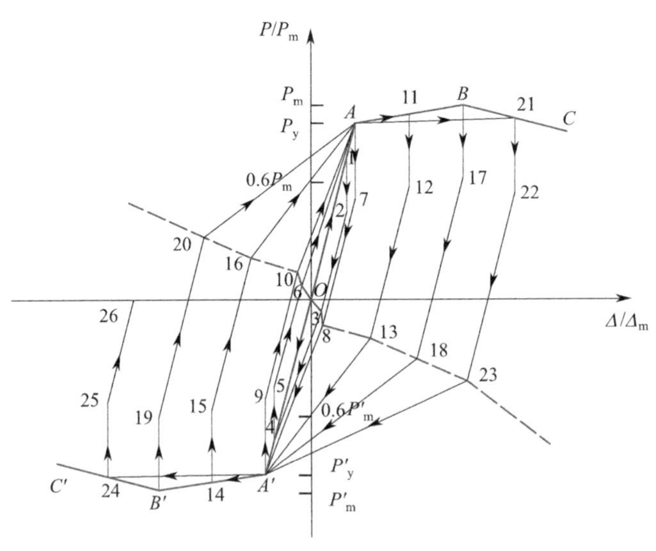

图 4-23 恢复力模型

RACFST 试件滞回规则具体说明如下：

（1）在试件正、负向加载分别达到 $0.6P_m$ 和 $0.6P'_m$ 之前，加载和卸载均沿着骨架曲线弹性阶段进行；试件荷载处于 $0.6P_m$ 与屈服点之间时，加载和卸载沿着 O-1-2-3-4-5-6 路线进行。

（2）当试件加载达到屈服点以后，加载首先从点 6 开始，通过定点 A，如在点 A 卸载，总体加卸载路线为 6-A-7-8-A'-9-10；如在点 11 卸载，总体加卸载路线为 6-A-11-12-

13-A'-14-15-16，其他情况依此类推。

（3）当试件加载达到峰值点以后，假定加载首先从点 16 开始，则首先通过定点 A，如在点 B 卸载，则总体加卸载路线为 16-A-B-17-18-A'-B'-19-20；如在点 21 卸载，总体加卸载路线为 16-A-21-22-23-A'-24-25-26，其他情况依此类推，直至试件达到破坏点。

4.5.4　恢复力模型与试验结果的比较

限于篇幅，选取部分试件，进行恢复力模型计算曲线与实测滞回曲线对比，圆、方形试件分别如图 4-24、图 4-25 所示。其中，T 表示试验实测曲线，M 表示理论模型折线。可见，恢复力模型计算曲线与实测滞回曲线吻合较好，表明本章建立的低周反复荷载作用下 RACFST 试件的恢复力模型能较好地反映荷载与位移的滞回关系，建议用于 RACFST 构件的弹塑性地震反应分析。

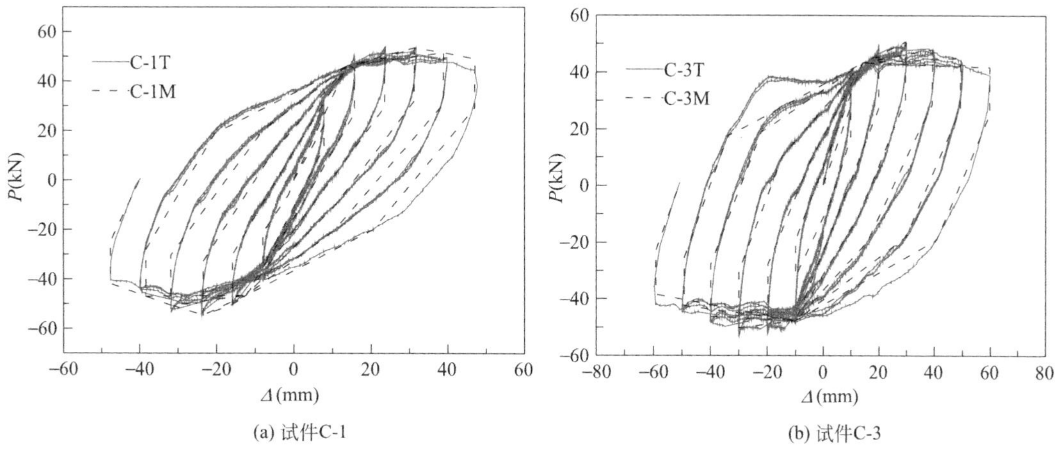

(a) 试件C-1　　(b) 试件C-3

图 4-24　圆形试件恢复力模型计算曲线与实测滞回曲线对比

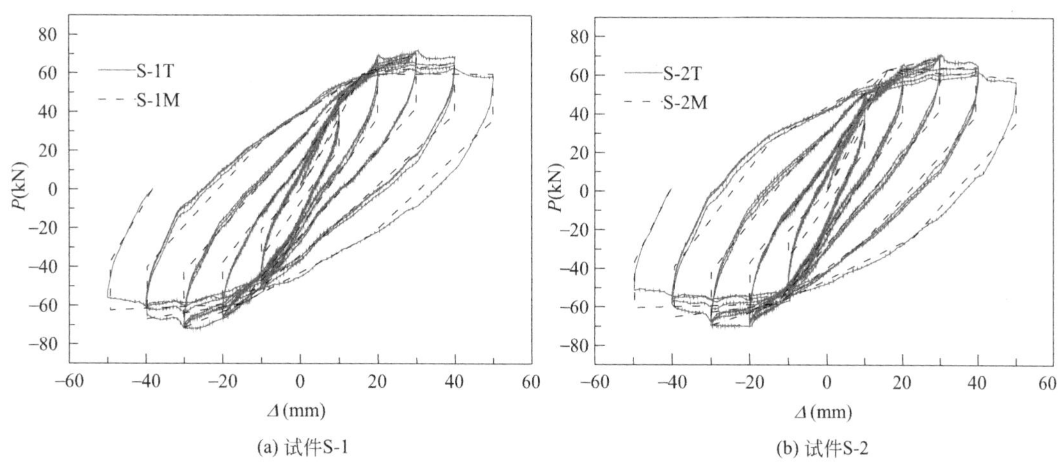

(a) 试件S-1　　(b) 试件S-2

图 4-25　方形试件恢复力模型计算曲线与实测滞回曲线对比

4.6 小　　结

本章在 10 个圆 RACFST 试件和 6 个方 RACFST 试件抗震性能试验研究结果之上，对其抗震性能指标计算与模型的建立进行了探讨，主要得到以下结论：

（1）P-Δ 二阶效应对 RACFST 柱强度及刚度影响显著。随着循环位移的增加，影响越来越大。

（2）建议规程 DL/T 5085 用于反复荷载作用下圆 RACFST 柱压弯承载力的设计计算。建议对采用规程 GJB 4142 计算反复荷载作用下方 RACFST 柱的压弯强度乘以 0.92 的折减系数；对采用规程 DBJ 13-51 计算反复荷载作用下方 RACFST 柱的压弯强度乘以 1.13 的提高系数。

（3）建议了考虑轴压力作用下抗弯刚度的计算公式，并建议采用规程 DBJ 13-51 用于低周反复荷载作用下圆 RACFST 柱压弯刚度的设计计算，建议采用规程 AIJ 用于低周反复荷载作用下方 RACFST 柱压弯刚度的设计计算。

（4）基于变形、基于耗能和基于变形与耗能的地震损伤评估模型各有利弊，建议根据不同工况，选取不同的模型应用于地震作用下 RACFST 柱的累积损伤评估分析。

（5）本章建立的低周反复荷载作用下 RACFST 柱三折线恢复力模型能较好地反映荷载与位移的滞回关系，建议用于该类构件弹塑性地震反应分析。

第 5 章　钢管再生混凝土框架抗震性能试验研究

5.1　试件设计与制作

RACFST 框架试件按照 1∶3 的缩尺比例制作，其几何尺寸及配钢如图 5-1 所示。梁柱内 RAC 强度等级为 C40，再生粗骨料取代率为 100%，RAC 配合比同本书第 2 章。钢管牌号为 Q235，试验轴压比取为 0.8，其计算公式详见本书第 2 章。圆形框架试件 RAC 梁纵筋体积配筋率为 2.50%，加密区配箍率为 0.57%，非加密区配箍率为 0.38%；方形框架试件 RAC 梁纵筋体积配筋率为 1.73%，加密区配箍率为 0.75%，非加密区配箍率为 0.38%；在钢管顶部焊接 8mm 盖板并预留 100mmRACFST 柱，用以有效地传递轴力。圆、方形框架试件具体设计参数见表 5-1。其中，SS 表示截面尺寸；L_c、L_b 分别表示柱高、梁跨；D_z、D_g 分别表示梁内实测纵筋直径、箍筋直径；α 为含钢率；θ 为柱约束效应系数。

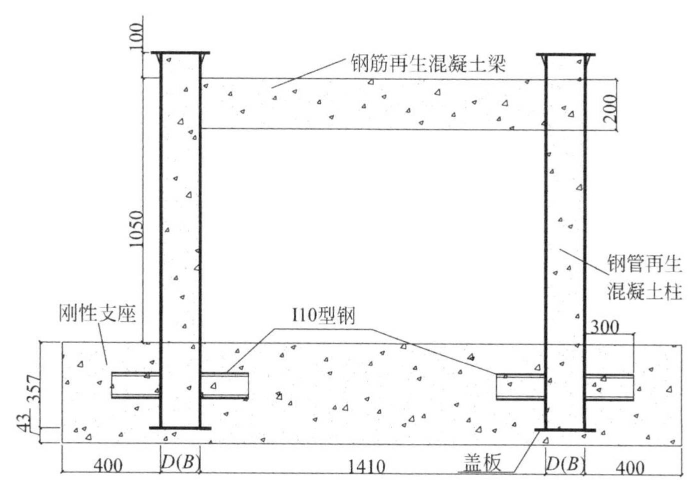

图 5-1　RACFST 框架试件几何尺寸及配钢

试件具体设计参数 表 5-1

试件编号	钢管截面形式	RACFST 柱(mm)		RAC 梁(mm)				α	θ
		SS	L_c	SS	L_b	D_z	D_g		
KJ-1	圆形	ϕ166.2×4.6	950	100×200	1576.2	12.63	6.00	0.12	1.36
KJ-2	方形	150.9×5.0	950	100×200	1576.2	10.50	6.00	0.15	1.62

基于延性框架强柱弱梁的内力调整方法，圆、方形框架试件 RAC 梁几何尺寸及配筋分别如图 5-2、图 5-3 所示。

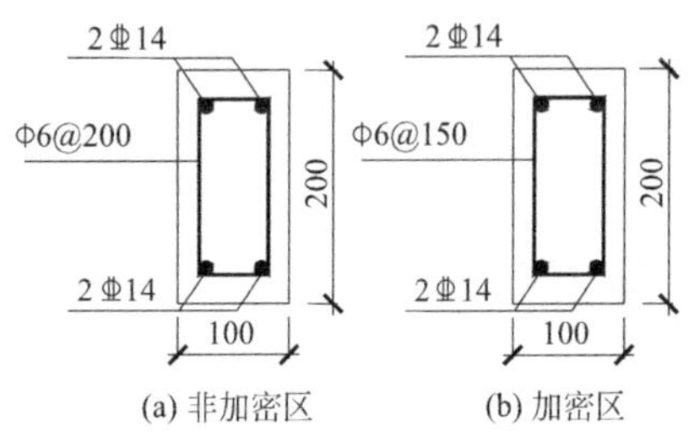

(a) 非加密区 (b) 加密区

图 5-2 圆形框架试件 RAC 梁几何尺寸及配筋

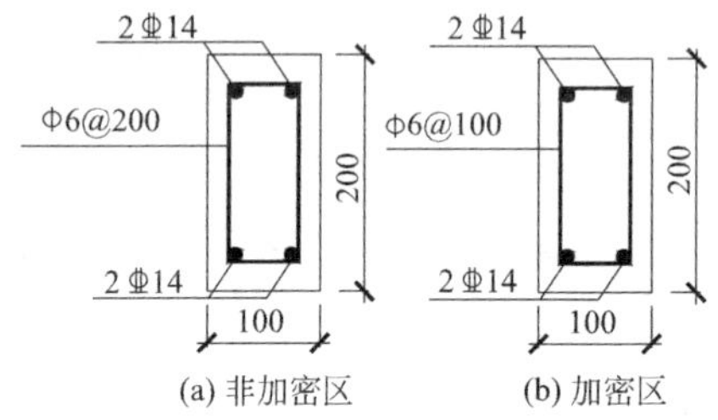

(a) 非加密区 (b) 加密区

图 5-3 方形框架试件 RAC 梁几何尺寸及配筋

圆形框架试件 KJ-1 采用外加强环刚性节点的形式，其平面图、立面图及立体图分别如图 5-4～图 5-6 所示。梁内纵筋沿外伸型钢牛腿上下翼缘焊接至加强环与钢管表面交界处。方形框架试件 KJ-2 采用开孔穿筋的节点形式，其平面图、立面图及立体图分别如图 5-7～图 5-9 所示。钢筋从一端贯穿，在另外一端通过角钢与钢管壁焊接。其中，角钢与钢管壁采用满焊焊缝的形式，纵筋与上下翼缘以及纵筋与角钢采用双面焊缝的形式。焊接采用手工电弧焊，焊条型号为 E4303。

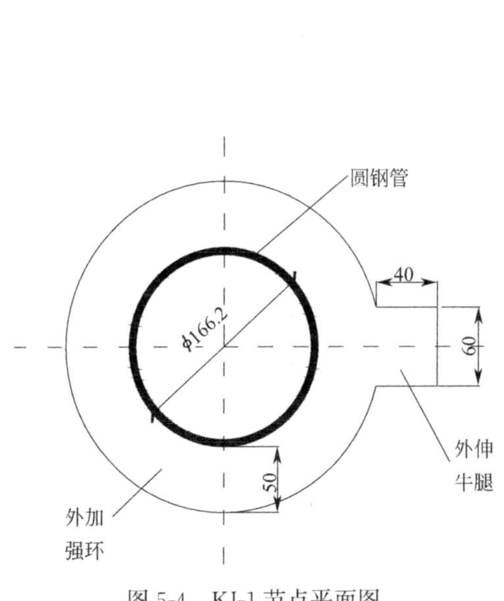

图 5-4 KJ-1 节点平面图

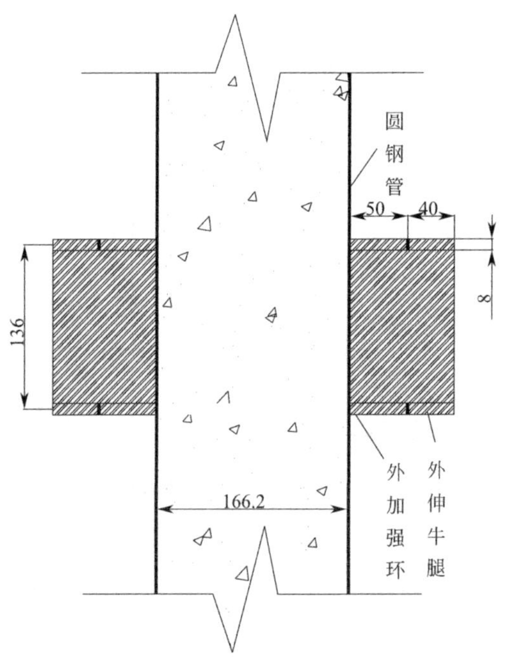

图 5-5 KJ-1 节点立面图

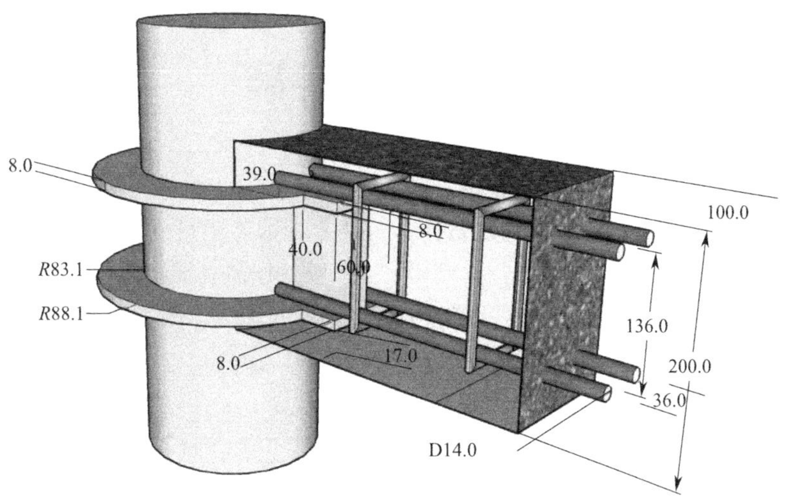

图 5-6　试件 KJ-1 节点立体图

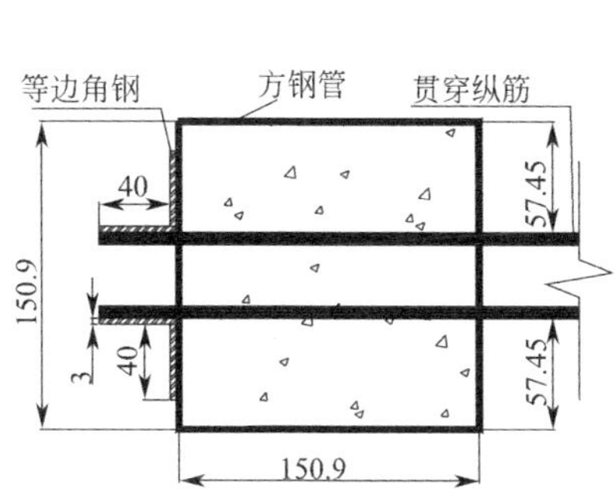

图 5-7　试件 KJ-2 节点平面图

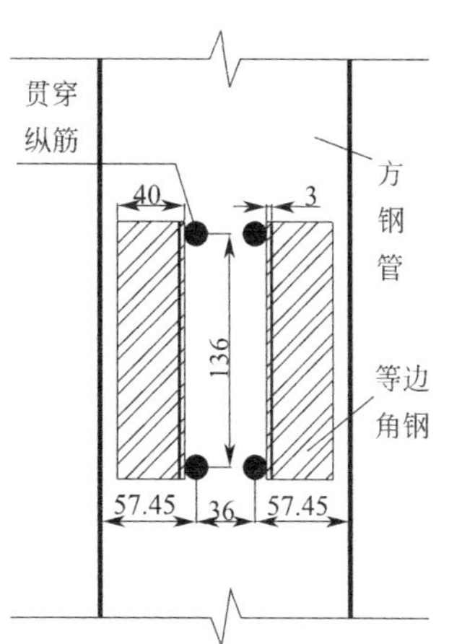

图 5-8　试件 KJ-2 节点立面图

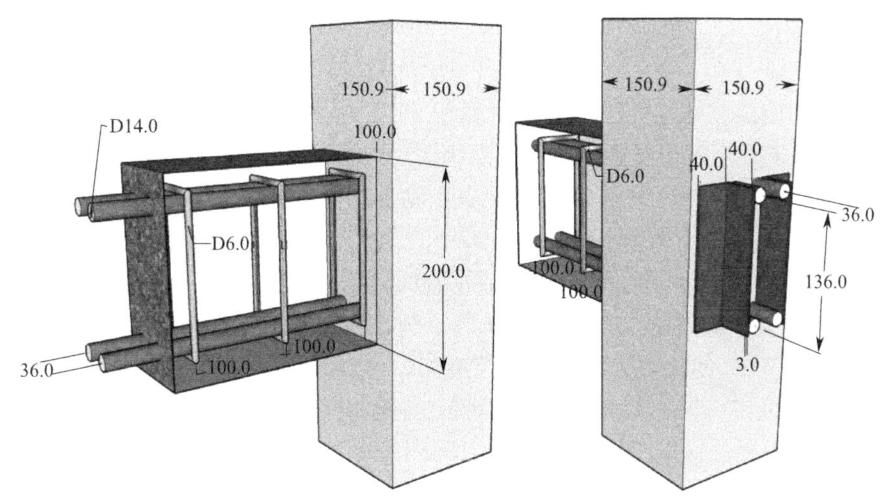

图 5-9　试件 KJ-2 节点立体图

5.2 材料性能

依据《金属材料 拉伸试验 第1部分：室温试验方法》GB/T 228.1—2021、《混凝土物理力学性能试验方法标准》GB/T 50081—2019，对试件用材进行力学性能试验，实测的材料力学性能指标见表5-2、表5-3。其中，f_y、f_u 分别表示钢管屈服强度和极限抗拉强度；E_s、E_c 分别表示钢管和再生混凝土弹性模量；ν 表示泊松比；ε_y 表示钢管屈服应变；f_{cu}、f_c 分别表示立方体抗压强度和轴心抗压强度。

钢管实测力学性能 **表5-2**

钢材类型	f_y(N/mm^2)	f_u(N/mm^2)	E_s(N/mm^2)	ν	E_y($\mu\varepsilon$)
圆钢管	416.0	489.4	2.08×10^5	0.296	2000
方钢管	406.5	478.3	2.18×10^5	0.272	1865
KJ-1纵筋	420.3	632.0	2.12×10^5	—	1983
KJ-2纵筋	470.5	672.8	1.99×10^5	—	2364
KJ-1箍筋	399.9	542.6	2.10×10^5	—	1904
KJ-2箍筋	419.9	548.5	2.16×10^5	—	1944

PAC实测力学性能 **表5-3**

RAC	f_{cu}(N/mm^2)	f_c(N/mm^2)	E_c(N/mm^2)	—	—
钢管RAC	53.8	48.6	4.24×10^4	—	—
梁RAC	47.3	37.7	3.56×10^4	—	—

5.3 加载装置及制度

圆、方形框架试件抗震性能加载装置如图5-10所示。按照预定的试验轴压比，通过两部1500kN油压千斤顶在柱顶同步施加至相同竖向荷载，在整个试验过程，两者保持恒定不变。试件由水平加载至破坏，电液伺服作动器通过特制加载端施加低周反复水平荷载。按照《建筑抗震试验规程》JGJ/T 101—2015的规定，水平加载采用力和位移联合控制的方式，加载制度如图5-11所示。试件屈服前，采用荷载控制分级加载，加载级数为5kN，直至试件达到屈服荷载 P_y，对应于每个荷载步循环一次；试件屈服后，采用位移控制，取屈服位移 Δ_y 的倍数为级差进行控制加载，对应于每级位移循环三次，直至荷载下降到峰值荷载的85%左右时停止试验。圆、方形框架试件屈服时位移大致相同，为便于比较和分析，屈服位移统一取为6mm。试验中保持加载和卸载速度一致，以保证试验数据的稳定。

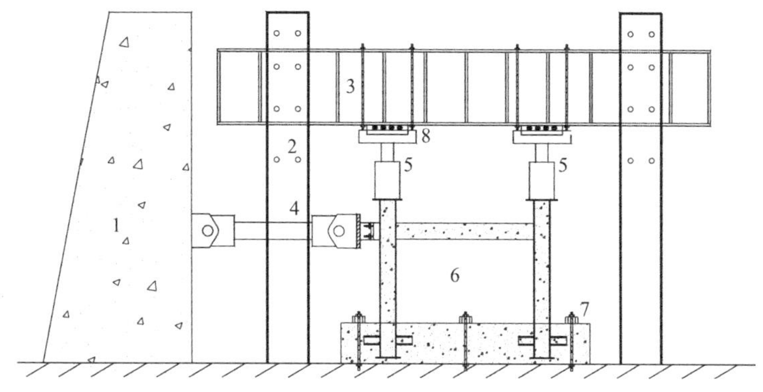

图 5-10 试件抗震性能加载装置

1—钢筋混凝土反力墙；2—竖向反力钢柱；3—反力钢梁，与反力钢柱通过高度强螺栓连接；4—拉压电液伺服作动器，作动器与试件之间通过特制加载端并使用高强度螺栓连接；5—1500kN 油压千斤顶；6—试件；7—钢结构压梁；8—滚轮装置，千斤顶与反力钢梁之间设置滚轮装置，便于千斤顶随试件水平移动

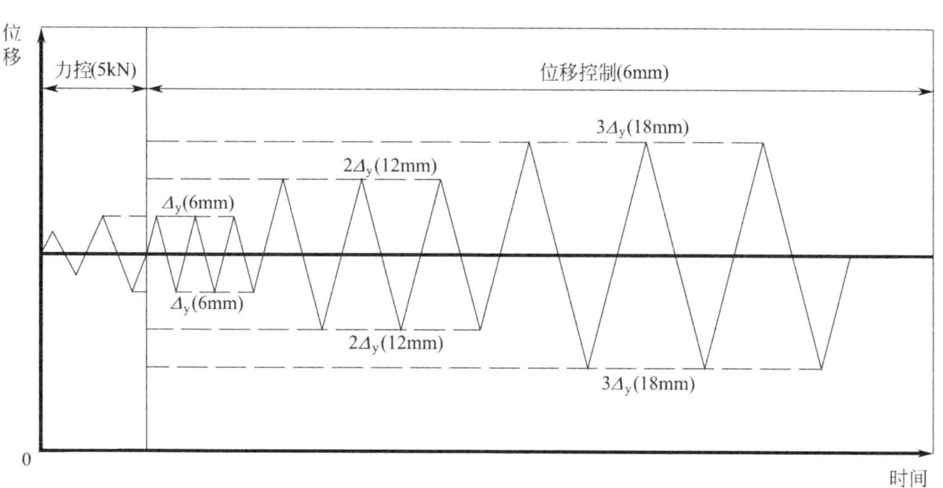

图 5-11 水平荷载加载制度

5.4 测试项目

水平荷载及位移由电液伺服加载系统自带荷载和位移传感器测得，钢管、纵向钢筋和箍筋的应变由 2mm×3mm 应变片量测，梁内 RAC 应变由 2mm×10mm 应变片量测。试件外部钢管、梁内 RAC 应变片布置如图 5-12 所示。圆形框架试件 KJ-1 梁内纵筋、箍筋的应变片布置如图 5-13 所示。方形框架试件 KJ-2 梁内纵筋、箍筋的应变片布置如图 5-14 所示。

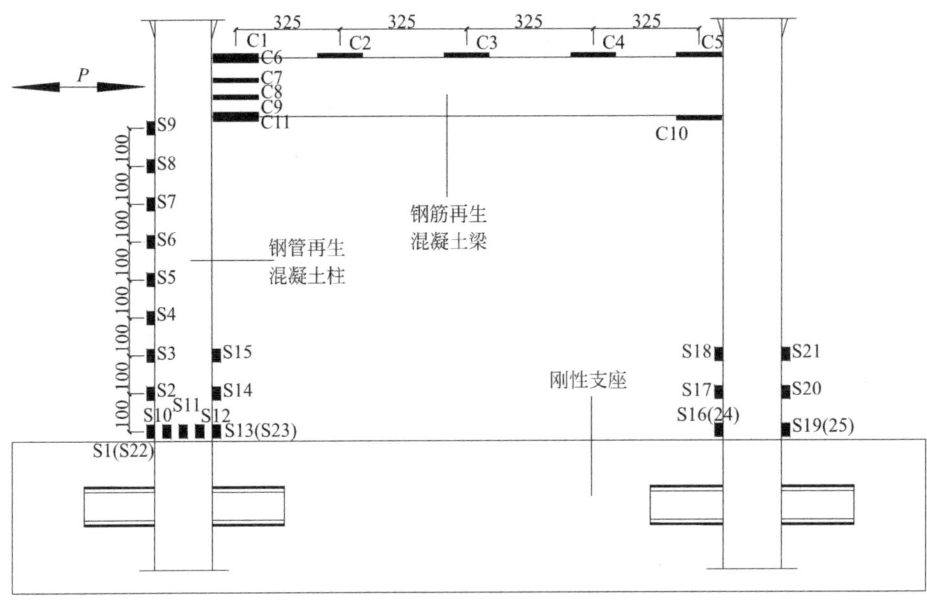

图 5-12 试件应变片布置

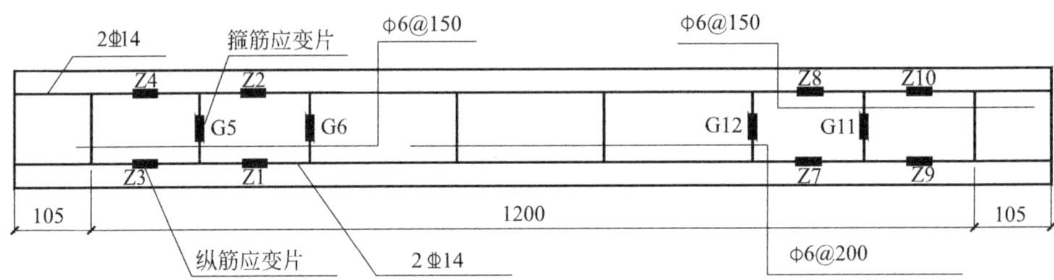

图 5-13 试件 KJ-1 梁内纵筋、箍筋应变片布置

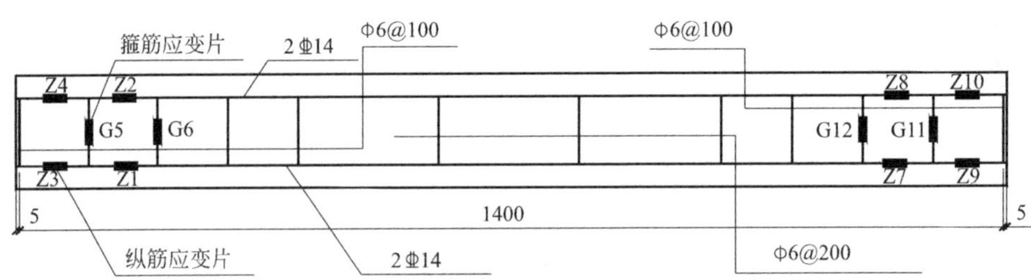

图 5-14 试件 KJ-2 梁内纵筋、箍筋应变片布置

5.5 试验过程描述

为了便于描述，规定加载过程以推为正，以拉为负。同时，以接近加载点的一侧为前侧，以远离加载点的一侧为后侧，以钢筋 RAC 梁的正面区域为右侧，背面区域为左侧。

5.5.1 圆形框架试件 KJ-1

在力控阶段，当荷载加载至±30kN 时，在梁端距离框架柱大约 18cm 处，出现微小弯曲裂缝，裂缝高度大约 18cm；加载至±40kN 时，在梁端距离框架柱大约 10cm 处，梁右侧以及底部出现连续弯曲裂缝，且底部裂缝贯穿整个截面，随着荷载的增加，原有裂缝不断向上延伸、加宽，并不断有新弯曲裂缝出现；当加载至±55kN，在梁跨度 1/5～1/3 处，出现新的弯曲裂缝，裂缝高度大约 15cm，随着荷载的增加，新裂缝出现的位置逐渐向梁跨中靠拢；当荷载加载至±80kN 时，梁端上下裂缝贯通；当加载至±95kN，在梁跨度 3/4 处，出现新的竖向裂缝，裂缝高度约为 8cm；当加载至±105kN，在梁跨中附近，开始出现较小的弯曲裂缝。直至力控加载结束时，梁以弯曲裂缝为主，且竖向弯曲裂缝已基本出齐，裂缝间距 10～15cm；框架柱没有鼓曲，但实测钢管应变、钢筋 RAC 梁受力主筋应变已接近屈服应变。

此后，采用位移控制的加载方式，以试件屈服时正负方向位移的平均值作为屈服位移，取为 6mm。当位移达到$\pm 1\Delta_y$时，在梁跨中及梁端原有弯曲裂缝继续向上延伸，同时在梁端 1/5 跨度处，开始出现细小斜向裂缝，此时，箍筋应变达到 400$\mu\varepsilon$；当位移达到$\pm 2\Delta_y$时，新出现的斜裂缝与原有斜裂缝构成交叉斜裂缝，而原有弯曲裂缝不再延伸、加宽，裂缝主要以斜向裂缝的产生、发展为主；当位移达到$\pm 3\Delta_y$时，在梁前、后侧距离梁端 20～25cm（1/7～1/6 梁跨）处均形成了主交叉斜裂缝，主交叉斜裂缝与水平线的夹角为 33°～42°，弯剪塑性铰开始出现，此时，梁端 RAC 开始起皮、脱落，随着循环次数的增加，主斜裂缝不断斜向上延伸、加宽，并不断产生新的微小交叉斜裂缝；当位移达到$\pm 4\Delta_y$时，主交叉斜裂缝已延伸至梁顶、梁底，受斜裂缝影响，梁顶部、底部 RAC 开始出现水平裂缝，受力主筋保护层开始脱离并退出工作，同时梁端部正面及背面区域伴有片状 RAC 脱落的现象；当位移达到$\pm 5\Delta_y$时，梁顶部、底部大面积 RAC 被压碎，成块状脱落，部分区域受力主筋及箍筋外露，应变大大超过屈服应变，并听到“膨”的一声巨响，表明钢筋变形严重，甚至在主斜裂缝区域，梁顶部 RAC 保护层被掀起，较为明显的弯剪塑性铰已经形成，此时荷载已下降至峰值承载力的 85%，试件发生严重变形，不宜继续加载，加载至$5\Delta_y$第一次循环结束时，试验宣告结束。此时，钢管底部应变已达到屈服应变，但没有发生鼓曲。试件 KJ-1 梁前、后侧的破坏过程及破坏形态分别如图 5-15、图 5-16 所示，试件 KJ-1 整体破坏形态如图 5-17 所示。

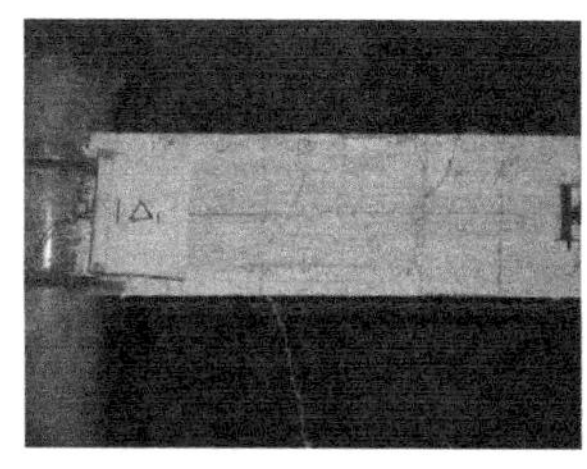

(a) 加载位移$1\Delta_y$

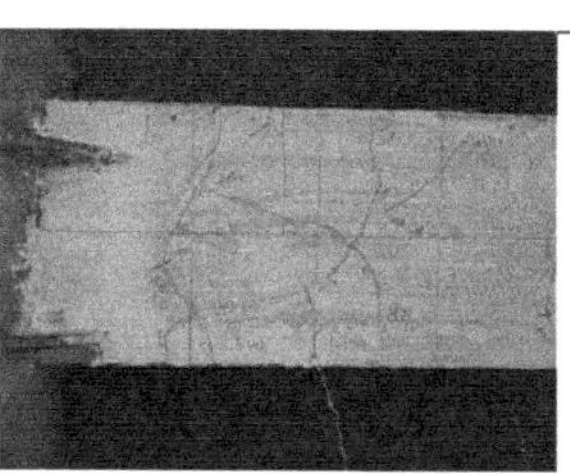

(b) 加载位移$2\Delta_y$

(c) 加载位移$3\Delta_y$

图 5-15 试件梁前侧破坏过程及破坏形态（一）

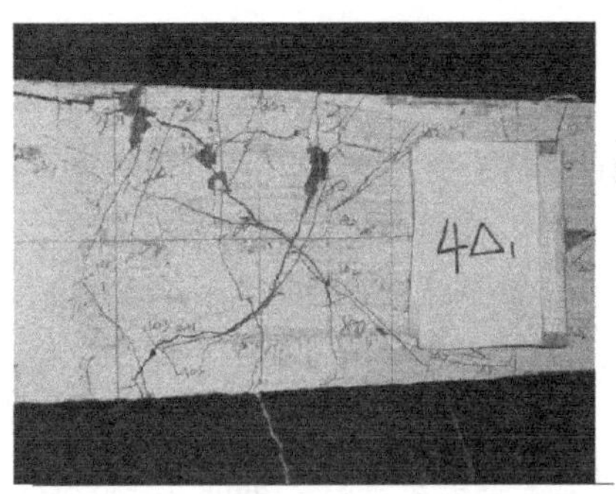

(d) 加载位移$4\Delta_y$　　(e) 加载位移$5\Delta_y$

图 5-15　试件梁前侧破坏过程及破坏形态（二）

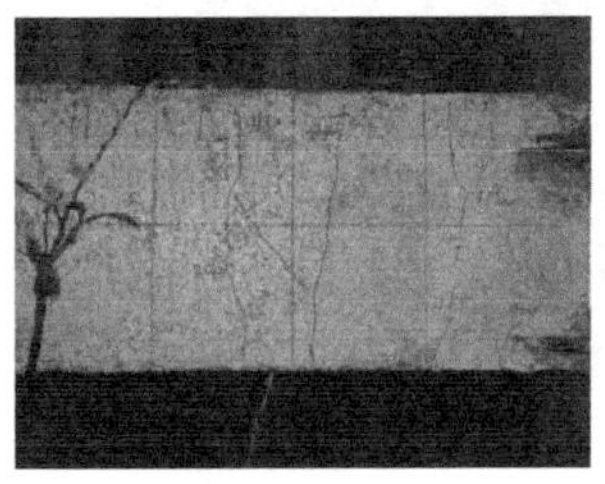

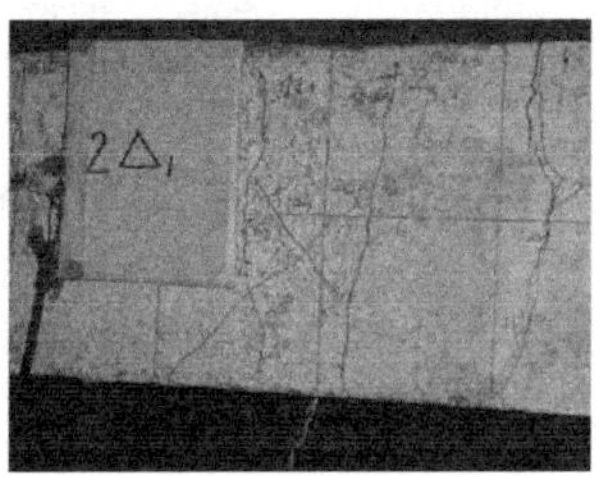

(a) 加载位移$1\Delta_y$　　(b) 加载位移$2\Delta_y$　　(c) 加载位移$3\Delta_y$

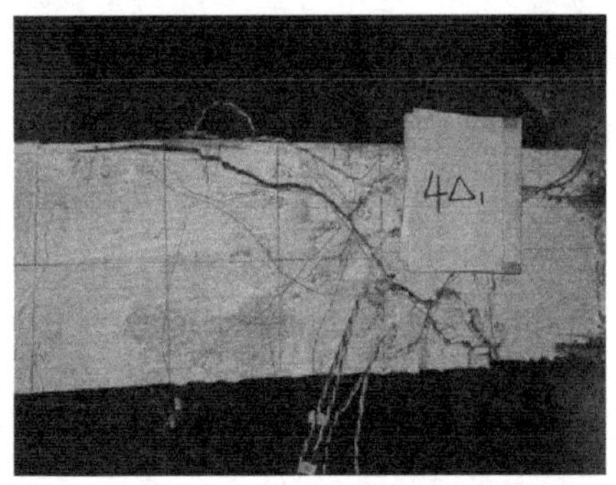

(d) 加载位移$4\Delta_y$　　(e) 加载位移$5\Delta_y$

图 5-16　试件梁后侧破坏过程及破坏形态

5.5.2　方形框架试件 KJ-2

图 5-17　试件 KJ-1 整体破坏形态

在力控阶段，当荷载加载至±60kN 时，在试件前侧梁端左侧区域距离框架柱大约 12cm 处，首先出现两条微小弯曲裂缝，裂缝高度大约 6cm；此后，当加载至±65kN 时，在试件前侧梁端右侧区域紧接着出现一条弯曲裂缝，并且在梁底开始出现横向裂缝，然后逐渐向两端延伸，随着荷载的增加，原有裂缝不断向上延伸、加宽，并不断有新弯曲裂缝出现；当加载至±70kN 时，裂缝贯穿整个梁底部；当加载至±80kN 时，在梁跨度 1/4 处，出现新的弯曲裂缝，裂缝高度大约5cm，随着荷载的增加，新裂缝出现的位置逐渐向梁跨中靠拢；当荷载加载至±100kN时，梁跨度1/3处出现新的竖向裂缝，裂缝高度约为5cm；此后直至荷载达到±110kN时，新裂缝不再出现，原有裂缝继续延伸、加宽。从开始加载到力控结束，梁以弯曲裂缝为主，弯曲裂缝主要集中在试件的梁端，裂缝间距大约10cm；框架柱没有鼓曲，但实测钢管应变、钢筋RAC梁受力主筋应变已达到屈服应变。

此后，采用位控的加载方式，以试件屈服时正负方向位移的平均值作为屈服位移，取为6mm。当位移达到±1Δ_y时，在梁跨3/4处开始出现新的裂缝，梁端原有弯曲裂缝继续向上延伸、加宽，部分截面裂缝全部贯通；当位移达到±3Δ_y时，新裂缝基本不再出现，原有裂缝继续加宽；当位移达到±4Δ_y时，梁前侧RAC被压碎，弯曲塑性铰开始出现，并在塑性铰出现位置伴随一些次生裂缝的出现，同时试件钢管底部环氧树脂脱落，个别应变片失效；当位移达到±5Δ_y时，梁前侧被压碎RAC开始脱落，受力主筋保护层退出工作，梁端塑性铰已经非常明显，同时梁后侧RAC被压碎，另一塑性铰开始出现。此后，试件前侧柱开始鼓曲，当本级位移循环结束时，试件后侧框架柱也开始鼓曲；当位移达到±6Δ_y时，梁端RAC成块状脱落，受力主筋、箍筋外露且变形严重，如图5-18、图5-19所示。梁端较为明显的弯曲塑性铰已经形成，钢管底部的鼓曲也较为明显，此时荷载已降至峰值承载力的85%，试件变形严重，不宜继续加载，试验宣告结束。试件梁前、后侧破坏过程及破坏形态分别如图5-20、图5-21所示，试件KJ-2整体破坏形态如图5-22所示。

图5-18 试件前侧梁顶钢筋压屈

图5-19 试件后侧梁底钢筋压屈

(a) 加载位移1Δ_y

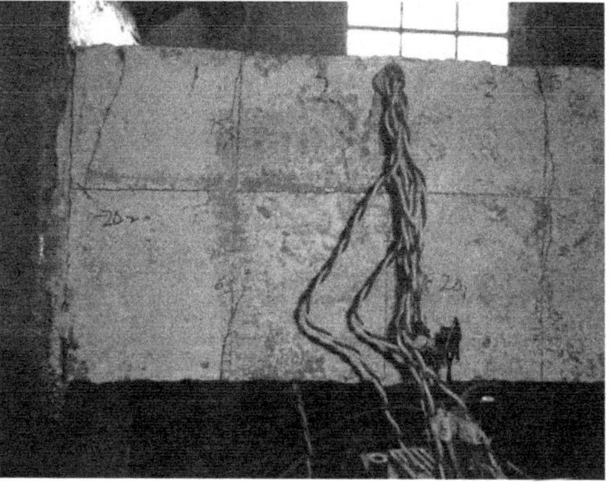

(b) 加载位移2Δ_y

图5-20 试件梁前侧破坏过程及破坏形态（一）

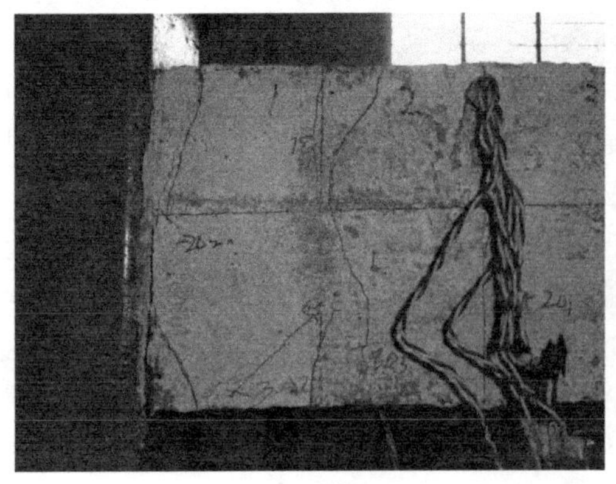

(c) 加载位移3Δ_y　　(d) 加载位移6Δ_y

图 5-20　试件梁前侧破坏过程及破坏形态（二）

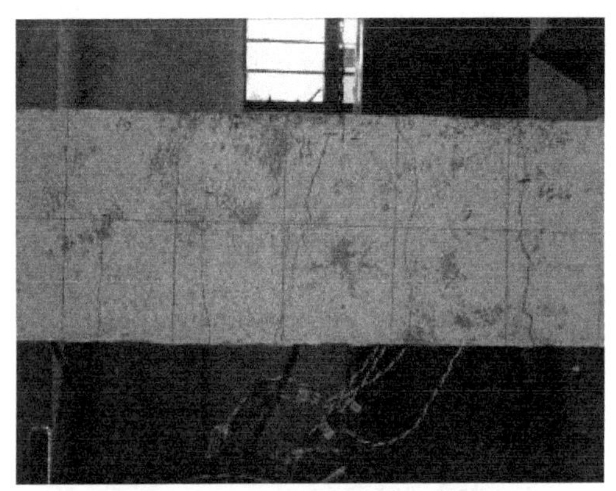

(a) 加载位移1Δ_y

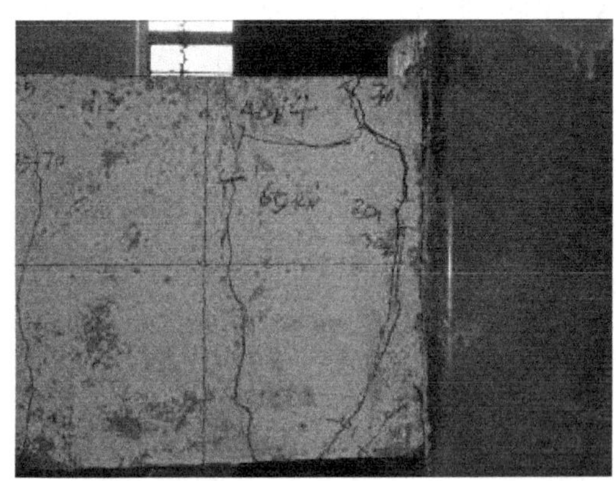

(b) 加载位移3Δ_y

(c) 加载位移5Δ_y

(d) 加载位移6Δ_y

图 5-21　试件梁后侧破坏过程及破坏形态

图 5-22　试件 KJ-2 整体破坏形态

5.6　破坏特征分析

(1) 试件 KJ-1 梁端产生弯曲裂缝，随后，在梁跨 1/7～1/6 处斜向演化为交叉斜裂缝，并逐渐发展成为临界斜裂缝，最后导致剪压区 RAC 保护层被掀起，形成较为明显的弯剪塑性铰。柱底应变达到屈服应变，压弯塑性铰已经形成。

(2) 试件 KJ-2 梁端主要以弯曲裂缝为主，破坏时形成主裂缝，没有出现斜裂缝，且梁两端弯曲破坏较为充分，梁前后两侧均形成了较为明显的弯曲塑性铰。破坏时，前侧、后侧柱先后形成塑性铰。

(3) 在试件 KJ-1 整个加载过程中，梁最前侧和最后侧始终没有产生竖向及斜向裂缝，如图 5-23 所示。这是由于在这个局部区域，配置了工字形外伸牛腿，并且牛腿与钢管外加强环焊接成整体，梁端的强度和刚度得到了加强，有效地将弯矩及剪力传递给 RACFST 框架柱。

(a) 前侧

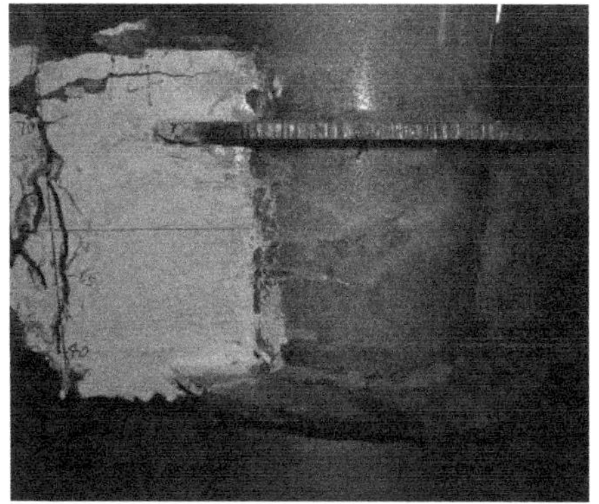

(b) 后侧

图 5-23　试件 KJ-1 节点核心区

（4）针对试件 KJ-1 和 KJ-2，试件 KJ-1 节点区采用外加强环的连接方式，试件 KJ-1 节点区采用钢管表面开孔穿筋的连接方式。如图 5-23、图 5-24 所示，节点核心区保持完好，符合“强节点，弱构件”的抗震设计要求。

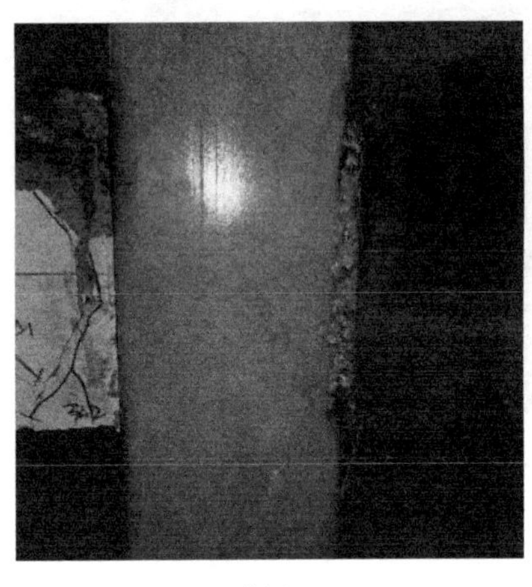

(a) 前侧

(b) 后侧

图 5-24　试件 KJ-2 节点核心区

5.7　破坏机制

5.7.1　强柱弱梁

延性结构在中震作用下会出现塑性铰，合理地控制塑性铰出现的位置，可以提高结构通过塑性铰耗散地震能量的能力。强柱弱梁是要求塑性铰首先在梁端出现，柱后出铰或者减少、避免柱端塑性铰的出现。本试验中，试件 KJ-1 和 KJ-2 均是梁先出铰，柱后出铰，表明 RACFST 框架属于梁铰破坏机制，满足了“强柱弱梁”的抗震设计要求。试件 KJ-1、KJ-2 的出铰顺序分别如图 5-25、图 5-26 所示。

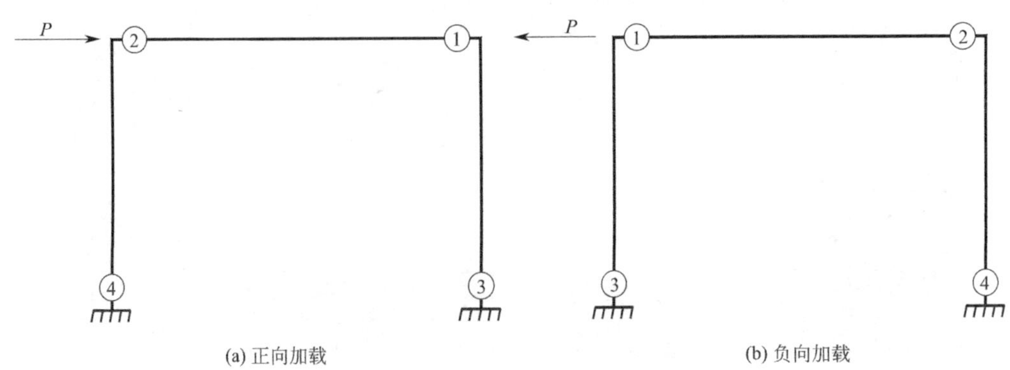

(a) 正向加载　　(b) 负向加载

图 5-25　试件 KJ-1 塑性铰形成顺序

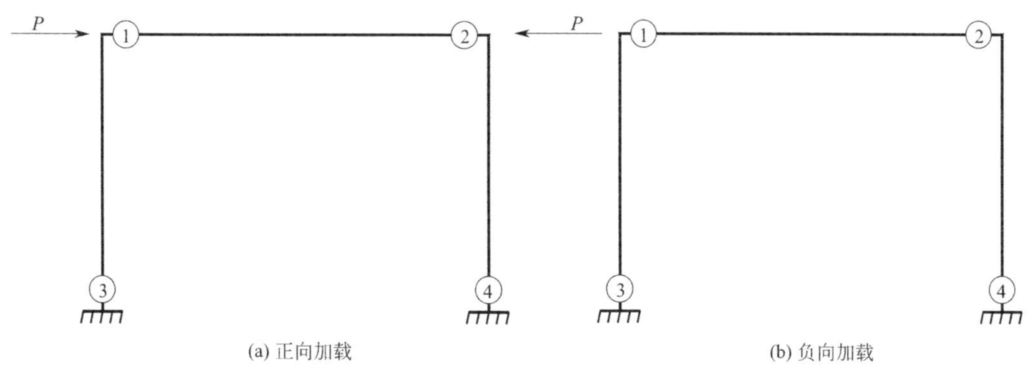

图 5-26　试件 KJ-2 塑性铰形成顺序

5.7.2　强剪弱弯

保证梁柱具有足够延性的关键是防止较早地出现剪切破坏，即将梁柱设计成强剪弱弯型。本试验中，试件 KJ-1 梁首先产生弯曲裂缝；随后，演化成临界斜裂缝，属于弯剪破坏。试件 KJ-2 中，梁主要以弯曲裂缝为主，破坏时形成主裂缝，属于弯曲破坏。两种破坏形式均能满足强剪弱弯的抗震设计要求。

5.7.3　强节点，弱构件

梁柱节点区的安全可靠是实现梁柱内力有效传递的前提，节点区不能过早地发生破坏，以保证梁柱塑性铰具有足够的转动能力。本试验中，两种节点形式自始至终均没有发生破坏，符合"强节点，弱构件"的抗震设计要求。

5.8　荷载-顶点位移滞回曲线

试验实测的试件 KJ-1、KJ-2 荷载-顶点位移滞回曲线如图 5-27 所示，其中，P 表示水平荷载，Δ 表示梁端水平位移；符号"□"表示试件屈服点，"○"表示试件峰值点，"△"表示试件破坏点。

由图 5-27 可知，RACFST 柱-RAC 梁框架试件的滞回曲线具有以下特征：

(1) 试件 KJ-1 和 KJ-2 的滞回曲线基本对称，具有较好的稳定性。在整个试验过程之中，滞回曲线没有捏缩，这是因为外部钢管对核心 RAC 的横向约束作用，提高了核心 RAC 的强度及变形性能，核心 RAC 不会因为开裂、压碎而引起整个框架侧向刚度的突变。总体上，滞回曲线呈现出比较饱满的梭形，试件的耗能能力良好。

(2) 在力控加载初期，框架的总体变形相对较小，加载曲线斜率变化不大，卸载后的残余变形也较小，且正向和负向加卸载时，滞回曲线重合较好，刚度的突变不明显，试件基本上处于弹性阶段。此时，滞回环不明显，试件的耗能能力较弱。

(3) 在力控加载初期，梁端出现较多裂缝，梁中钢筋首先屈服，滞回环开始张开，正

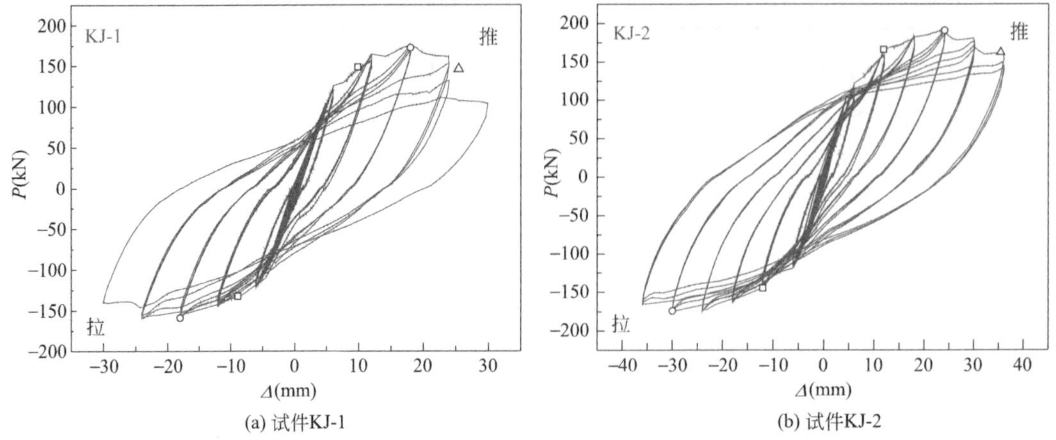

(a) 试件KJ-1 (b) 试件KJ-2

图 5-27 滞回曲线

向及负向卸载为零时，框架的位移滞后，出现残余变形。当循环位移达到 $2\Delta_y$ 左右时，试件 KJ-1、KJ-2 屈服。此后，滞回曲线开始向位移轴倾斜，随着循环位移的增加，试件的荷载逐渐增大，所形成的滞回环也愈加饱满。当循环位移分别达到 $3\Delta_y$ 和 $4\Delta_y$ 时，试件 KJ-1 和 KJ-2 达到峰值荷载，此时，本级位移下三次循环滞回曲线互相偏离较多，试件强度和刚度出现明显的退化，正向以及负向卸载时，框架存在较大的残余变形，表明试件开始出现一定的累积损伤。

（4）当正向循环位移分别达到 $4\Delta_y$ 和 $6\Delta_y$ 时，试件 KJ-1 和 KJ-2 承载力降低至破坏荷载水平。此时，试件的本级位移下三次循环滞回曲线已出现大幅度的偏离，强度衰减及刚度退化已经非常明显，试件的累积损伤显著加大，但试件的循环位移在增加，滞回环的面积在变大，试件的耗能能力依然得到提高。对比试件 KJ-1 和 KJ-2 可见，试件 KJ-1 强度衰减及刚度退化幅度明显大于试件 KJ-2，这是因为试件 KJ-1 的 RAC 梁发生了弯剪破坏，属于脆性破坏，破坏过程较为急促；试件 KJ-2 的 RAC 梁发生了弯曲破坏，属于延性破坏，破坏过程较为缓慢。

5.9 骨架曲线

试件 KJ-1、KJ-2 的骨架曲线如图 5-28 所示，可见，两榀框架试件骨架曲线可以分为三个阶段：弹性阶段、弹塑性阶段以及破坏阶段。在弹性阶段，骨架曲线近似为一条直线；当位控加载开始后，曲线开始出现转折点，从而进入弹塑性阶段，曲线斜率不断减小，试件整体刚度逐渐降低，曲线达到峰值荷载时，梁端全部出现塑性铰，弹塑性阶段试件整体刚度降到最小；随后，承载力开始下降，位移增加较快，试件进入破坏阶段。与试件 KJ-1 相比，试件 KJ-2 骨架曲线下降段较为平缓，这是由于在加载后期，试件 KJ-1 钢管仅仅屈服，塑性铰开始出现，而试件 KJ-2 已产生了明显的塑性铰，塑性铰充分的转动保证了框架 KJ-2 良好的塑性性能，其后期变形能力得到加强。

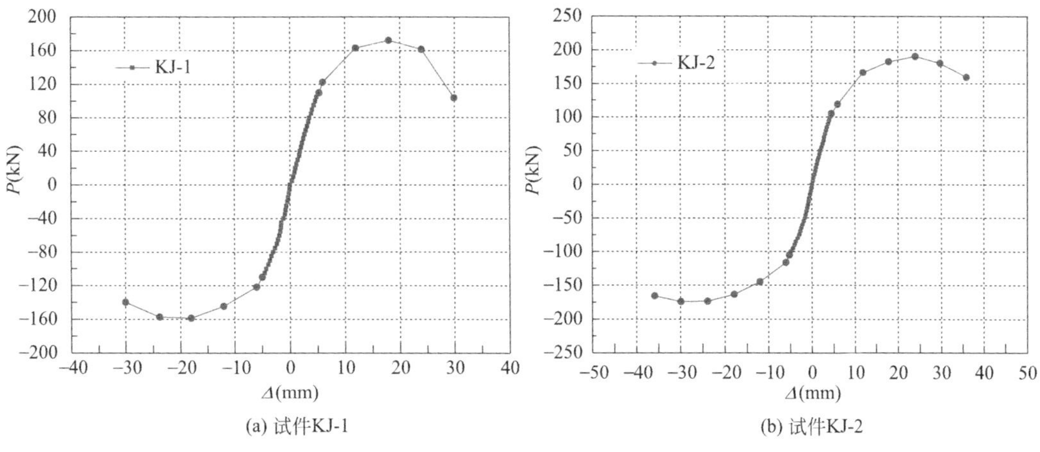

(a) 试件KJ-1　(b) 试件KJ-2

图 5-28　骨架曲线

5.10　层间位移延性系数

根据 RACFST 柱位移延性系数计算方法，实测试件 KJ-1、KJ-2 特征点值以及位移延性系数，见表 5-4。可知，由于加载结束时，只有正向荷载降到峰值荷载的 85%，两榀框架试件的正向位移延性系数分别达到了 2.58、2.97。此时，负向最大位移分别达到了 30.05mm、35.89mm，如负向位移延性系数取其最大加载位移与屈服位移的比值，则试件 KJ-1、KJ-2 负向位移延性系数分别为 3.40、2.99。所以，试件 KJ-1、KJ-2 正向与负向位移延性系数平均值分别为 2.99、2.98，位移延性系数接近 3，但实际的位移延性系数应该大于 3，试件表现出较好的延性，两榀采用不同构造措施的框架试件均能够满足延性框架的需求。

RACFST 框架试件骨架曲线各特征点荷载-位移实测值　　**表 5-4**

编号	加载方向	屈服点		峰值点		破坏点		$\mu=\Delta_u/\Delta_y$	$\mu_{平均}$
		P_y	Δ_y	P_m	Δ_m	P_u	Δ_u		
KJ-1	正向	148.60	9.88	172.14	17.98	146.32	25.50	2.58	2.58
	负向	132.48	8.83	158.62	18.02	—	—	—	
KJ-2	正向	165.73	11.91	190.53	24.02	161.95	35.36	2.97	2.97
	负向	144.70	11.99	174.25	29.90	—	—	—	

5.11　耗能性能

在各级循环位移下，圆、方形框架试件等效黏滞阻尼系数 h_e 见表 5-5。其中，KJ-0 为广义上钢筋混凝土框架对比试件，来源于周云等研究结果。可见，试件等效黏滞阻尼系数随着循环位移的增加而增加，表明滞回环越来越饱满，耗散的能量越来越多，这是由于梁端塑性铰的发展以及柱端塑性铰的出现增加了试件整体结构的耗能性能。当加载结束时，试件 KJ-1、KJ-2 等效黏滞阻尼系数分别达到 0.276、0.281，远远大于对比试件。

各级循环位移下 RACFST 框架试件实测 h_e **表 5-5**

试件编号	Δ_y	$2\Delta_y$	$3\Delta_y$	$4\Delta_y$	$5\Delta_y$	$6\Delta_y$
KJ-0	0.064	0.104	0.140	0.156		
KJ-1	0.067	0.156	0.191	0.231	0.276	
KJ-2	0.087	0.146	0.161	0.189	0.241	0.281

试验实测的圆、方形框架试件等效黏滞阻尼系数见表 5-6，可知，试件 KJ-1、KJ-2 屈服以及峰值点 h_e 均大于对比试件，试件 KJ-1、KJ-2 的破坏点 h_e 均达到了 0.2 以上，试件的耗能性能良好。对比试件 KJ-1 和 KJ-2 可见，总体上，试件 KJ-1 的 h_e 略大于试件 KJ-2，这是因为虽然试件 KJ-2 梁端发生弯曲破坏以及柱端塑性铰发展良好，但由于试件 KJ-2 采用的是方 RACFST 柱，方钢管对核心 RAC 的约束效果弱于圆钢管，方 RACFST 柱的整体协同工作性能欠佳。相应地，试件 KJ-2 特征点附近的滞回环不够饱满，使得试件 KJ-2 的耗能能力降低。

RACFST 框架试件骨架曲线各特征点实测 h_e **表 5-6**

试件编号	h_{ey}	h_{em}	h_{eu}
KJ-0	0.077	0.114	—
KJ-1	0.118	0.191	0.243
KJ-2	0.146	0.191	0.216

为进一步揭示 h_e 随 Δ 的变化趋势，图 5-29、图 5-30 分别呈现了试件 KJ-1、KJ-2 及其与对比试件 KJ-0 的 h_e-Δ 关系曲线。可见，在同一级循环位移下，试件 KJ-1 和 KJ-2 的耗能性能均优于钢筋混凝土试件；随着循环位移的增加，试验试件与对比试件之间的耗能差距越来越大，这与试验后期 RACFST 柱良好的塑性变形性能有关。

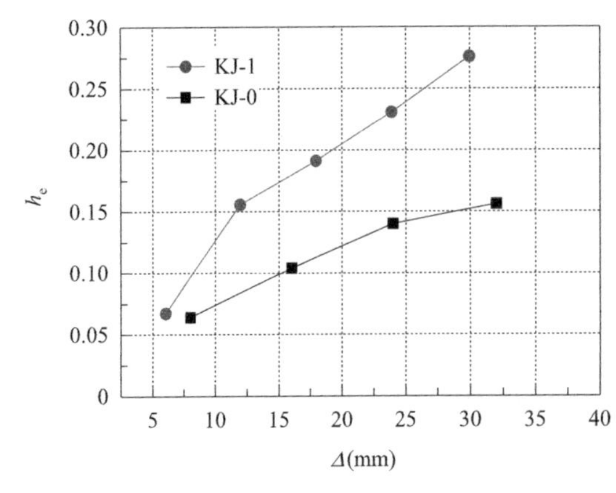

图 5-29 试件 KJ-1 及 KJ-0 的 h_e-Δ 关系曲线

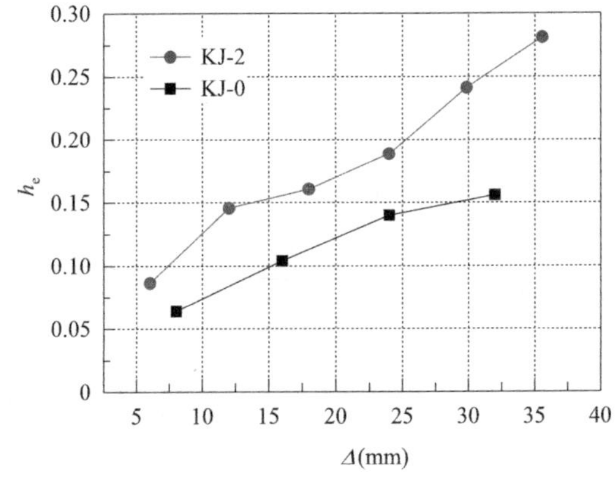

图 5-30 试件 KJ-2 及 KJ-0 的 h_e-Δ 关系曲线

对三榀框架试件实测 h_e 进行无量纲化分析，如图 5-31 所示。可见，h_e 与 Δ 呈现线

性函数关系，其数学模型如式(5-1) 所示。

$$y=ax+b \tag{5-1}$$

式中，$x=\Delta/\Delta_y$。控制参数 a 和 b 分别取 0.0418 和 0.0383，拟合精度为 0.87。

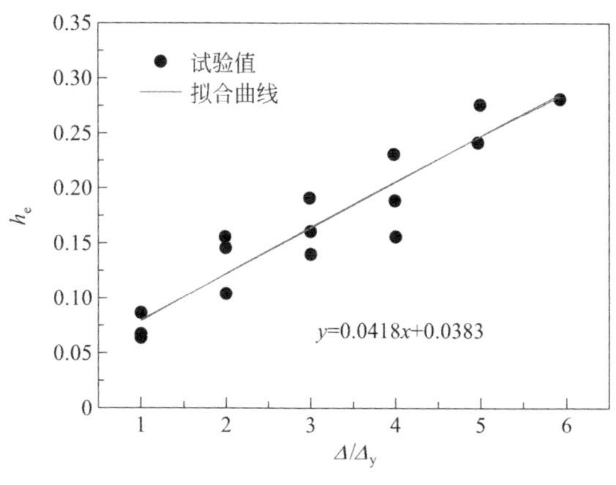

图 5-31　h_e-Δ/Δ_y 拟合曲线

5.12　强度衰减

在各级位移三次循环下，试件 KJ-1、KJ-2 的强度衰减分别如图 5-32、图 5-33 所示。可见，试件的强度衰减大致经历一个由多到少再到多的过程。在位控加载初期，梁端出现较多弯曲裂缝，承载力首次出现较大幅度的衰减，试件 KJ-1、KJ-2 的最大强度衰减分别达到 0.967 和 0.950。随着加载的进行，裂缝受到梁内纵筋及箍筋的抑制，新裂缝不再出现，梁端裂缝基本出齐，原有裂缝不再延伸，仅稍微加宽，RAC 梁承载力降幅不多，受 RAC 梁的影响，当循环位移分别达到$\pm 3\Delta$、$\pm 4\Delta$ 时，试件 KJ-1、KJ-2 的强度衰减达到最少，分别为 0.983、0.990。随着梁端塑性铰的全部出现以及柱端塑性铰的出现、发展，强度衰减再次增多，当加载结束时，强度衰减达到最大值，试件 KJ-1、KJ-2 分别达到 0.814、0.889。

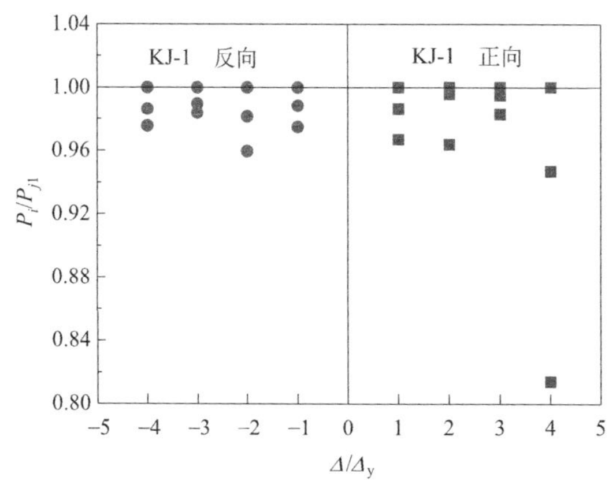

图 5-32　试件 KJ-1 强度衰减

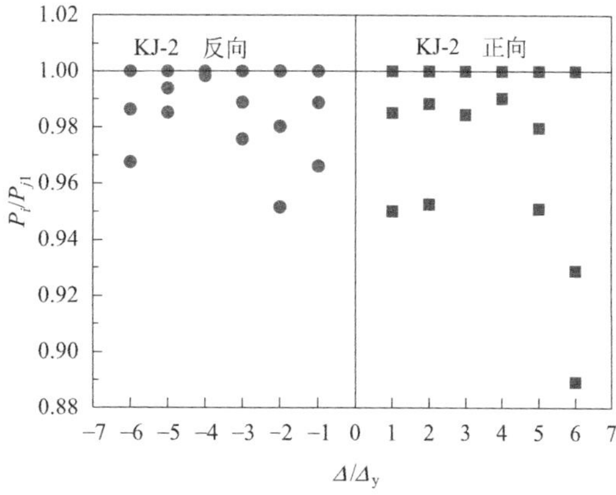

图 5-33　试件 KJ-2 强度衰减

5.13 刚度退化

在同级循环位移下，试件 KJ-1、KJ-2 的刚度退化分别如图 5-34、图 5-35 所示。可见，与强度衰减规律相似，两榀框架试件的刚度退化同样大致经历了一个由多到少再到多的过程，原因同强度衰减。当首次出现较大幅度的刚度衰减时，试件 KJ-1、KJ-2 刚度退化分别达到 0.970、0.954；当循环位移分别达到±3Δ 和±4Δ 时，试件 KJ-1、KJ-2 刚度退化最小，分别达到 0.989、0.994；当刚度再次出现较大幅度的衰减时，试件 KJ-1、KJ-2 刚度退化分别达到 0.896、0.920。

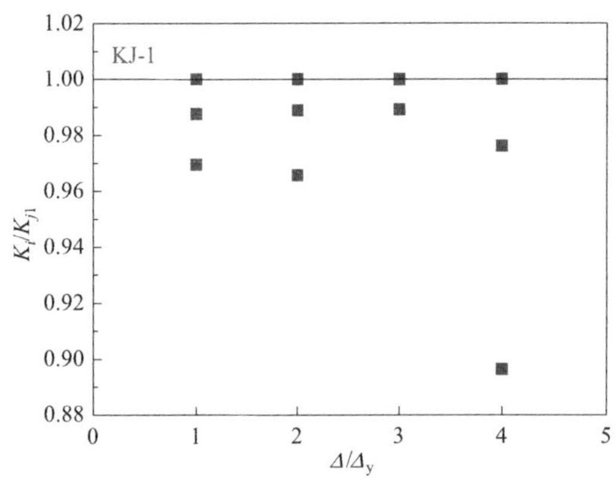

图 5-34 同级循环位移下试件 KJ-1 刚度退化

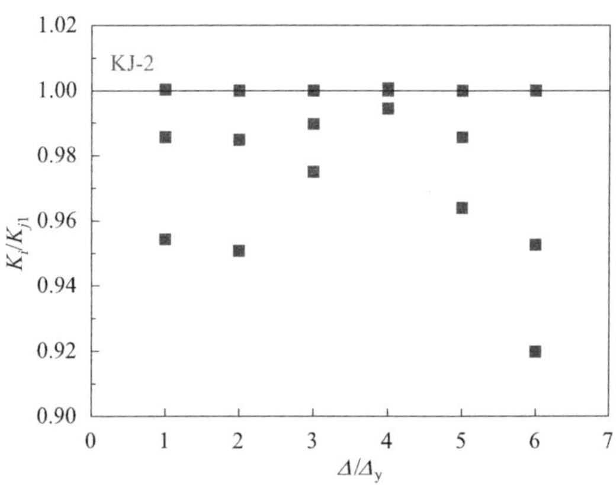

图 5-35 同级循环位移下试件 KJ-2 刚度退化

在各级循环位移下，试件 KJ-1、KJ-2 割线刚度退化分别如图 5-36、图 5-37 所示。可见，随着循环位移的增加，割线刚度逐渐减小，在整个试验全过程，刚度退化由快到慢。这是因为在试件屈服之前，裂缝出现较多，使得承载力的增长速率小于位移的增长速率，刚度退化较为迅速；在屈服之后，随着梁端塑性铰的发展以及柱端塑性铰的出现，良好的

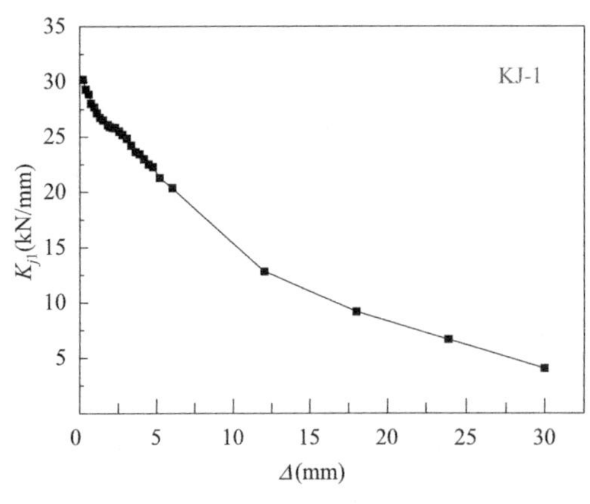

图 5-36 各级循环位移下试件 KJ-1 刚度退化

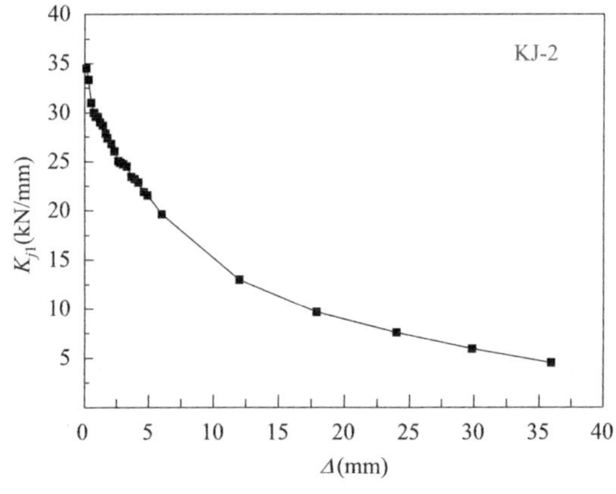

图 5-37 各级循环位移下试件 KJ-2 刚度退化

变形能力使得承载力下降较慢，此时承载力的减小速率小于位移的增长速率，刚度退化较为缓慢。

为进一步揭示割线刚度与位移之间的关系，将刚度与位移实测数据进行无量纲化分析，试件 KJ-1、KJ-2 刚度退化拟合曲线分别如图 5-38、图 5-39 所示。可见，两榀框架试件的刚度退化表现良好的规律性，均呈幂函数分布形式，其数学模型如式(5-2)所示。

$$y=\frac{a}{a+x} \tag{5-2}$$

式中，$y=K_{j1}/K_e$，$x=\Delta/\Delta_y$。圆形框架试件 KJ-1 控制参数 a 取为 1.8192，拟合精度为 0.96，方形框架试件 KJ-2 控制参数 a 取为 1.2153，拟合精度为 1.00。

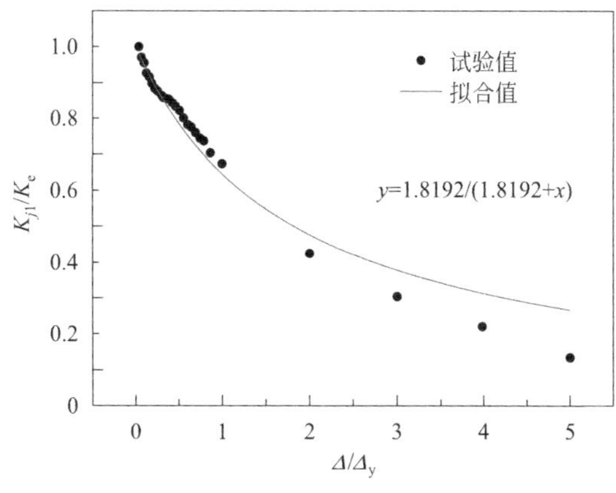

图 5-38　试件 KJ-1 刚度退化拟合曲线

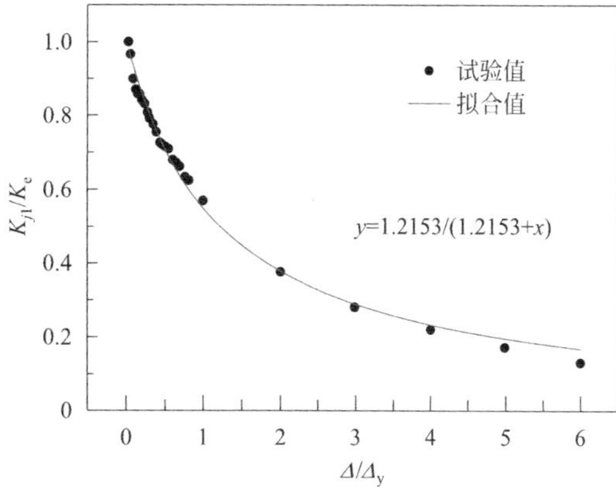

图 5-39　试件 KJ-2 刚度退化拟合曲线

试件 KJ-1、KJ-2 各阶段实测特征刚度见表 5-7。

RACFST 框架试件特征刚度　　**表 5-7**

试件编号	弹性刚度 K_e(kN/mm)	屈服刚度 K_y(kN/mm)	峰值刚度 K_m(kN/mm)	破坏刚度 K_u(kN/mm)	K_y/K_e	K_m/K_e
KJ-1	30.22	15.02	9.19	—	0.50	0.30
KJ-2	34.48	12.99	6.77	—	0.38	0.20

5.14 小　　结

通过对圆、方形框架试件 KJ-1 和 KJ-2 的抗震性能试验结果进行分析，本章主要得到以下结论：

(1) 试件 KJ-1、KJ-2 的 RAC 梁分别发生了弯剪破坏、弯曲破坏；试件 KJ-1 和 KJ-2 均是梁先出铰，柱后出铰，属于梁铰破坏机制；圆、方形框架试件满足“强柱弱梁、强剪弱弯、强节点，弱构件”等抗震设计要求。

（2）试件 KJ-1 和 KJ-2 滞回曲线基本对称，呈现比较饱满的梭形；骨架曲线分为弹性阶段、弹塑性阶段以及破坏阶段，与试件 KJ-1 相比，试件 KJ-2 下降段较为平缓。

（3）试件 KJ-1 和 KJ-2 实际的位移延性系数均大于 3，满足延性框架的需求；破坏时等效黏滞阻尼系数达到 0.2 以上，试件耗能性能良好。

（4）圆、方形框架试件 KJ-1、KJ-2 的强度衰减与刚度退化大致经历一个由多到少再到多的过程。

第6章　钢管再生混凝土框架抗震性能有限元分析

6.1　材料本构关系

钢材与柱内RAC受压的本构关系详见本书第3章相关内容，在此不再赘述。梁内RAC受压本构关系采用孙跃东提出的本构关系，它是在普通混凝土本构模型的基础上，考虑再生粗骨料取代率的影响所提出的。该模型表达式如式(6-1)～式(6-4)所示。

当$0 \leqslant x \leqslant 1$时，

$$y=ax+(3-2a)x^2+(a-2)x^3 \tag{6-1}$$

当$x>1$时，

$$y=\frac{x}{b(x-1)^2+x} \tag{6-2}$$

$$a=2.2(0.748R^2-1.231R+0.975) \tag{6-3}$$

$$b=0.8(7.6483R+1.142) \tag{6-4}$$

式中，$x=\frac{\varepsilon}{\varepsilon_c}$；$y=\frac{\sigma}{f_c}$；$R$表示再生粗骨料取代率；$f_c$为实测RAC抗压强度。

6.2　ABAQUS模型建立

钢管与核心RAC接触关系详见本书第3章相关内容，在此不再赘述。钢筋骨架通过“embed”命令内嵌到梁内RAC中，不考虑黏结滑移的影响。钢管、RAC、外加强环、垫板均采用8节点六面体线性减缩积分单元（C3D8R），梁中钢筋和箍筋采用三维二节点桁架单元（T3D2）。

定义网格全局尺寸为40mm，圆、方RACFST框架试件有限元模型网格划分分别如图6-1、图6-2所示，核心RAC与外加强环板网格划分分别如图6-3、图6-4所示。

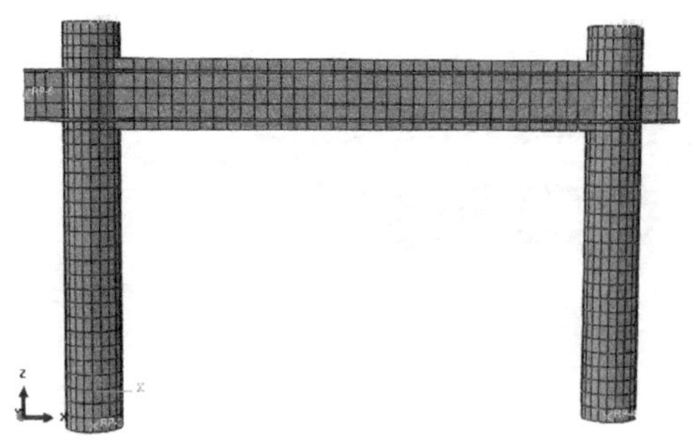

图 6-1　圆 RACFST 框架试件网格划分

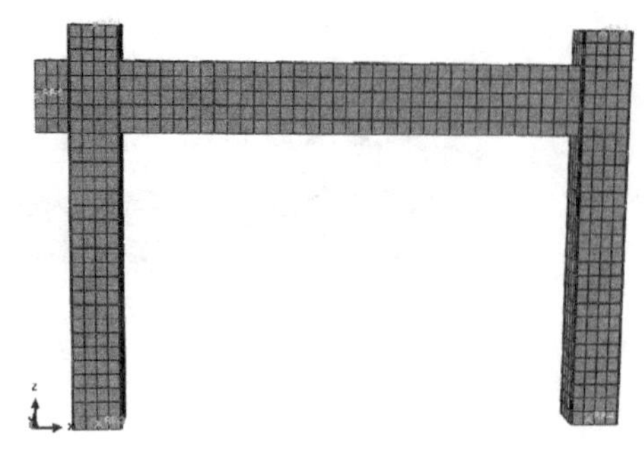

图 6-2　方 RACFST 框架试件网格划分

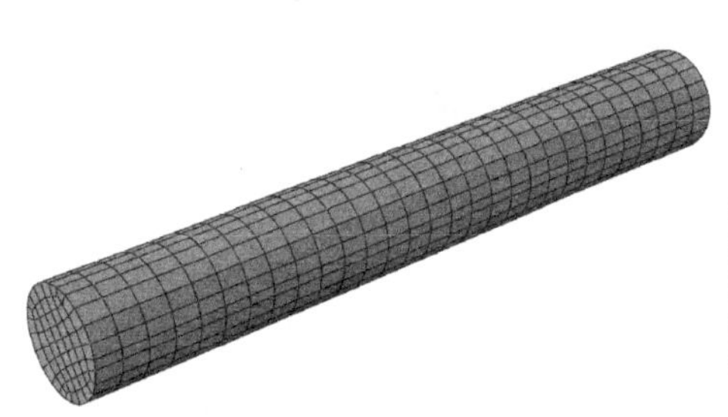

(a) 圆形截面

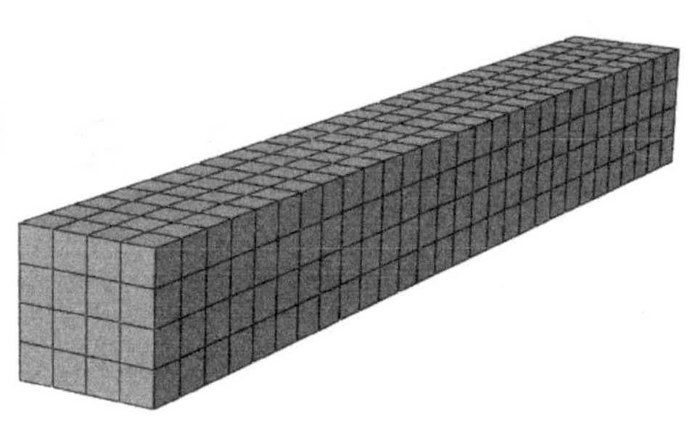

(b) 方形截面

图 6-3　核心 RAC 网格划分

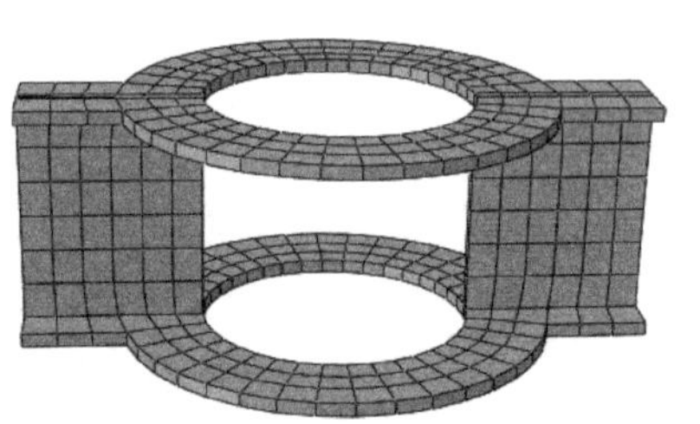

图 6-4　外加强环板网格划分

根据试验条件，在建立的有限元模型中，钢管底部完全固定。即 U1＝U2＝U3＝UR1＝UR2＝UR3＝0，钢管顶部沿竖直 Y 轴方向有轴向压力，沿水平 X 轴方向有低调往复加载位移。ABAQUS 提供两种加载方式，包括位移加载和力加载。在初始分析步“initial”后设 Step-1、Step-2 两个分析步。在 Step-1 中，施加边界条件以及竖向荷载；在 Step-2 中，给节点施加水平荷载。水平荷载通过位移控制来施加，在“Amplitude”命令中输入与试验实际情况相同的位移幅值，圆 RACFST 框架试件位移控制通过在外加强环板建立耦合的参考点施加，方 RACFST 框架试件位移控制通过与水平加载垫板耦合的参考点施加。

RACFST 框架试件抗震性能有限元计算求解方法详见本书第 3 章相关内容，在此不再赘述。

6.3　RACFST 框架试件抗震性能有限元模型验证

圆 RACFST 框架试件有限元模拟滞回曲线与试验滞回曲线的对比结果如图 6-5（a）所示。可知，总体上，有限元模拟曲线与试验结果曲线基本保持一致。与试验滞回曲线相比，有限元模拟滞回曲线加载刚度相对较高，特别是当试件进入弹塑性阶段后，在刚度上的差异更为明显。当试件加载达到峰值状态后，有限元计算的承载力下降速度比试验下降速度慢，这可能与有限元模型所选取的材料本构模型有关。有限元分析所得到的滞回环面积比试验滞回环面积大，且在加载后期滞回环面积之间的差异更加明显，这是由于有限元模型试件没有进行力控加载，在加载前试件没有产生塑性变形及材料损伤，随着水平往复加载的进行，有限元模型中材料损伤增大，有限元模型试件滞回环面积逐渐增大，且大于试验结果。总体上，有限元分析结果与试验结果吻合较好，本章所建立的有限元模型能较真实地反映圆 RACFST 框架结构的力学行为。

圆 RACFST 框架试件的有限元模拟骨架曲线与试验骨架曲线对比结果如图 6-5(b)所示。可见，模拟的骨架曲线正负方向基本对称，这与试验情况一致。骨架曲线上升段基本吻合良好，与试验曲线的下降段相比，模拟的骨架曲线下降段较为缓慢，其原因可能是：钢材本构采用简化的二折线模型，与实际材性存在差异；模型中定义的混凝土损伤因子在反映混凝土劣化方面还不够准确。但是，圆 RACFST 框架试件骨架曲线试验结果整体上与模拟结果比较吻合。

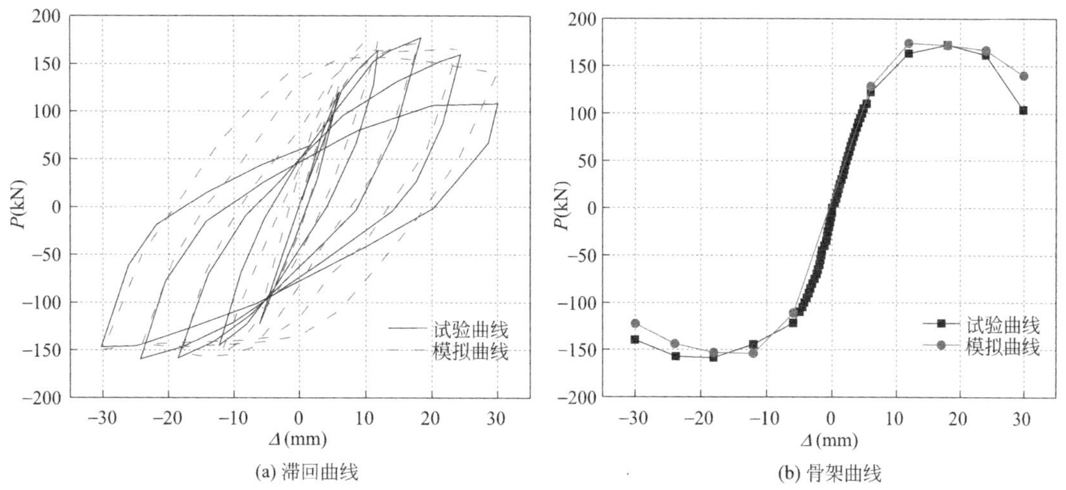

图 6-5　圆 RACFST 框架试件荷载-位移曲线对比

方 RACFST 框架试件有限元模拟滞回曲线与试验滞回曲线的对比结果如图 6-6（a）所示。可见，模拟得到的滞回曲线与试验得到滞回曲线总体上吻合良好。正、反向加载时弹性阶段模拟曲线和试验曲线吻合良好；在弹塑性阶段模拟滞回曲线加载刚度比试验滞回曲线高，有限元分析所得到的滞回环面积比试验滞回环面积略大，且在加载后期滞回环面积之间的差异相对更明显。总体上，本书建立的有限元模型能较好地模拟方 RACFST 框架试件在往复荷载作用下的全过程受力性能。

方 RACFST 框架试件的有限元模拟骨架曲线与试验骨架曲线对比结果如图 6-6（b）所示。可见，有限元模型在加载前期刚度要略大于试验刚度，正向模拟的骨架曲线下降段比试验曲线下降段略缓，而负向模拟骨架曲线下降段比试验骨架曲线下降段略陡。总体上，试验结果与模拟结果吻合良好。

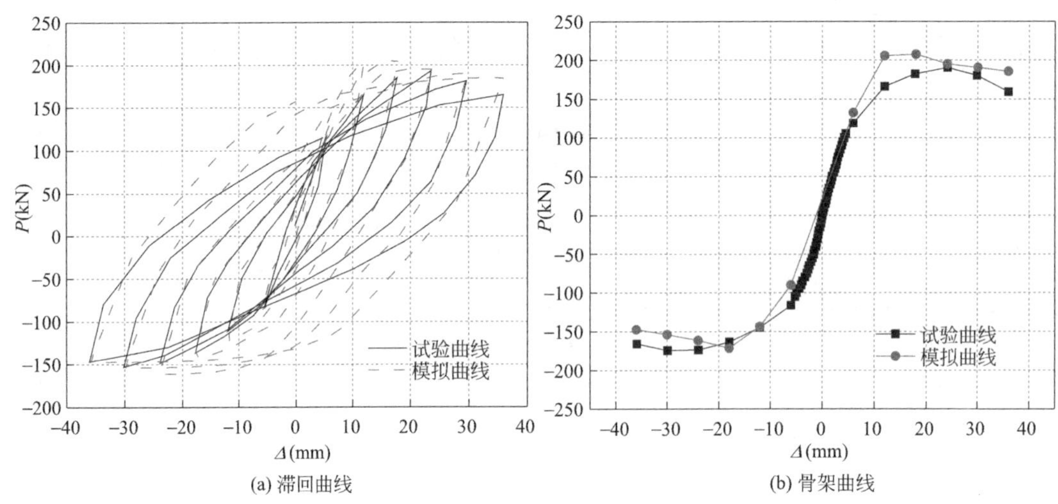

图 6-6 方 RACFST 框架试件荷载-位移曲线对比

试验与模拟骨架曲线峰值点特征值对比 **表 6-1**

试件编号	加载方向	试验值		有限元计算值		对比	
		Δ_p^T(mm)	P_p^T(kN)	Δ_p^S(mm)	P_p^S(kN)	Δ_p^S/Δ_p^T	P_p^S/P_p^T
KJ-1	正向	17.98	172.14	12.00	173.91	0.667	1.010
	负向	−18.02	−158.62	−12.00	−154.03	0.666	0.971
KJ-2	正向	24.02	190.53	18.00	207.65	0.749	1.090
	负向	−29.90	−174.25	−18.00	−171.54	0.602	0.984

注：Δ_p^T 代表试验曲线峰值点的位移；P_p^T 代表试验曲线峰值承载力；Δ_p^S 代表模拟曲线峰值点的位移；P_p^S 代表模拟试验曲线峰值承载力。

圆、方 RACFST 框架试件骨架曲线峰值点特征值对比结果见表 6-1。可见，圆、方 RACFST 框架试件有限元计算峰值荷载与试验峰值荷载相差很小，有限元计算峰值位移可用于估算试验峰值位移。基于滞回曲线与骨架曲线对比，本章所建立的有限元模型具有较高的计算精度，这为后续有限元参数分析奠定了基础。

6.4 圆 RACFST 柱-钢筋 RAC 梁框架试件有限元参数分析

6.4.1 试件设计

选取轴压比 n、梁柱线刚度比 i 和梁柱屈服弯矩比 k_m 为变化参数，共建立了 8 个参数分析模型，圆 RACFST 框架试件模型的命名方式以 C-Nx-Ix-Kx 为例，C 表示圆 RACFST 柱-钢筋 RAC 梁框架试件，N2～N4 分别表示试件轴压比为 0.2、0.3、0.4；I1～I3 表示试件梁柱线刚度比为 0.79、0.53、0.40；K1～K3 表示试件梁柱屈服弯矩比为 0.15、0.25、0.40。圆 RACFST 框架试件的设计参数见表 6-2。

圆 RACFST 框架试件有限元模型参数　　表 6-2

模型名称	轴压比 n	线刚度比 i	屈服弯矩比 k_m
C-N1-I2-K2	0.39	0.53	0.25
C-N2-I2-K2	0.20	0.53	0.25
C-N3-I2-K2	0.30	0.53	0.25
C-N4-I2-K2	0.40	0.53	0.25
C-N1-I1-K2	0.39	0.79	0.25
C-N1-I3-K2	0.39	0.40	0.25
C-N1-I2-K1	0.39	0.53	0.15
C-N1-I2-K3	0.39	0.53	0.40

注：$n=N/(f_{ck}A_c+f_yA_s)$，N 为试验过程中施加的轴向力；f_{ck} 为实测的 RAC 轴心抗压强度；A_c 为受压混凝土截面面积；f_y 为实测的钢材屈服强度；A_s 为钢管的截面面积。

6.4.2　有限元结果与分析

（1）滞回曲线

轴压比单参数变化下圆 RACFST 框架试件滞回曲线如图 6-7 所示。可见，轴压比单参数变化下试件滞回曲线相似，均未发生捏缩现象，曲线呈现梭形且较饱满，表明试件具有良好的滞回耗能性能。轴压比在 0.2～0.4 范围内变化时，试件滞回曲线越来越饱满，同一级循环位移下耗能能力逐渐增加，峰值承载力逐渐减小。

梁柱线刚度比单参数变化下圆 RACFST 框架试件滞回曲线如图 6-8 所示。可见，试件的滞回曲线均为梭形，滞回环比较饱满，表明结构滞回性能和耗能能力良好。当梁柱线刚度比较大时，试件的极限承载力较大。

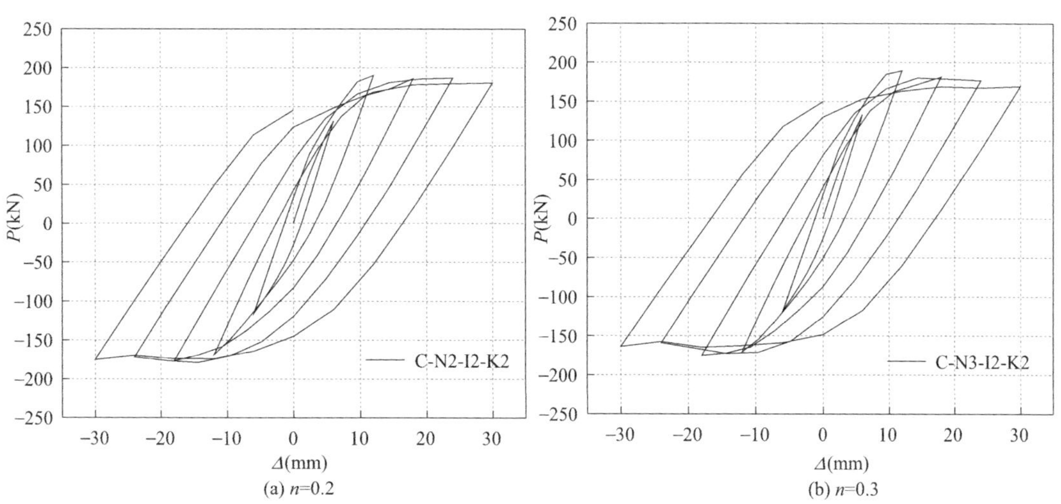

图 6-7　轴压比单参数变化下圆 RACFST 框架试件滞回曲线（一）

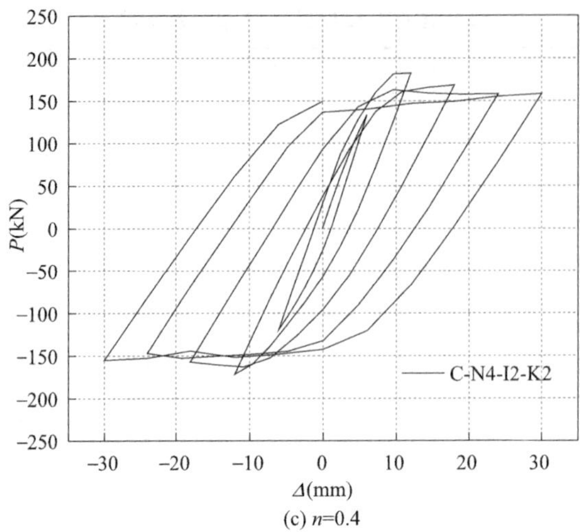

(c) n=0.4

图 6-7　轴压比单参数变化下圆 RACFST 框架试件滞回曲线（二）

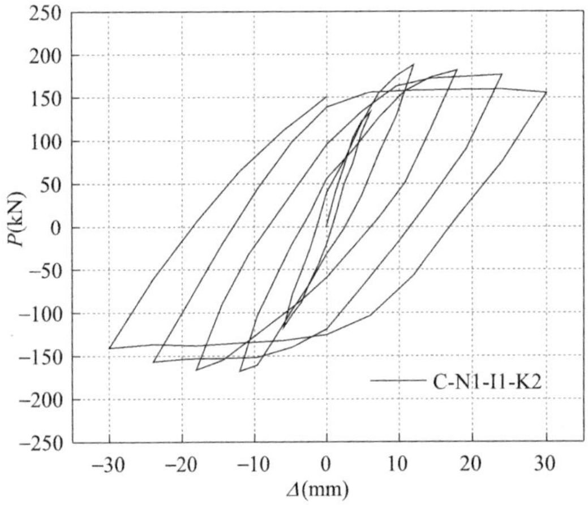

(a) i=0.79

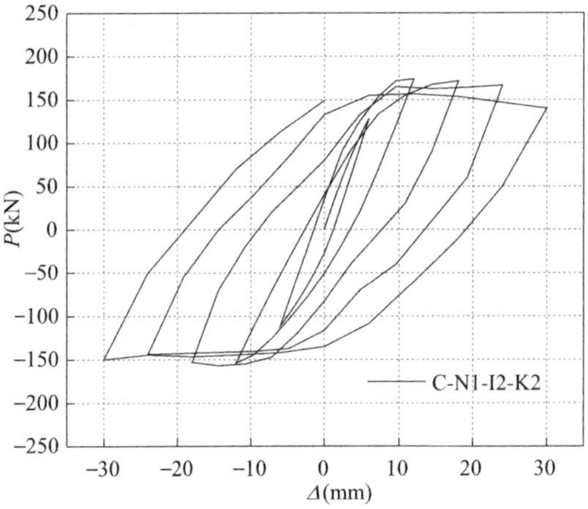

(b) i=0.53

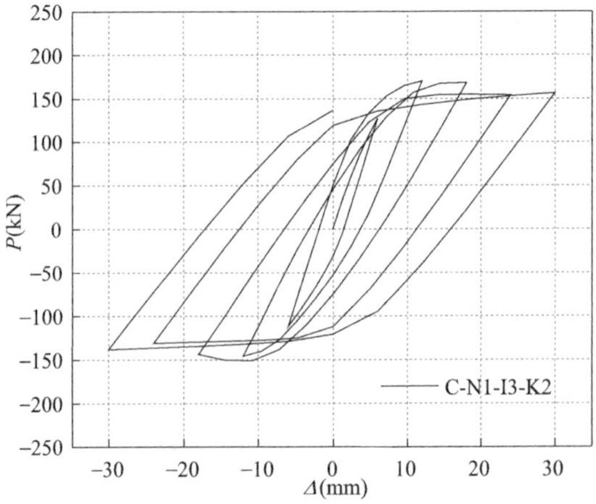

(c) i=0.40

图 6-8　梁柱线刚度比单参数变化下圆 RACFST 框架试件滞回曲线

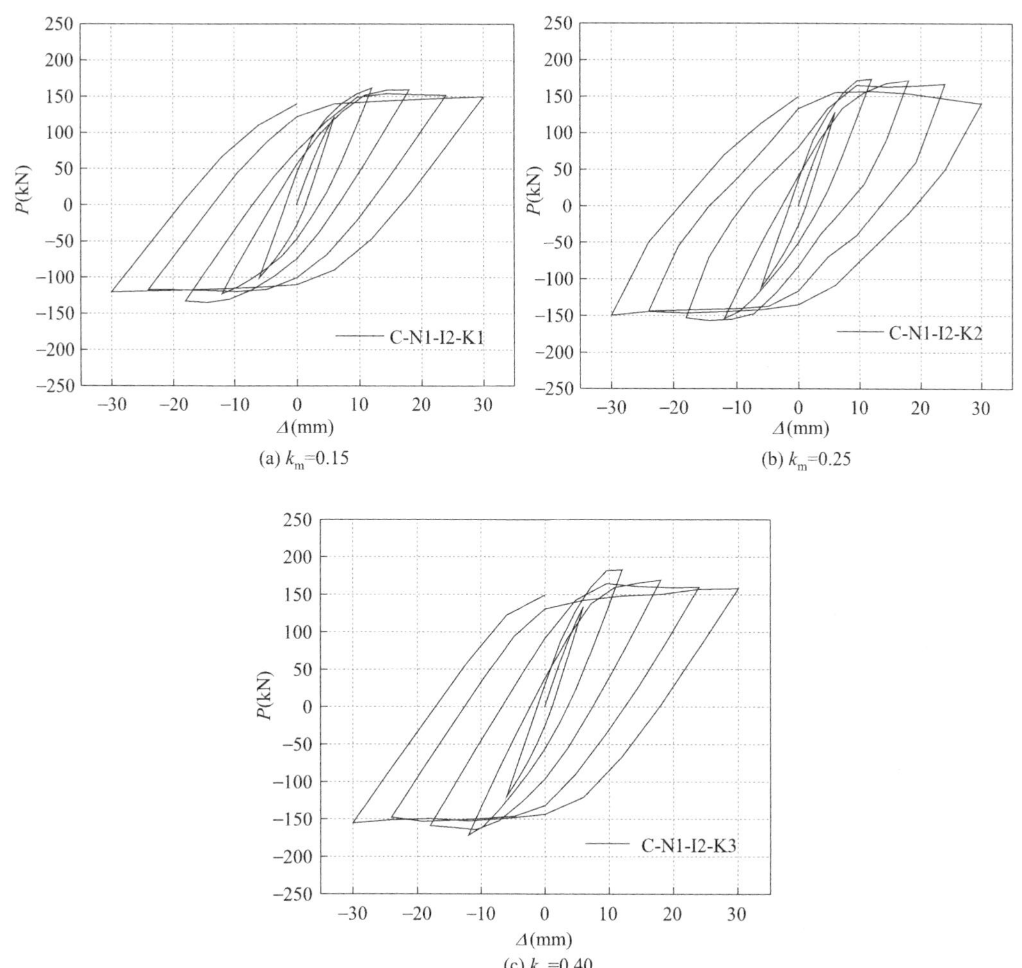

(a) k_m=0.15　(b) k_m=0.25　(c) k_m=0.40

图 6-9　梁柱屈服弯矩比单参数变化下圆 RACFST 框架试件滞回曲线

梁柱屈服弯矩比单参数变化下圆 RACFST 框架试件滞回曲线如图 6-9 所示。可见，试件滞回曲线均呈现比较饱满的梭形。随着梁内配筋率的提高，峰值承载力逐渐增大，同一级循环位移下耗能能力总体上逐渐增强。因此，适当增加梁内配筋，可以提高试件滞回性能。

（2）骨架曲线

不同轴压比下圆 RACFST 框架试件骨架曲线如图 6-10 所示。可知，各试件骨架曲线虽然不完全一致，但总体趋势相似，均表现出典型的三个阶段，包括弹性段、弹塑性段及下降段，各试件骨架曲线的下降段都比较平稳，试件的后期变形能力比较强。当轴压比在 0.2～0.4 之间时，骨架曲线较为平缓，没有出现迅速下降的过程。由图 6-10 可知，在一定范围内，随着轴压比增大，试件的水平承载力逐渐减小，但幅度不大，小于 5%。总体上，在设计参数变化范围内，轴压比对圆 RACFST 框架的承载力影响较小。

不同梁柱线刚度比下圆 RACFST 框架试件骨架曲线如图 6-11 所示。可知，在一定范围内，随着梁柱线刚度比的减小，试件的水平承载力逐渐减小，正向峰值承载力降低幅度分别为 7.52%、2.19%，负向峰值承载力降低幅度分别为 8.12%、5.38%。各试件骨架曲线下降段比较平稳，试件后期变形能力比较大。总体上，梁柱线刚度比对圆 RACFST 框架的承载力影响较为显著。

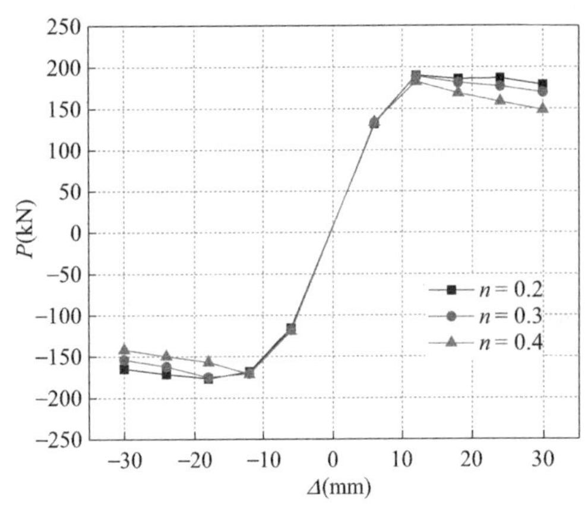

图 6-10　不同轴压比下圆 RACFST 框架试件骨架曲线

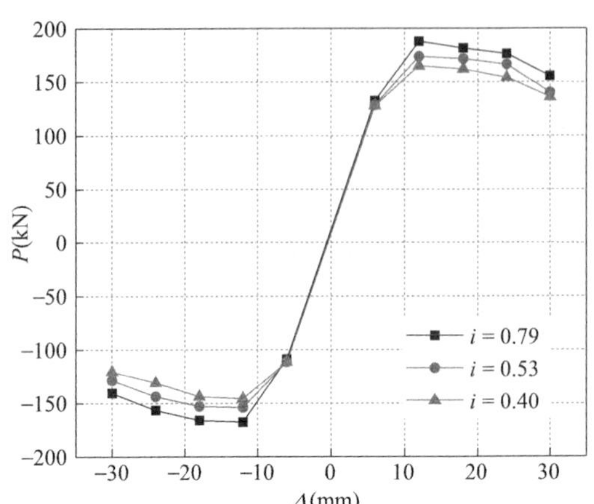

图 6-11　不同梁柱线刚度比下圆 RACFST 框架试件骨架曲线

不同梁柱屈服弯矩比下圆 RACFST 框架试件骨架曲线如图 6-12 所示。可知，加载初期不同梁柱屈服弯矩比下试件骨架曲线近似直线上升且基本重合，当试件达到屈服点后曲线上升趋于平缓，当荷载继续增大并达到峰值荷载后，曲线出现下降，且梁柱屈服弯矩比越小承载力下降得越快。随着梁柱屈服弯矩比的增加，圆 RACFST 框架试件峰值承载力逐渐增加，正向峰值承载力增加幅度分别为 7.51%、5.28%，负向峰值承载力增加幅度分别为 15.73%、14.05%。因此，梁柱屈服弯矩比对圆 RACFST 框架承载力具有显著的影响。

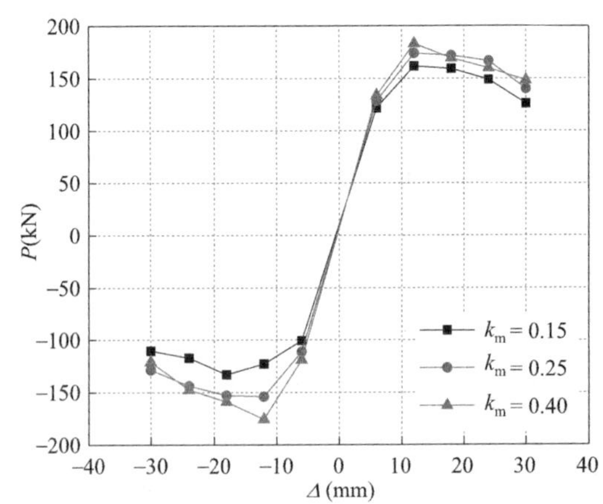

图 6-12　不同梁柱屈服弯矩比下圆 RACFST 框架试件骨架曲线

（3）延性系数

轴压比单参数变化下圆 RACFST 框架试件位移延性系数见表 6-3。可见，试件轴压比在 0.2～0.4 范围内变化时，屈服点位移及荷载总体呈降低趋势，位移延性系数先增加后减少，表明轴压比的变化对试件屈服点具有显著影响。轴压比单参数变化下试件的位移延

性系数均大于 3.20，试件表现出良好滞回性能和延性。

轴压比单参数变化下圆 RACFST 框架试件位移延性系数　　表 6-3

试件名称	加载方向	屈服点		峰值点		破坏点		$\mu=\Delta_u/\Delta_y$	$\mu_{平均}$
		P_y(kN)	Δ_y(mm)	P_m(kN)	Δ_m(mm)	P_u(kN)	Δ_u(mm)		
C-N2-I2-K2	正向	157.89	8.72	190.05	12.00	178.45	30.00	3.44	3.36
	反向	142.76	9.12	176.65	18.00	164.77	30.00	3.29	
	平均	150.33	8.92	183.35	15.00	171.61	30.00		
C-N3-I2-K2	正向	160.74	9.05	189.10	12.00	169.33	30.00	3.31	3.42
	反向	140.91	8.51	175.24	18.00	154.00	30.00	3.53	
	平均	150.82	8.78	182.17	15.00	161.66	30.00		
C-N4-I2-K2	正向	151.81	8.24	182.46	12.00	155.09	25.37	3.08	3.20
	反向	138.79	8.35	171.51	12.00	145.78	27.69	3.32	
	平均	145.30	8.30	176.99	12.00	150.44	26.53		

注：Δ_y 表示屈服点位移；P_y 表示屈服点荷载；Δ_m 表示峰值点位移；P_m 表示峰值点荷载；Δ_u 表示破坏点位移；P_u 表示破坏点荷载。

梁柱线刚度比单参数变化下圆 RACFST 框架试件位移延性系数见表 6-4。可见，随着梁柱线刚度比的降低，屈服、峰值荷载不断降低，当梁柱线刚度比为 0.53 和 0.40 时，相比于梁柱线刚度比 0.79，屈服荷载变化幅度分别为－9.39％和－10.26％，峰值荷载变化幅度分别为－7.52％和－12.21％，表明梁柱线刚度比对承载力有显著影响。梁柱线刚度比单参数变化下试件的位移延性系数均大于 3.45，表明试件具有较好延性和塑性变形能力。

梁柱线刚度比单参数变化下圆 RACFST 框架试件位移延性系数　　表 6-4

试件名称	加载方向	屈服点		峰值点		破坏点		$\mu=\Delta_u/\Delta_y$	$\mu_{平均}$
		P_y(kN)	Δ_y(mm)	P_m(kN)	Δ_m(mm)	P_u(kN)	Δ_u(mm)		
C-N1-I1-K2	正向	156.65	8.63	188.06	12.00	159.85	28.90	3.35	3.48
	反向	137.00	8.12	167.65	12.00	142.50	29.27	3.60	
	平均	146.83	8.38	177.86	12.00	151.18	29.09		
C-N1-I2-K2	正向	141.94	7.93	173.91	12.00	147.83	28.32	3.57	3.47
	反向	126.43	8.10	154.03	12.00	130.93	27.21	3.36	
	平均	134.19	8.02	163.97	12.00	139.38	27.77		
C-N1-I3-K2	正向	140.57	8.07	165.10	12.00	140.34	28.13	3.48	3.55
	反向	124.18	8.04	145.75	12.00	123.89	29.22	3.63	
	平均	132.38	8.06	155.43	12.00	132.12	28.68	3.56	

梁柱屈服弯矩比单参数变化下圆 RACFST 框架试件位移延性系数见表 6-5。可见，当梁柱屈服弯矩比在 0.15～0.4 范围内变化时，屈服荷载和峰值荷载不断增加，延性系数不断降低。当梁柱屈服弯矩比为 0.25 和 0.40 时，相比于梁柱屈服弯矩比 0.15，屈服荷载变化幅度分别为 6.01％和 12.77％，峰值荷载变化幅度分别为 7.51％和 13.19％，延性系

数变化幅度分别为−1.14％和−16.52％。表明增加梁柱屈服弯矩比不利于改善试件的延性，但有利于提高试件的承载力。

梁柱屈服弯矩比单参数变化下圆 RACFST 框架试件位移延性系数　　表 6-5

试件名称	加载方向	屈服点		峰值点		破坏点		$\mu=\Delta_u/\Delta_y$	$\mu_{平均}$
		P_y(kN)	Δ_y(mm)	P_m(kN)	Δ_m(mm)	P_u(kN)	Δ_u(mm)		
C-N1-I2-K1	正向	133.89	7.88	161.76	12.00	137.50	27.79	3.53	3.51
	反向	106.51	7.67	133.10	18.00	113.14	26.79	3.49	
	平均	120.20	7.78	147.43	15.00	125.32	27.29		
C-N1-I2-K2	正向	141.94	7.93	173.91	12.00	147.83	28.32	3.57	3.47
	反向	126.43	8.10	154.03	12.00	130.93	27.21	3.36	
	平均	134.19	8.02	163.97	12.00	139.38	27.77		
C-N1-I2-K3	正向	150.99	8.18	183.09	12.00	155.62	26.67	3.26	2.93
	反向	146.69	8.88	171.67	12.00	145.92	23.05	2.60	
	平均	148.84	8.53	177.38	12.00	150.77	24.86		

(4) 耗能能力

轴压比单参数变化下圆 RACFST 框架试件各级循环位移 h_e 见表 6-6。可见，试件的 h_e 随着循环位移的增加逐渐增大，加载结束时，试件 h_e 均达到 0.3 以上，表明试件具有良好的耗能能力。轴压比单参数变化下圆 RACFST 框架试件各特征点 h_e 见表 6-7。可见，当试件屈服时，轴压比为 0.4 的试件的 h_e 大于轴压比为 0.2、0.3 试件，破坏时每个轴压比试件 h_e 均达到 0.3 以上，表明试件耗能性能良好。

轴压比单参数变化下圆 RACFST 框架试件各级循环位移 h_e　　表 6-6

试件名称	Δ_y	$2\Delta_y$	$3\Delta_y$	$4\Delta_y$	$5\Delta_y$
C-N2-I2-K2	0.075	0.111	0.167	0.255	0.319
C-N3-I2-K2	0.067	0.115	0.177	0.282	0.341
C-N4-I2-K2	0.065	0.125	0.215	0.311	0.397

轴压比单参数变化下圆 RACFST 框架试件骨架曲线各特征点 h_e　　表 6-7

试件名称	h_{ey}	h_{em}	h_{eu}
C-N2-I2-K2	0.152	0.182	0.319
C-N3-I2-K2	0.158	0.191	0.341
C-N4-I2-K2	0.119	0.125	0.390

梁柱线刚度比单参数变化下圆 RACFST 框架试件各级循环位移 h_e 见表 6-8。可见，随着循环位移的增加，试件的耗能能力不断增大，滞回环面积越来越大，吸收的能量越来越多，表明试件具有良好的耗能能力。梁柱线刚度比单参数变化下圆 RACFST 框架试件各特征点 h_e 见表 6-9。可见，梁柱线刚度比单参数变化下试件破坏状态的 h_e 约为峰值状态时的 2 倍，表明圆 RACFST 框架试件在加载后期具有良好的耗能能力，表现出良好的滞回性能。对于梁柱线刚度比单参数变化下的圆 RACFST 框架试件，最终破坏时 h_e 均在

0.3 附近，其值大于普通的钢筋混凝土结构的等效黏滞阻尼系数（$0.1<h_e<0.2$），表明试件耗能性能良好。

梁柱线刚度比单参数变化下圆 RACFST 框架试件各级循环位移 h_e　　表 6-8

试件名称	Δ_y	$2\Delta_y$	$3\Delta_y$	$4\Delta_y$	$5\Delta_y$
C-N1-I1-K2	0.071	0.115	0.175	0.283	0.352
C-N1-I2-K2	0.075	0.132	0.230	0.312	0.382
C-N1-I3-K2	0.092	0.150	0.194	0.285	0.316

梁柱线刚度比单参数变化下圆 RACFST 框架试件骨架曲线各特征点 h_e　　表 6-9

试件名称	h_{ey}	h_{em}	h_{eu}
C-N1-I1-K2	0.141	0.155	0.354
C-N1-I2-K2	0.146	0.173	0.327
C-N1-I3-K2	0.140	0.150	0.364

梁柱屈服弯矩比单参数变化下圆 RACFST 框架试件各级循环位移 h_e 见表 6-10。可见，试件的 h_e 均随着加载位移的增大而增大，试件均表现出了良好的滞回耗能性能。梁柱屈服弯矩比单参数变化下圆 RACFST 框架试件各特征点 h_e 见表 6-11。可见，不同梁柱屈服弯矩比试件破坏点的 h_e 约为屈服点的 2 倍，表明试件在加载后期具有良好的能量耗散能力，表现出良好的滞回性能。

梁柱屈服弯矩比单参数变化下圆 RACFST 框架试件各级循环位移 h_e　　表 6-10

试件名称	Δ_y	$2\Delta_y$	$3\Delta_y$	$4\Delta_y$	$5\Delta_y$
C-N1-C1-I2-K1	0.090	0.153	0.202	0.302	0.392
C-N1-C1-I2-K2	0.075	0.132	0.230	0.312	0.382
C-N1-C1-I2-K3	0.065	0.122	0.212	0.312	0.398

梁柱屈服弯矩比单参数变化下圆 RACFST 框架试件骨架曲线各特征点 h_e　　表 6-11

试件名称	h_{ey}	h_{em}	h_{eu}
C-N1-C1-I2-K1	0.142	0.191	0.289
C-N1-C1-I2-K2	0.146	0.173	0.327
C-N1-C1-I2-K3	0.105	0.122	0.284

（5）刚度退化

轴压比单参数变化下圆 RACFST 框架试件刚度退化曲线如图 6-13 所示。可见，当轴压比 $n=0.2$ 时，圆 RACFST 框架试件初始刚度为 20.59kN/mm；当 $n=0.3$ 时，圆 RACFST 框架试件初始刚度为 20.93kN/mm；当 $n=0.4$ 时，圆 RACFST 框架试件初始刚度为 21.07kN/mm；当轴压比从 0.2 增加到 0.4 时，圆 RACFST 框架试件对应的初始刚度增加 2.3%。随着加载位移的不断增加，试件裂缝逐渐产生和扩展，试件刚度不断降低且下降速率不断减小。

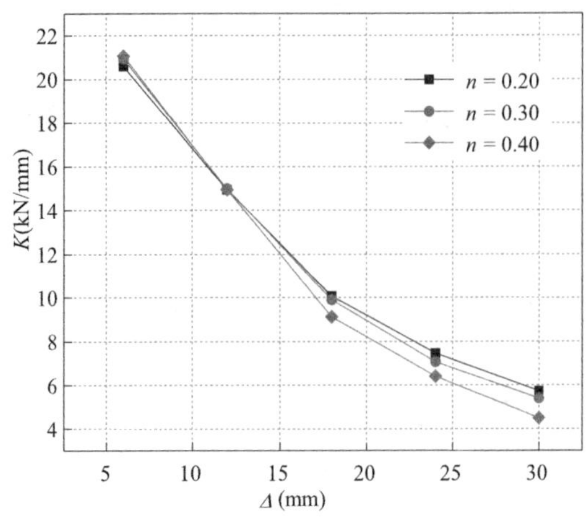

图 6-13 轴压比单参数变化下圆 RACFST 框架试件刚度退化曲线

梁柱线刚度比单参数变化下圆 RACFST 框架试件刚度退化曲线如图 6-14 所示。可见，试件的刚度随着加载位移的增加不断降低，退化曲线速率由快到慢，并逐渐趋于稳定。当梁柱线刚度比 $i=0.4$ 时，圆 RACFST 框架试件初始刚度为 19.93kN/mm；当 $i=0.53$ 时，圆 RACFST 框架试件初始刚度为 19.98kN/mm；当 $i=0.79$ 时，圆 RACFST 框架试件初始刚度为 20.76kN/mm；当梁柱线刚度比从 0.4 增加到 0.79 时，圆 RACFST 框架试件对应的初始刚度增加 4.16%。梁柱线刚度比大的圆 RACFST 框架试件在整个加载过程中刚度相对较大，因此，减小梁柱线刚度比不利于改善圆 RACFST 框架试件的刚度。

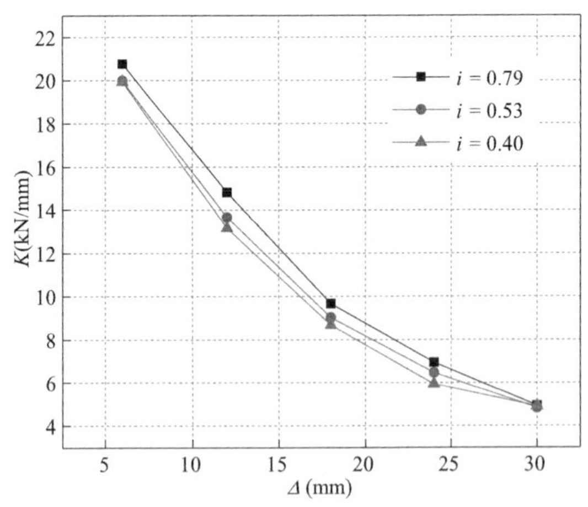

图 6-14 梁柱线刚度比单参数变化下圆 RACFST 框架试件刚度退化曲线

梁柱屈服弯矩比单参数变化下圆 RACFST 框架试件刚度退化曲线如图 6-15 所示。可见，随着加载位移的增加，刚度逐渐退化，后期发展较前期相对平缓。这是由于与前期相比，后期钢管对内部 RAC 约束作用更明显，使得 RAC 的强度得到显著提升，并延缓了钢管的局部屈曲和 RAC 裂缝延展，因此，极大地延缓了圆 RACFST 框架试件刚度退化的速度。梁柱屈服弯矩比较小的试件在整个加载过程中刚度相对较低，因此，提高梁柱屈

服弯矩比可以提高圆 RACFST 框架试件的全过程割线刚度。

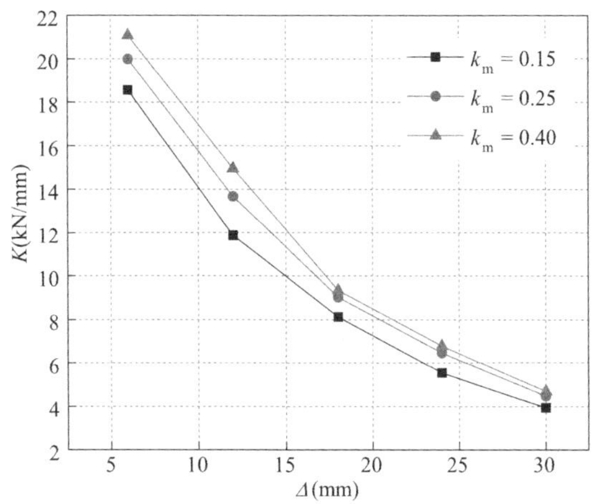

图 6-15　梁柱屈服弯矩比单参数变化下圆 RACFST 框架试件刚度退化曲线

6.5　方 RACFST 柱-钢筋 RAC 梁框架试件有限元参数分析

6.5.1　试件设计

以方 RACFST 框架试件轴压比、梁柱线刚度比和梁柱的屈服弯矩比为变化参数，共建立了 8 个参数分析模型，如表 6-12 所示。试件模型的命名方式以 S-Nx-Ix-Kx 为例，S 表示方 RACFST 柱-钢筋 RAC 梁框架试件，N1～N4 分别表示试件轴压比为 0.8、0.2、0.3、0.4；I1～I3 表示试件梁柱线刚度比为 0.62、0.41、0.31；K1～K3 表示试件梁柱屈服弯矩比为 0.10、0.19、0.31。

方 RACFST 框架试件有限元模型参数　　**表 6-12**

模型名称	轴压比 n	线刚度比 i	屈服弯矩比 k_m
S-N1-I2-K2	0.36	0.41	0.19
S-N2-I2-K2	0.20	0.41	0.19
S-N3-I2-K2	0.30	0.41	0.19
S-N4-I2-K2	0.40	0.41	0.19
S-N1-I1-K2	0.36	0.62	0.19
S-N1-I3-K2	0.36	0.31	0.19
S-N1-I2-K1	0.36	0.41	0.10
S-N1-I2-K3	0.36	0.41	0.31

注：$n=N/(f_{ck}A_c+f_yA_s)$，其中，N 为试验过程中施加的轴向力；f_{ck} 为实测的 RAC 轴心抗压强度；A_c 为受压混凝土截面面积；f_y 为实测钢材屈服强度；A_s 为钢管截面面积。

6.5.2 有限元结果与分析

（1）滞回曲线

不同轴压比下方 RACFST 框架试件滞回曲线如图 6-16 所示。可见，同一轴压比下试件滞回曲线相似，呈现梭形，曲线光滑且较饱满，表明试件耗能能力较强。随着轴压比增加，试件滞回曲线越来越饱满，耗能能力逐渐增加，峰值承载力逐渐减小。

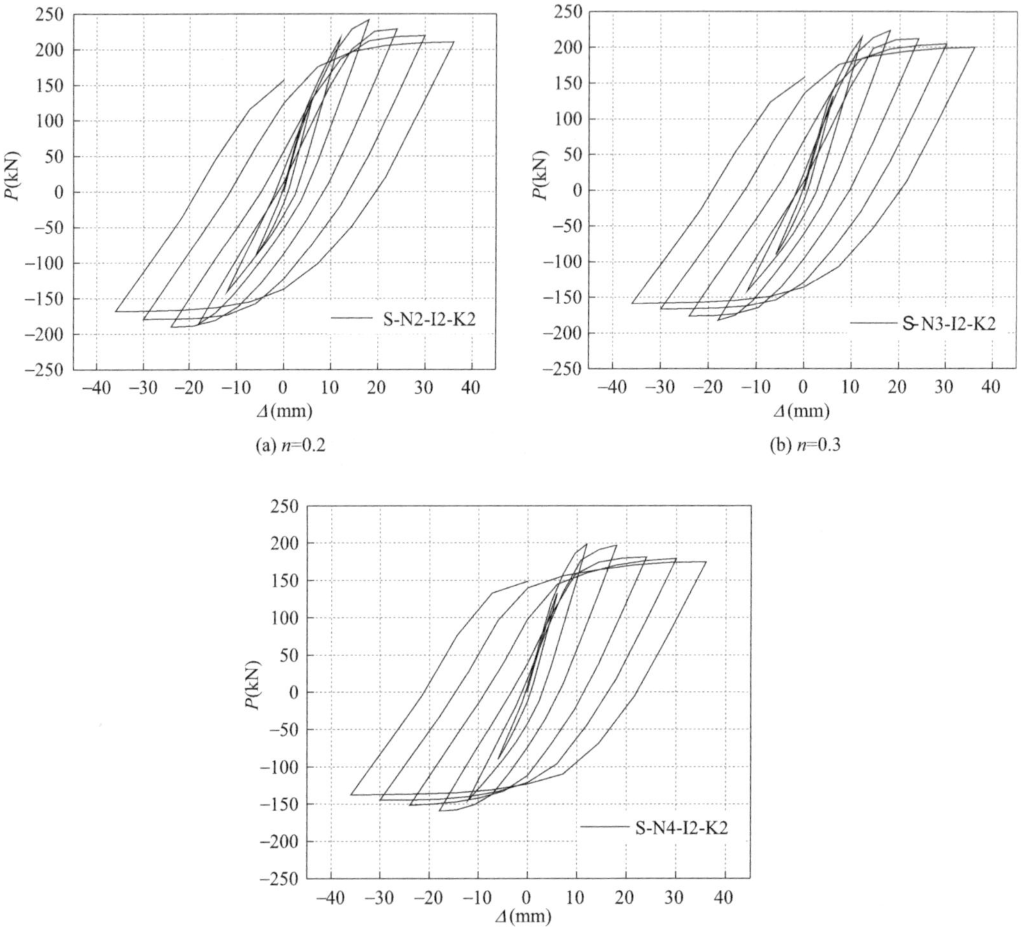

(a) n=0.2

(b) n=0.3

(c) n=0.4

图 6-16　不同轴压比下方 RACFST 框架试件滞回曲线

不同梁柱线刚度比下方 RACFST 框架试件滞回曲线如图 6-17 所示。可见，对比不同梁柱线刚度比的试件，其滞回曲线的形状相差不大，各曲线均呈现饱满梭形，因此，试件具有良好的耗能性能。随着梁柱线刚度比的减小，试件的承载力逐渐减小，各试件的曲线随着循环位移的增加，斜率逐渐减小。

不同梁柱屈服弯矩比下方 RACFST 框架试件滞回曲线如图 6-18 所示。可见，不同梁柱屈服弯矩比下试件滞回曲线均呈现梭形，曲线较为饱满，反映试件具有较好的抗震性能和耗能能力。随着梁柱屈服弯矩比的提高，峰值承载力增加较为显著，试件整体表现出良好的抗震性能。

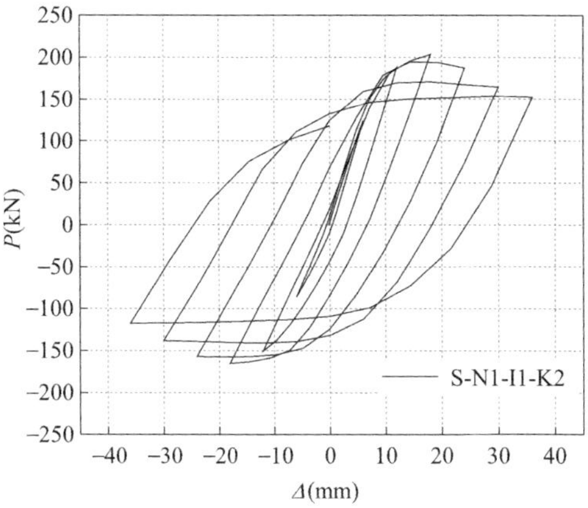

(a) i=0.62 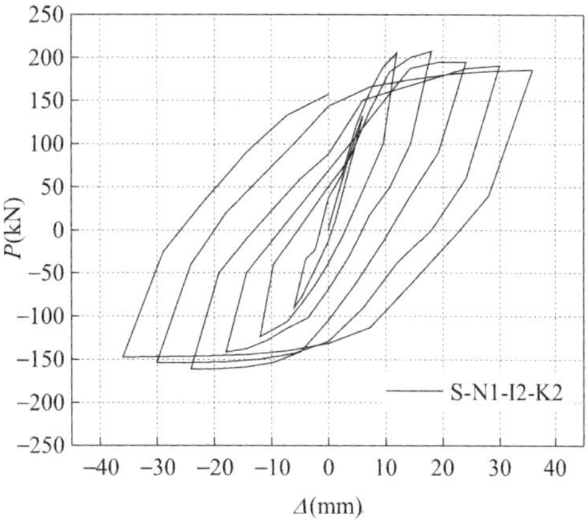　(b) i=0.41 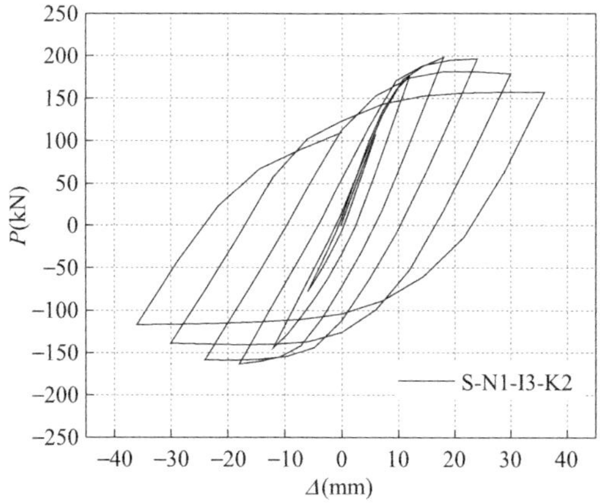　(c) i=0.31

图 6-17　不同梁柱线刚度比下方 RACFST 框架试件滞回曲线

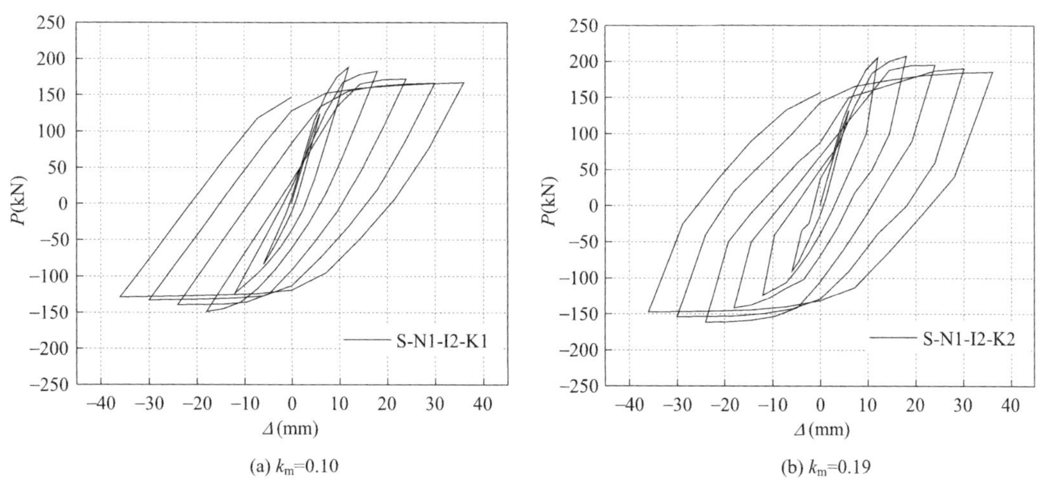

(a) k_m=0.10　(b) k_m=0.19

图 6-18　不同梁柱屈服弯矩比下方 RACFST 框架试件滞回曲线（一）

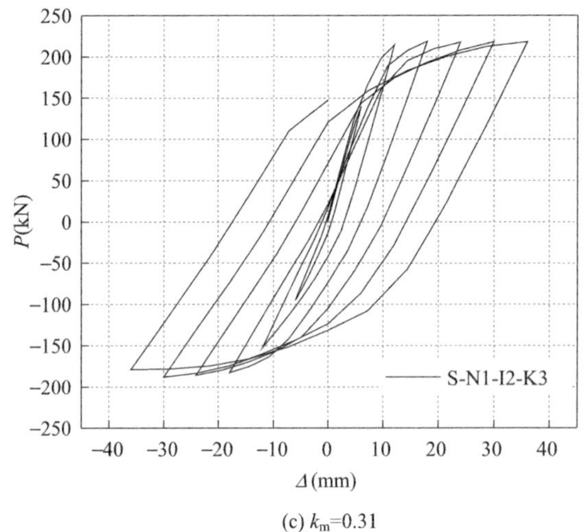

(c) k_m=0.31

图 6-18　不同梁柱屈服弯矩比下方 RACFST 框架试件滞回曲线（二）

（2）骨架曲线

图 6-19 为不同轴压比下方 RACFST 框架试件骨架曲线，它反映了试件在加载过程中由弹性阶段、弹塑性阶段到下降阶段中承载力全过程变化情况。由图 6-19 可知，加载初期不同轴压比下试件骨架曲线近似直线上升且基本重合，当试件达到屈服点后曲线上升趋于平缓，达到峰值荷载后，曲线开始出现下降，且轴压比越大承载力下降得越快。在设计参数变化范围内，随着轴压比的增加，方 RACFST 框架试件峰值承载力逐渐降低，正向峰值承载力降低幅度分别为 7.62%、11.26%，负向峰值承载力降低幅度分别为 4.21%、12.52%。轴压比的变化对方 RACFST 框架试件的峰值承载力具有较为显著的影响。

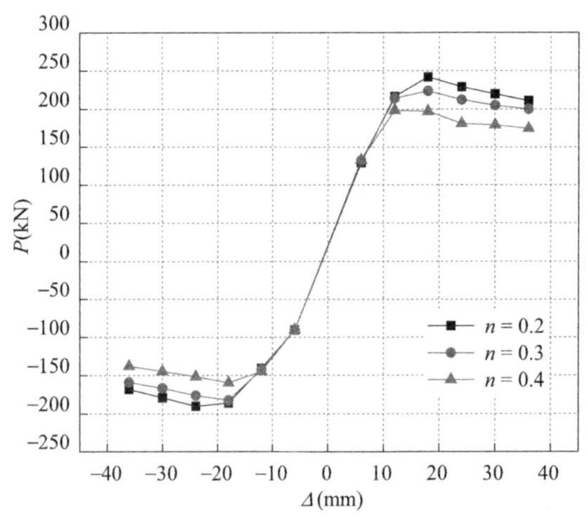

图 6-19　不同轴压比下方 RACFST 框架试件骨架曲线

不同梁柱线刚度比下方 RACFST 框架试件的骨架曲线如图 6-20 所示。可知，各试件骨架曲线比较平缓，虽然不完全一致，但总体趋势相似，没有出现迅速下降的过程。随着梁柱线刚度比的降低，试件的峰值承载力逐渐降低，正向峰值承载力降低幅度分别为

3.55%、4.45%，负向峰值承载力降低幅度分别为 8.94%、1.23%。梁柱线刚度比的变化对方 RACFST 框架试件的峰值承载力具有一定的影响。

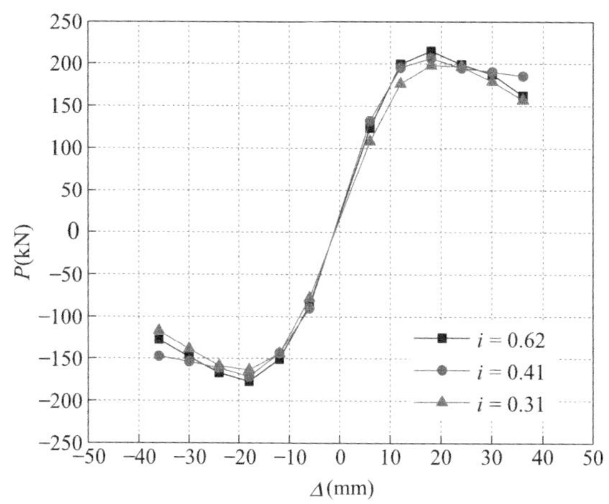

图 6-20　不同梁柱线刚度比下方 RACFST 框架试件骨架曲线

不同梁柱屈服弯矩比下方 RACFST 框架试件骨架曲线如图 6-21 所示。可见，加载初期不同梁柱屈服弯矩比下试件骨架曲线近似直线上升且基本重合，随着荷载的增大，试件骨架曲线上升趋于平缓，达到峰值荷载后，曲线开始下降，且梁柱屈服弯矩比较小者承载力下降得越快。随着梁柱屈服弯矩比的增大，试件的峰值承载力逐渐增大，正向峰值承载力增大幅度分别为 10.54%、5.31%，负向峰值承载力增大幅度分别为 8.51%、13.14%。梁柱屈服弯矩比对方 RACFST 框架试件的承载力具有显著的影响。

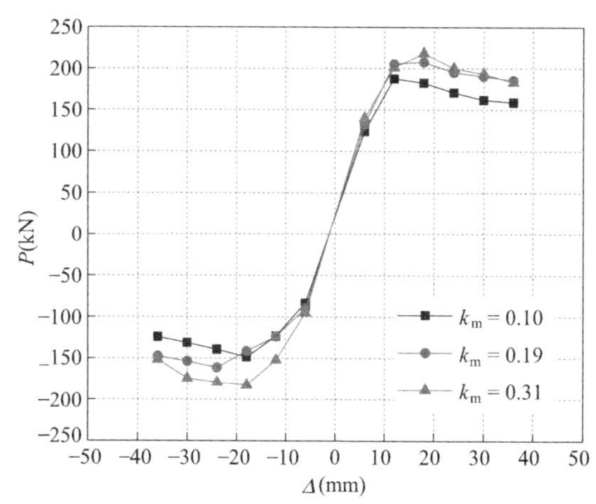

图 6-21　不同梁柱屈服弯矩比下方 RACFST 框架试件骨架曲线

（3）延性系数

不同轴压比下方 RACFST 框架试件位移延性系数见表 6-13。可见，随着试件轴压比增大，屈服位移及荷载呈降低趋势。当轴压比从 0.2 增至 0.4 时，屈服荷载降低 23.9%，屈服位移从 12.66mm 减小至 9.77mm，表明轴压比的变化对试件屈服点具有显著影响。当轴压比为 0.2 时，试件的延性系数平均值为 2.88；当轴压比为 0.4 时，试件的延性系数平均值为 3.70。即当轴压比从 0.2 增至 0.4 时，位移延性系数平均值增加了 22.2%。随着轴压比的增加，位移延性系数逐渐增加。

不同轴压比下方 RACFST 框架试件位移延性系数　　表 6-13

试件名称	加载方向	屈服点		峰值点		破坏点		$\mu=\Delta_u/\Delta_y$	$\mu_{平均}$
		P_y(kN)	Δ_y(mm)	P_m(kN)	Δ_m(mm)	P_u(kN)	Δ_u(mm)		
S-N2-I2-K2	正向	205.68	11.26	241.97	18.00	210.70	36.00	3.20	2.88
	反向	156.47	14.05	190.22	24.00	168.02	36.00	2.56	
	平均	181.07	12.66	216.10	21.00	189.36	36.00		
S-N3-I2-K2	正向	189.98	10.27	223.52	18.00	199.80	36.00	3.51	3.16
	反向	148.13	12.81	182.22	18.00	158.88	36.00	2.81	
	平均	169.06	11.54	204.37	18.00	179.34	36.00		
S-N4-I2-K2	正向	168.60	9.29	198.36	12.00	174.42	36.00	3.88	3.70
	反向	128.61	10.24	159.40	18.00	137.73	36.00	3.52	
	平均	148.61	9.77	178.88	15.00	156.07	36.00		

注：Δ_y、P_y 分别表示屈服点位移与荷载；Δ_m、P_m 分别表示峰值点位移与荷载；Δ_u、P_u 分别表示破坏点位移与荷载。

不同梁柱线刚度比下方 RACFST 框架试件位移延性系数见表 6-14。可见，随着梁柱线刚度比增大，位移延性系数变化先增后减。不同梁柱线刚度比下试件的位移延性系数均大于 2.5，基本满足框架结构抗震性能要求。当梁柱线刚度比为 0.41 时，位移延性系数明显高于另外两个试件，因此，适当的梁柱线刚度比能够改善方 RACFST 框架试件的延性。

不同梁柱线刚度比下方 RACFST 框架试件位移延性系数　　表 6-14

试件名称	加载方向	屈服点		峰值点		破坏点		$\mu=\Delta_u/\Delta_y$	$\mu_{平均}$
		P_y(kN)	Δ_y(mm)	P_m(kN)	Δ_m(mm)	P_u(kN)	Δ_u(mm)		
S-N1-I1-K2	正向	182.99	10.60	215.29	18.00	182.99	31.42	2.96	2.70
	反向	150.97	12.04	177.22	18.00	150.64	29.32	2.43	
	平均	166.98	11.32	196.26	18.00	166.82	30.37		
S-N1-I2-K2	正向	180.96	9.96	207.65	18.00	185.62	36.00	3.61	3.39
	反向	120.41	11.38	171.45	18.00	147.36	36.00	3.16	
	平均	150.69	10.67	189.60	18.00	166.49	36.00		
S-N1-I3-K2	正向	168.22	11.28	198.40	18.00	168.64	32.88	2.91	2.76
	反向	138.00	11.40	163.75	18.00	139.18	29.75	2.61	
	平均	152.56	11.38	181.08	18.00	153.91	31.26		

不同梁柱屈服弯矩比下方 RACFST 框架试件位移延性系数见表 6-15。可见，随着梁柱屈服弯矩比的增加，试件的峰值承载力得到了提高，但位移延性系数随之减小。当梁柱屈服弯矩比为 0.10、0.19 和 0.31 时，试件延性系数变化幅度分别为 −3.69% 和 −5.01%。

不同梁柱屈服弯矩比下方 RACFST 框架试件位移延性系数　　表 6-15

试件名称	加载方向	屈服点		峰值点		破坏点		$\mu=\Delta_u/\Delta_y$	$\mu_{平均}$
		P_y(kN)	Δ_y(mm)	P_m(kN)	Δ_u(mm)	P_u(kN)	Δ_u(mm)		
S-N1-I2-K1	正向	154.78	9.01	187.85	12.00	159.67	35.50	3.94	3.52
	反向	113.18	10.53	148.73	18.00	126.42	32.71	3.11	
	平均	133.98	9.77	168.29	15.00	143.05	34.11		
S-N1-I2-K2	正向	180.96	9.96	207.65	18.00	185.62	36.00	3.61	3.39
	反向	120.41	11.38	171.54	18.00	147.36	36.00	3.16	
	平均	150.69	10.67	189.60	18.00	166.49	36.00		
S-N1-I2-K3	正向	182.32	10.23	218.67	18.00	185.87	35.06	3.43	3.22
	反向	150.11	11.50	182.59	18.00	155.20	34.59	3.01	
	平均	166.21	10.87	200.63	18.00	170.54	34.82		

(4) 耗能性能

不同轴压比下方 RACFST 框架试件各级循环位移 h_e 如表 6-16 所示。可见，随着循环位移的增加，各试件 h_e 逐渐增大。当加载结束时，试件 h_e 基本达到 0.3 以上，表明试件具有良好的能量耗散能力。对于轴压比不同的试件，在位移相同的情况下，轴压比较大试件的 h_e 偏大。不同轴压比下试件的各特征点 h_e 如表 6-17 所示。可见，轴压比为 0.4 的试件的峰值点及破坏点的 h_e 均大于轴压比为 0.2、0.3 的试件。因此，轴压比越大，方 RACFST 框架试件耗能性能越好。

不同轴压比下方 RACFST 框架试件各级循环位移 h_e　　表 6-16

试件名称	Δ_y	$2\Delta_y$	$3\Delta_y$	$4\Delta_y$	$5\Delta_y$	$6\Delta_y$
S-N2-I2-K2	0.044	0.07	0.091	0.143	0.227	0.295
S-N3-I2-K2	0.036	0.074	0.106	0.169	0.252	0.312
S-N4-I2-K2	0.034	0.086	0.145	0.226	0.291	0.348

不同轴压比下方 RACFST 框架试件骨架曲线各特征点 h_e　　表 6-17

试件名称	h_{ey}	h_{em}	h_{eu}
S-N2-I2-K2	0.123	0.147	0.295
S-N3-I2-K2	0.083	0.106	0.312
S-N4-I2-K2	0.108	0.157	0.348

不同梁柱线刚度比下方 RACFST 框架试件各级循环位移 h_e 如表 6-18 所示。可见，同一梁柱线刚度比下试件的 h_e 均随着循环位移的增加而逐渐增大，其耗能能力逐渐增强。加载结束时，梁柱线刚度比大的试件 h_e 明显高于梁柱线刚度比小的试件。不同梁柱线刚度比下试件各特征点 h_e 如表 6-19 所示。可见，当试件最终破坏时，不同梁柱线刚度比下试件 h_e 均大于 0.26，比常规的钢筋混凝土结构的等效黏滞阻尼系数（$0.1<h_e<0.2$）大，表明不同梁柱线刚度比下方 RACFST 框架试件耗能性能良好。

不同梁柱线刚度比下方 RACFST 框架试件各级循环位移 h_e　　表 6-18

试件名称	Δ_y	$2\Delta_y$	$3\Delta_y$	$4\Delta_y$	$5\Delta_y$	$6\Delta_y$
S-N1-I1-K2	0.03	0.09	0.163	0.269	0.356	0.381
S-N1-I2-K2	0.059	0.151	0.186	0.243	0.320	0.370
S-N1-I3-K2	0.026	0.071	0.142	0.228	0.321	0.354

不同梁柱线刚度比下方 RACFST 框架试件骨架曲线各特征点 h_e　　表 6-19

试件名称	h_{ey}	h_{em}	h_{eu}
S-N1-I1-K2	0.082	0.163	0.279
S-N1-I2-K2	0.148	0.215	0.370
S-N1-I3-K2	0.067	0.142	0.268

不同梁柱屈服弯矩比下方 RACFST 框架试件各级循环位移 h_e 如表 6-20 所示。可见，随着循环位移的增加，试件在各位移阶段的等效黏滞阻尼系数逐渐增加，并且增加的幅值越来越大，这是由于梁端不断出现塑性铰，结构进入弹塑性阶段，吸收能量越来越多，各试件均具有良好的耗能能力。不同梁柱屈服弯矩比下试件各特征点 h_e 如表 6-21 所示。可见，当试件最终破坏时，不同梁柱屈服弯矩比下试件的 h_e 相差不大，表明在现有参数变化范围内，改变梁柱屈服弯矩比对方 RACFST 框架试件特征点的耗能能力影响不大。

不同梁柱屈服弯矩比下方 RACFST 框架试件各级循环位移 h_e　　表 6-20

试件名称	Δ_y	$2\Delta_y$	$3\Delta_y$	$4\Delta_y$	$5\Delta_y$	$6\Delta_y$
S-N1-I2-K1	0.035	0.137	0.152	0.214	0.295	0.353
S-N1-I2-K2	0.059	0.151	0.186	0.243	0.320	0.370
S-N1-I2-K3	0.034	0.084	0.120	0.177	0.238	0.273

不同梁柱屈服弯矩比下方 RACFST 框架试件骨架曲线各特征点 h_e　　表 6-21

试件名称	h_{ey}	h_{em}	h_{eu}
S-N1-I2-K1	0.116	0.165	0.363
S-N1-I2-K2	0.148	0.215	0.370
S-N1-I2-K3	0.096	0.120	0.326

(5) 刚度退化

不同轴压比下方 RACFST 框架试件刚度退化曲线如图 6-22 所示。可见，不同轴压比下三个试件均具有稳定的刚度退化。当轴压比 n 为 0.2 时，试件的初始刚度为 18.26kN/mm；轴压比 n 为 0.3 时，试件初始刚度 18.50kN/mm；轴压比 n 为 0.4 时，试件初始刚度为 18.56kN/mm。当轴压比从 0.2 增加到 0.4 时，试件对应的初始刚度基本相近。随着荷载和位移的逐渐增大，试件的裂缝不断产生和扩展，刚度均呈现出下降的趋势；从初始点直至峰值点，刚度下降较快；达到峰值荷载之后，三者的刚度退化速度降低，曲线趋于平缓。总体上，各试件的刚度随位移的增大趋于降低，且开始时降低较快，最后变得平缓。

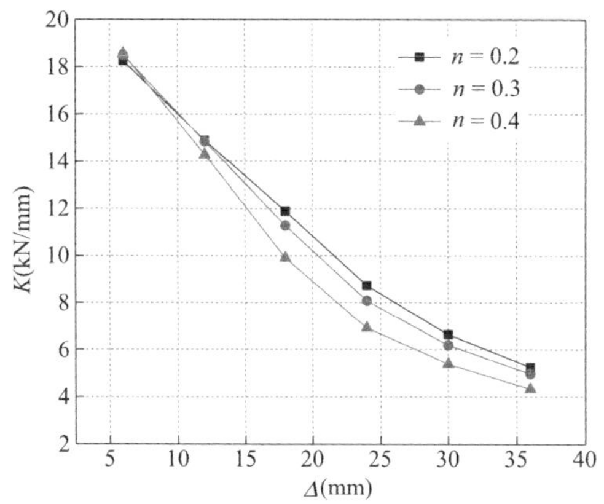

图 6-22　不同轴压比下方 RACFST 框架试件刚度退化曲线

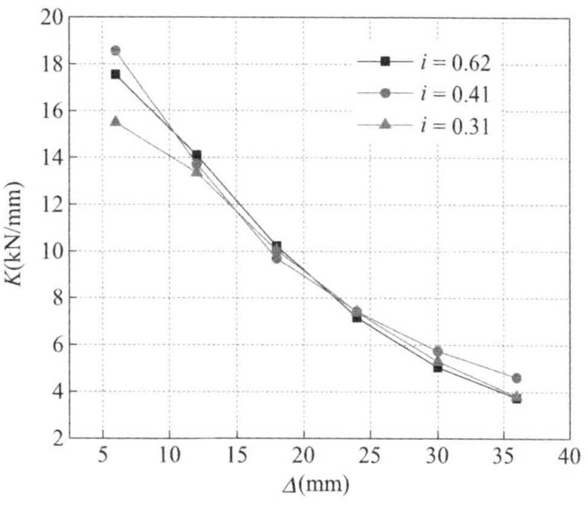

图 6-23　不同梁柱线刚度比下方 RACFST 框架试件刚度退化曲线

不同梁柱线刚度比下方 RACFST 框架试件刚度退化曲线如图 6-23 所示。可见，当梁柱线刚度比为 0.62 时，试件初始刚度为 17.55kN/mm；当梁柱线刚度比为 0.41 时，试件初始刚度为 18.57kN/mm；当梁柱线刚度比为 0.31 时，试件初始刚度为 15.50kN/mm。当梁柱线刚度比为 0.31、0.41 和 0.62 时，试件初始刚度变化幅度分别为 19.8%和−5.49%。

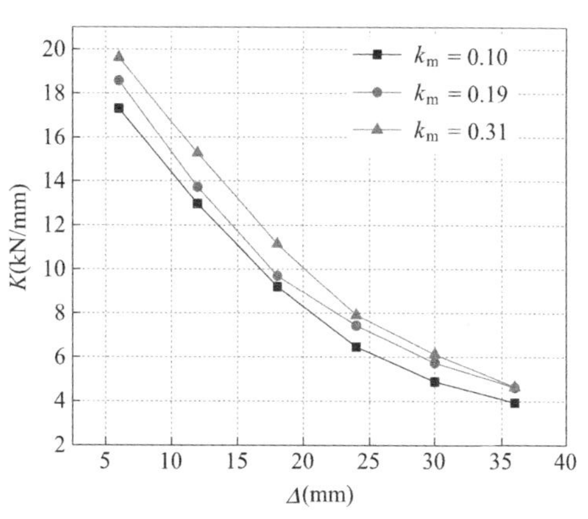

图 6-24　不同梁柱屈服弯矩比下方 RACFST 框架试件刚度退化曲线

不同梁柱屈服弯矩比下方 RACFST 框架试件的刚度退化曲线如图 6-24 所示。可见，在加载前期试件裂缝开始不断地产生，随着荷载和位移的逐渐增大，试件的裂缝不断产生和扩展，刚度均呈现出下降的趋势，从初始点直至峰值点，刚度下降较快，达到峰值荷载之后，刚度退化速度逐渐降低，曲线趋于平缓。总体上，随着位移的增加，割线刚度逐渐减小，退化由快到慢，并逐渐趋于稳定，梁柱屈服弯矩比大的试件刚度曲线明显高于梁柱屈服弯矩比小的试件。

6.6　参数敏感性分析

灰色关联度分析是通过对各因素的数据进行量化分析，从而得到各个因素对主行为的影响与关联程度，并有效分辨出主要因素与次要因素的一种分析方法。因此，通过灰色关联度分析，可以比较不同参数对 RACFST 框架抗震性能的敏感程度，在产生矛盾时，通过影响程度的大小帮助判断。为得到各变化参数对 RACFST 框架抗震性能的影响规律，现对 RACFST 框架的延性系数及耗能进行灰色关联度分析。

6.6.1 参考序列确定

选取本书第5章RACFST框架试件延性系数及耗能试验值作为参考序列 $X_0(k)$，取轴压比、梁柱线刚度比、梁柱屈服弯矩比等变化参数作为比较序列 $X_m(k)$，其中，$k=1,2,\cdots,p$ 和 $m=1,2,\cdots,q$，然后将所有值提取，重新列为可比较序列，如式(6-5) 所示。

$$\begin{aligned}X_0&=X_0(1),X_0(2),\cdots,X_0(p)\\X_1&=X_1(1),X_1(2),\cdots,X_1(p)\\&\cdots\cdots\\X_q&=X_q(1),X_q(2),\cdots,X_q(p)\end{aligned}\tag{6-5}$$

6.6.2 初值化法和灰色关联系数

对参考序列和比较序列进行无量纲化处理，以减小参数维数的影响和数值波动。采用初值化法处理，如式(6-6) 所示。

$$x_m(k)=\frac{X_m(k)}{\frac{1}{p}\sum_{m-1}^{p}X_m(k)}\tag{6-6}$$

灰色关联系数 ξ_m 计算方法式如式(6-7)～式(6-10) 所示。

$$\xi_m[x_0(k),x_m(k)]=\frac{\min\limits_{m=1,p}\min\limits_{k=1,q}\Delta_m(k)+\rho\max\limits_{m=1,p}\max\limits_{k=1,q}\Delta_m(k)}{\Delta_i+\rho\max\limits_{m=1,p}\max\limits_{k=1,q}\Delta_i(k)}\tag{6-7}$$

$$\Delta_m(k)=|x_0(k)-x_m(k)|\tag{6-8}$$

$$\min_{m=1,p}\min_{k=1,q}\Delta_m(k)=\max_m[\max_k|x_0(k)-x_m(k)|]\tag{6-9}$$

$$\max_{m=1,p}\max_{k=1,q}\Delta_m(k)=\min_m[\min_k|x_0(k)-x_m(k)|]\tag{6-10}$$

式中，ρ 为系数，$\rho\in[0,1]$，根据Tian等研究成果，取 $\rho=0.5$。

6.6.3 灰色关联度和敏感性评价

灰色关联度 r_m 是因素之间关联性的度量，如式(6-11) 所示。r_m 值越大，反映比较序列与参考序列的相关性越大。因此，计算灰色关联度 r_m 可以评价敏感性大小。当 r_m 越接近1.0时，参考序列和比较序列之间的相关性越强。圆、方RACFST框架试件延性系数、耗能等抗震性能指标与变化参数之间的关联度如图6-25、图6-26所示。

$$r_m=\frac{1}{p}\sum_{m=1}^{n}\xi_m[x_0(k),x_m(k)]\tag{6-11}$$

由图6-25(a) 可见，圆RACFST框架试件延性系数的灰色关联度按以下排序：梁柱线刚度比>轴压比>梁柱屈服弯矩比，具体结果如下：(1) 梁柱线刚度比对圆RACFST框架试件延性系数有主要的相关性，r_m 高达0.9451；(2) 轴压比对圆RACFST框架试件延性系数有二次相关性，r_m 取值为0.7763；(3) 梁柱屈服弯矩比的 r_m 取值为0.4904，表明梁柱屈服弯矩比与圆RACFST框架试件延性系数不存在明显的关联性，可知当取值在一定范围时，梁柱屈服弯矩比对圆RACFST框架试件延性系数影响很小。

由图6-25(b) 可见，变化参数对圆RACFST框架试件耗能能力的敏感性按以下排

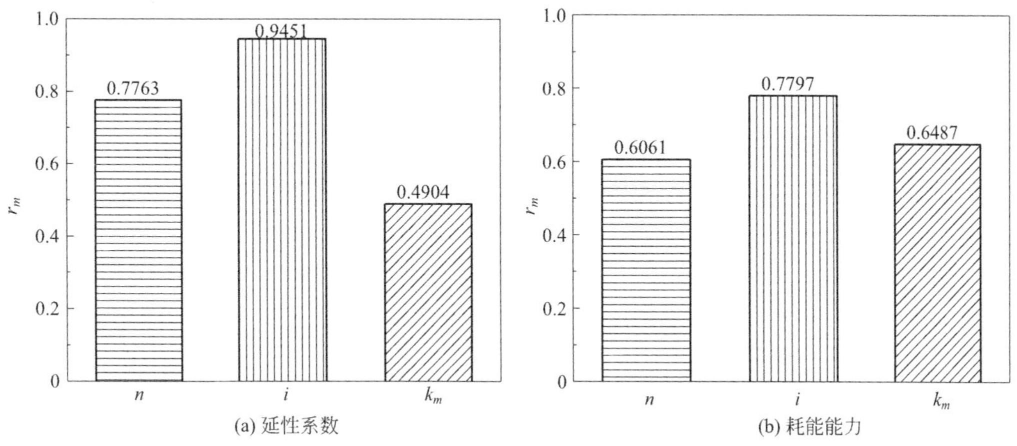

(a) 延性系数 (b) 耗能能力

图 6-25 不同变化参数下圆 RACFST 框架试件抗震性能指标灰色关联度

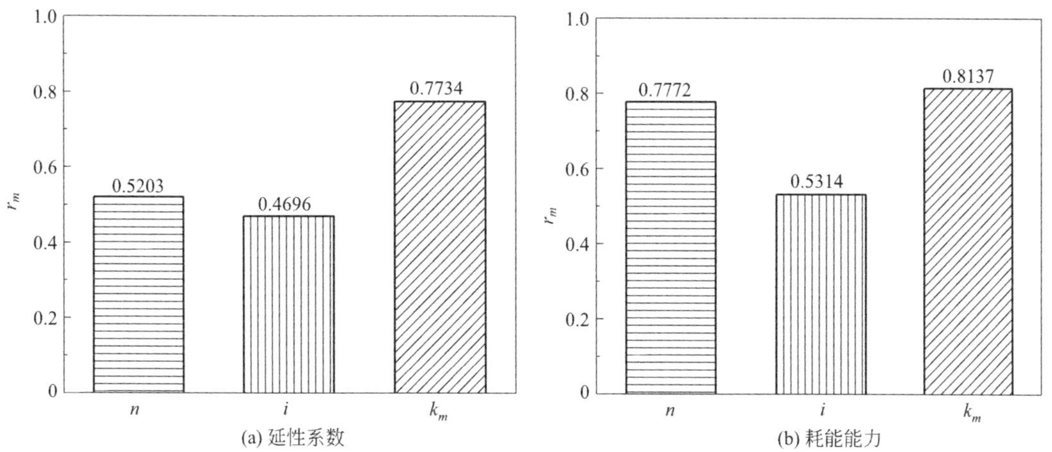

(a) 延性系数 (b) 耗能能力

图 6-26 不同变化参数下方 RACFST 框架试件抗震性能指标灰色关联度

序：梁柱线刚度比＞梁柱屈服弯矩比＞轴压比，具体结果如下：(1) 梁柱线刚度比对圆 RACFST 框架试件耗能能力有主要的相关性，r_m 取值为 0.7797；(2) 轴压比和梁柱屈服弯矩比对圆 RACFST 框架试件耗能能力有二次相关性，关联程度较为薄弱，r_m 取值分别为 0.6061、0.6487，两者关联程度较为相似。

综上所述，梁柱线刚度比对圆 RACFST 框架试件的抗震性能影响较大。因此，在进行圆 RACFST 框架结构设计时，建议首先考虑梁柱线刚度比，通过选取适当的梁柱线刚度比，实现较高的变形与耗能能力。

由图 6-26(a) 可见，方 RACFST 框架试件延性系数的灰色关联度按以下排序：梁柱屈服弯矩比＞轴压比＞梁柱线刚度比，具体结果如下：(1) 梁柱屈服弯矩比对方 RACFST 框架试件延性系数有主要的相关性，r_m 高达 0.7734；(2) 轴压比和梁柱线刚度比对方 RACFST 框架试件延性系数有二次相关性，r_m 取值分别为 0.5203、0.4696，其中，轴压比对方 RACFST 框架试件延性系数的影响略大于梁柱线刚度比。

由图 6-26(b) 可见，变化参数对方 RACFST 框架试件耗能能力的敏感性按以下排序：梁柱屈服弯矩比＞轴压比＞梁柱线刚度比，具体结果如下：(1) 梁柱屈服弯矩比和轴压比对方 RACFST 框架试件耗能能力有主要的相关性，r_m 取值分别为 0.8137、0.7772，两者关联程度较为相似；(2) 梁柱线刚度比对方 RACFST 框架试件耗能能力有二次相关性，关联程度较为薄弱，r_m 取值为 0.5314。

综上所述，梁柱屈服弯矩比和轴压比对方 RACFST 框架试件的抗震性能影响较大，而且，梁柱屈服弯矩比对于方 RACFST 框架试件的延性系数和耗能均有较强的关联性。因此，为保证方 RACFST 框架的抗震性能，在进行结构设计时，建议首先考虑梁柱屈服弯矩比。通过选取适当的梁柱屈服弯矩比，实现方 RACFST 框架"强柱弱梁"的设计准则，从而达到较高的变形与耗能能力。

6.7 小　结

在设计参数变化范围内，本章对圆、方 RACFST 框架试件的抗震性能进行有限元分析，进而开展设计参数与抗震性能指标敏感性分析，主要得到以下结论：

(1) 基于滞回曲线与骨架曲线对比，本章所建立的 RACFST 框架试件抗震性能有限元模型具有较高的计算精度，可以用于 RACFST 框架试件抗震性能有限元参数分析。

(2) 对比研究了不同单参数变化圆、方 RACFST 框架试件的滞回曲线，获得了试件的各项抗震性能指标，探讨了轴压比、梁柱线刚度比、梁柱屈服弯矩比对 RACFST 试件承载力、位移延性、耗能等抗震性能指标的影响规律。

(3) 通过灰色关联度分析，评价了轴压比、梁柱线刚度比、梁柱屈服弯矩比等变化参数对圆、方 RACFST 框架试件延性系数、耗能能力的敏感性程度，并提出了相关的设计建议。

第7章 钢管再生混凝土框架抗震性能指标计算与模型建立

7.1 P-Δ 二阶效应分析

由实测 RACFST 框架骨架曲线可见，在达到峰值荷载后，随着水平位移的增加，水平承载力出现了明显的下降。因此，有必要分析结构层面上水平承载力受 P-Δ 二阶效应的影响。图 7-1 为框架的受力及变形，$N_1=N_2=N$，忽略梁的轴向变形，则框架柱的水平位移相等，即 $\Delta_1=\Delta_2=\Delta$。

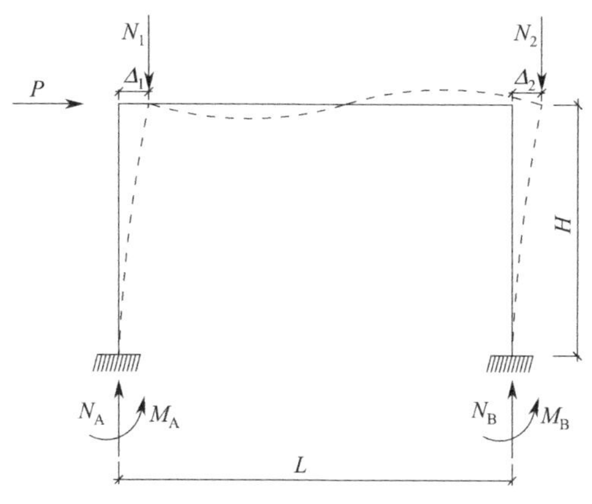

图 7-1 框架受力及变形

对支座点 A 取矩，若不考虑二阶效应，则弯矩平衡方程如式(7-1) 所示。

$$P' \cdot H + N_2 \cdot L = M_A + M_B + N_B \cdot L \tag{7-1}$$

若考虑二阶效应，则弯矩平衡方程如式(7-2) 所示。

$$P \cdot H + N_1 \cdot \Delta_1 + N_2 \cdot \Delta_2 + N_2 \cdot L = M_A + M_B + N_B \cdot L \tag{7-2}$$

式(7-1)和式(7-2) 中，P'和P 分别为不考虑二阶效应和考虑二阶效应的水平承载力，比较两式可见，

$$P' = P + 2N \cdot \Delta / H = P + \delta P = P(1+\delta) \tag{7-3}$$

式(7-3) 中，δ 为不考虑 P-Δ 二阶效应时，水平承载力的提高幅度。则在 P-Δ 二阶效应的影响下，结构的水平承载力降低系数 η 如式 (7-4) 所示。

$$\eta=\frac{P'-P}{P'}=\frac{\delta P}{P+\delta P} \tag{7-4}$$

将实测的相关数据代入式(7-3)和式(7-4)，得到 RACFST 框架试件特征点处 P-Δ 二阶效应相关参数 δ 和 η，见表 7-1。

RACFST 框架试件特征点处 P-Δ 二阶效应相关参数 δ 和 η **表 7-1**

试件编号	加载方向	δ(%)			η(%)		
		屈服点	峰值点	破坏点	屈服点	峰值点	破坏点
KJ-1	正向	4.02	6.32	10.55	3.87	5.94	9.54
	负向	4.03	6.87	11.44	3.88	6.43	10.27
	平均	4.03	6.59	10.98	3.87	6.18	9.89
KJ-2	正向	4.19	7.34	12.72	4.02	6.84	11.28
	负向	4.83	9.99	13.90	4.60	9.09	12.21
	平均	4.48	8.61	13.28	4.29	7.93	11.73

由表 7-1 可见，由于 RACFST 框架的变形能力低于构件，P-Δ 二阶效应对结构的影响弱于对构件的影响。在屈服点处，δ 和 η 仅为 4%左右；随着循环位移的增加，δ 和 η 逐渐增大，P-Δ 二阶效应影响越来越大；当加载达到峰值点时，δ 和 η 为 7%左右；直至加载达到破坏时，δ 和 η 超过 10%，P-Δ 二阶效应影响较为明显。

7.2 强度计算

在框架弹塑性地震反应计算和抗震鉴定时，层间受剪承载力是一个重要的控制参数。计算在地震作用下 RACFST 框架结构层间受剪承载力并提出实用的设计方法，对于 RACFST 进一步研究和应用有着重要的学术意义和工程价值。

魏琏与李德虎介绍了基于钢筋混凝土柱弯曲破坏的非强梁弱柱型框架层间受剪承载力的计算方法，并通过五层两跨的算例比较了各种计算方法的优劣。研究结果表明，柱底塑性铰法计算较为简便，可以给出较为适中和符合实际的计算结果。

本章所设计的两榀框架试件单层单跨，有别于一般的多层多跨框架，属于一种特殊的框架形式。对于多层多跨框架，采用柱底塑性铰法计算层间受剪承载力较为合适。本节将在柱端弹性弯矩法、柱铰判别法和柱底塑性铰法三种计算方法的基础之上，探讨适合于单层单跨的合理计算方法。

由本书第 5 章试验结果可知，在反复水平荷载作用下，RACFST 框架发生了梁铰破坏机制，属于非强梁弱柱型，且 RACFST 柱因弯曲而破坏，这是上述三种计算方法的适用前提。框架的层间受剪承载力由层间各柱的受剪承载力组成，当各柱的破坏形式与延性相近时，层间受剪承载力近似等于各柱的受剪承载力的总和。

在没有试验验证的情况下，框架是否属于非强梁弱柱需在节点位置处采用屈服弯矩进行判定。当$\Sigma M_{yc}>\Sigma M_{yb}$时，节点为弱梁型，反之为强梁型。其中，$\Sigma M_{yc}$和$\Sigma M_{yb}$分别为同一节点处柱端和梁端的实际屈服弯矩之和，即按照实际配筋和材料强度的标准值计

算所得的屈服弯矩，本章试验所用的钢管和 RAC 分别取实测值。对于弱梁型节点，梁端首先屈服，相应之柱端可能处于弹性状态，也可能在柱底或柱顶出现塑性铰。相应地，框架层间受剪承载力的三种计算方法如下所示。

7.2.1 柱端弹性弯矩法

基本原理：梁端首先屈服，相应之柱端处于弹性工作状态。弹性弯矩可用式(7-5)、式(7-6) 表示。

对于本层柱上端节点：

$$M_c^t = \sum M_{yb}^t \times \frac{i_c}{i_c + i_{c+1}} \tag{7-5}$$

对于本层柱下端节点：

$$M_c^b = \sum M_{yb}^b \times \frac{i_c}{i_c + i_{c-1}} \tag{7-6}$$

式中，M_c^t 和 M_c^b 分别为本层柱上、下端节点的弹性弯矩；$\sum M_{yb}^t$ 和 $\sum M_{yb}^b$ 分别为本层柱上、下梁端屈服弯矩之和；i_c、i_{c+1} 和 i_{c-1} 分别为本层及相邻上下层柱的线刚度。

因此，得到三种出现塑性铰的情况，并采用不同的计算公式，如图 7-2 所示。

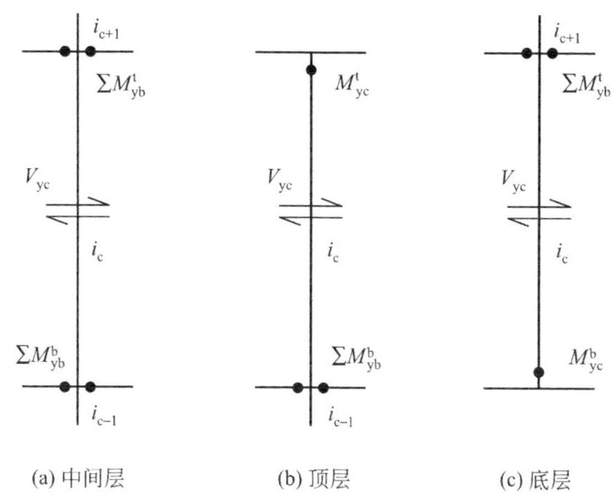

图 7-2　柱端弹性弯矩法

图 7-2(a)、图 7-2(b) 和图7-2（c）的计算方法分别如式(7-7)～式(7-9) 所示。

$$V_{yc} = \frac{M_c^t + M_c^b}{h} \tag{7-7}$$

$$V_{yc} = \frac{M_{yc}^t + M_c^b}{h} \tag{7-8}$$

$$V_{yc} = \frac{M_c^t + M_{yc}^b}{h} \tag{7-9}$$

式中，h 为柱的净高。

本章设计的两榀单层单跨框架试件的层间受剪承载力应按照图 7-2(c) 的情况进行计算，且 $i_{c+1}=0$。

7.2.2 柱端塑性铰法

基本原理：在地震作用下，如果塑性铰首先在梁端出现，则地震作用继续增大时，柱端弯矩继续增长，直至节点上、下某一柱端首先达到屈服弯矩，即首先出现塑性铰。因此，采用此法时，在判定为弱梁型节点之后尚需判定节点的哪一柱端先屈服。

首先判定是否为弱梁型节点：

$$\sum M_{yb}^{t} \times \frac{i_{c}}{i_{c}+i_{c+1}} < M_{yc}^{t} \tag{7-10}$$

或

$$\sum M_{yb}^{t} \times \frac{i_{c+1}}{i_{c}+i_{c+1}} < M_{yc}^{b'} \tag{7-11}$$

式中，$M_{yc}^{b'}$ 为上层柱底截面的屈服弯矩。符合式(7-10)或式(7-11)的节点则为弱梁型节点。

在某层柱的上节点，如果

$$M_{yc}^{b'} \times \frac{i_{c}}{i_{c+1}} < M_{yc}^{t} \tag{7-12}$$

则上层柱底先出现塑性铰，反之本层柱顶先出现塑性铰。

在某层柱的下节点，如果

$$M_{yc}^{t'} \times \frac{i_{c}}{i_{c-1}} < M_{yc}^{b} \tag{7-13}$$

则下层柱顶先出现塑性铰，反之本层柱底先出现塑性铰。其中，$M_{yc}^{t'}$ 为下层柱顶截面的屈服弯矩。

因此，得到三种出现塑性铰的情况，并采用不同的计算公式，如图 7-3 所示。

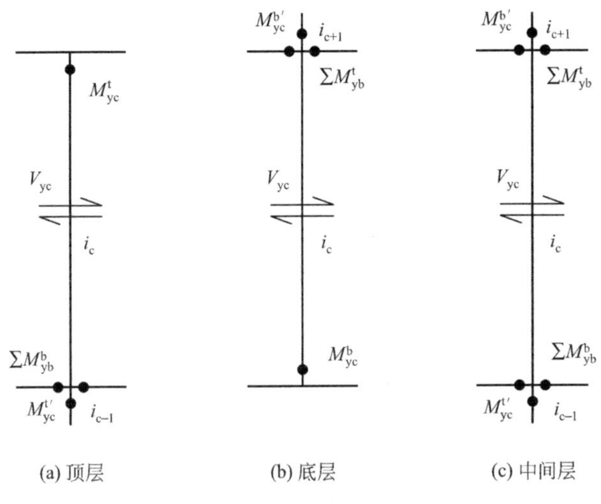

图 7-3 柱顶塑性铰法

图7-3（a）、图7-3（b）和图7-3（c）的计算方法分别如式(7-14)～式(7-16)所示。

$$V_{yc}=\frac{M_{yc}^{t}+M_{yc}^{t'}\times i_{c}/i_{c-1}}{h} \tag{7-14}$$

$$V_{yc}=\frac{M_{yc}^{b}+M_{yc}^{b'}\times i_{c}/i_{c+1}}{h} \tag{7-15}$$

$$V_{yc}=\frac{M_{yc}^{b'}\times i_{c}/i_{c+1}+M_{yc}^{t'}\times i_{c}/i_{c-1}}{h} \tag{7-16}$$

本章设计的两榀单层单跨框架试件的层间受剪承载力应按照图 7-3（b）的情况进行计算，且 $i_{c+1}=0$，根据节点平衡原理，由 $M_{yc}^{b'}\times i_{c}/i_{c+1}=\Sigma M_{yb}^{t}$。

7.2.3　柱底塑性铰法

基本原理：梁端出现塑性铰之后，节点总是在相应的柱底出现塑性铰。

按照式（7-17）近似计算梁端屈服时本层柱顶弯矩。

$$M_{c}^{t}=\sum M_{yb}^{t}\times\frac{i_{c}}{i_{c}+i_{c+1}} \tag{7-17}$$

因此，得到三种出现塑性铰的情况，并采用不同的计算公式，如图 7-4 所示。

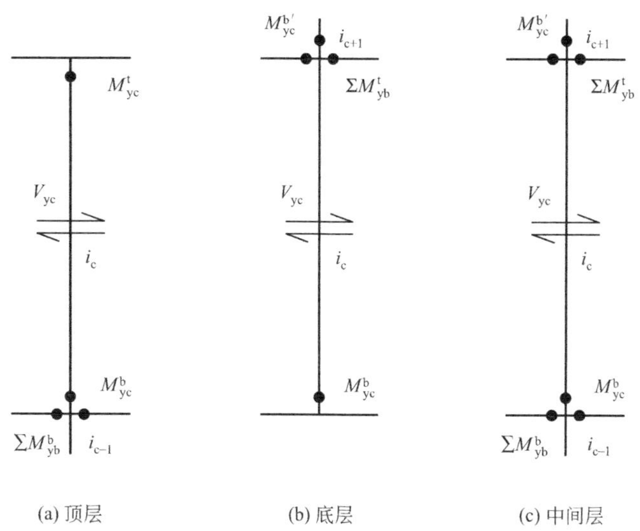

图 7-4　柱底塑性铰法

图7-4（a）、图7-4（b）和图7-4（c）的计算方法分别如式(7-18)～式(7-20)所示。

$$V_{yc}=\frac{M_{yc}^{t}+M_{yc}^{b}}{h} \tag{7-18}$$

$$V_{yc}=\frac{M_{c}^{t}+M_{yc}^{b}}{h} \tag{7-19}$$

$$V_{yc}=\frac{M_{c}^{t}+M_{yc}^{b}}{h} \tag{7-20}$$

本章设计的两榀单层单跨框架试件的层间受剪承载力应按照图 7-4（b）的情况进行计算，且 $i_{c+1}=0$。

框架柱的受剪承载力确定之后，框架试件的层间受剪承载力可按式(7-21) 计算。

$$V_y=\sum V_{yc} \tag{7-21}$$

由本书第 4 章相关分析结果可知，圆 RACFST 柱正截面受弯承载力根据《钢-混凝土组合结构设计规程》DL/T 5085 进行设计计算，方 RACFST 柱的正截面受弯承载力根据《战时军港抢修早强型组合结构技术规程》GJB 4142 计算并乘以 0.92 的折减系数或根据《钢管混凝土结构技术规程》DBJ 13-51 计算并乘以 1.13 的提高系数。

钢筋再生混凝土梁端实际的正截面抗弯承载力 M_{yb} 可按式(7-22) 计算。

$$M_{yb}=f_yA_s(h_0-\alpha'_s) \tag{7-22}$$

式中，f_y 为钢筋的实测屈服强度；A_s 为纵向受拉钢筋的总截面面积；h_0 为截面的有效高度；α'_s 为纵向受压钢筋合力作用点至截面受压边缘的距离。

利用上述三种方法计算框架试件的层间受剪承载力，计算值 V_c 与试验值 V_t 见表 7-2。

RACFST 框架试件层间受剪承载力计算值与试验值对比 **表 7-2**

编号	ΣM_{yc} (kN·mm)	ΣM_{yb} (kN·mm)	V_c (kN)			V_t(kN)	V_c/V_t
			柱端弹性弯矩法	柱顶塑性铰法	柱底塑性铰法		
KJ-1	57.61	14.46	169.57	169.57	169.57	165.38	1.03
KJ-2	61.03	11.36	170.34	170.34	170.34	182.39	0.93

由表 7-2 可见，根据节点类型的判定准则，本章设计的节点属于弱梁型节点。RACFST 框架试件的层间受剪承载力试验值与计算值吻合较好，且由三种计算方法所得的计算值一致，这是因为对于单层单跨框架，三种计算方法均是认为梁端产生塑性铰之后，柱端塑性铰均在柱底产生，而柱顶处于弹性工作状态。虽然三种方法的计算表达式并不一致，但计算实质相同。换言之，采用柱端弹性弯矩法、柱顶塑性铰法和柱底塑性铰法均可有效地计算单层单跨 RACFST 框架的层间受剪承载力。

7.3 刚度计算

在水平荷载作用下，RACFST 框架试件的初始弹性层间刚度的计算方法可采用式(7-23) ～式(7-28) 计算。

$$S=S'-\beta\left(\frac{k}{\pi}\right)^2\frac{P}{h} \tag{7-23}$$

$$S'=\frac{\beta i_c}{h^2} \tag{7-24}$$

$$\beta=\frac{12(r_1r_2+r_1+r_2)}{r_1r_2+4(r_1+r_2)+12} \tag{7-25}$$

$$r_1=\frac{6(i_1+i_2)}{i_c+i_{c1}} \tag{7-26}$$

$$r_2=\frac{6(i_3+i_4)}{i_c+i_{c2}} \tag{7-27}$$

$$\tan\left(\frac{\pi}{k}\right)=\frac{\frac{\pi}{k}(r_1+r_2)}{(\frac{\pi}{k})^2-r_1r_2} \tag{7-28}$$

式(7-23)～式(7-28) 中，S 为轴力作用下柱的抗侧刚度；S'为无轴力作用下柱的抗侧刚度；k 为考虑两端抗转约束的无支撑柱计算长度系数，式(7-23) 的方程解即为 k 的取值；P 为竖向荷载；h 为柱高；i_1、i_2、i_3 和 i_4 为相应的梁线刚度；i_c、i_{c1} 和 i_{c2} 为相应的柱线刚度；r_1、r_2 分别表示 A 端、B 端约束力偶矩与柱线刚度的比值，如图 7-5 所示。

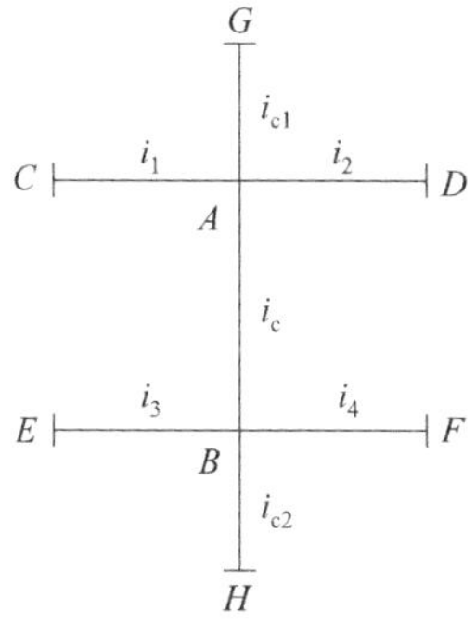

图 7-5 柱 AB 示意图

对于本章设计的两榀单层单跨框架试件，$i_1=i_3=0$ 或 $i_2=i_4=0$，且 $i_{c1}=i_{c2}=0$，由于框架试件底端固定，故 $r_2=\infty$。

在竖向荷载作用下，框架柱的抗侧刚度可采用本书第 4 章的相关分析结果进行计算，框架梁的抗弯刚度采用《混凝土结构设计规范》GB 50010—2010 进行计算。RACFST 柱的抗侧刚度确定之后，对底层各柱的抗侧刚度求和，即可得到 RACFST 框架试件的初始弹性层间刚度，见表 7-3。

RACFST 试件初始弹性层间刚度计算值与试验值 **表 7-3**

编号	计算值 S'_c(kN/mm)	试验值 S'_t(kN/mm)	S'_c/S'_t
KJ-1	39.24	30.22	1.30
KJ-2	35.10	34.48	1.02

由表 7-3 可见，抗侧刚度计算值与试验值总体上吻合较好，建议采用上述方法用于 RACFST 框架初始弹性层间刚度的估算。需要说明的是，初始弹性层间刚度试验实测值取为力控加载时第一级正负荷载的绝对值之和与相应变形的绝对值之和的比值，由于力控开始加载时，实测荷载与位移相对较小，容易对初始弹性层间刚度实测值产生较大的影响，使得计算值与试验值偏离较大。

7.4 累积损伤分析

基于最大弹塑性变形和累积滞回耗能的双参数地震损伤评估模型较好地反映了地震作用下结构的破坏机理及损伤演化过程，从而被广泛地采纳和应用。本节将在构件损伤分析的基础之上，针对圆、方 RACFST 框架的抗震性能试验研究，采用 Park-Ang 双参数模型评估分析结构的损伤演化规律，Park-Ang 双参数模型如式(7-29) 所示。

$$D=\frac{\delta_m}{\delta_u}+\beta\frac{\int d\varepsilon}{Q_y\delta_u} \tag{7-29}$$

式中，δ_m 为地震作用下结构的最大变形；δ_u 为单调荷载作用下结构的极限变形，参考构件的处理方法，δ_u 取为 $\delta_m/0.62$；Q_y 为屈服荷载；$\int d\varepsilon$ 为累积滞回耗能；β 为组合系数，令 $D=1$ 时，试件达到破坏点，反推得到 β，对于圆形框架试件，β 取为 0.0571，对于方形框架试件，β 取为 0.0422。

7.4.1 累积滞回耗能

基于本章实测的滞回曲线数据，得到试件的累积滞回耗能，见表 7-4。其中，各级循环位移对应的数据为本级位移下三次循环结束时的累积滞回耗能。

在不同循环位移下试件 E_c（kN·mm） **表 7-4**

试件编号	Δ_y	$2\Delta_y$	$3\Delta_y$	$4\Delta_y$	$5\Delta_y$	$6\Delta_y$
KJ-1	818.90	5479.88	15290.37	30506.29	48524.97	
KJ-2	1014.10	5301.40	13981.47	28990.66	51677.04	81165.98

由表 7-4 可见，随着循环位移 Δ 的增加，累积滞回耗能 E_c 不断增大，E_c 与 Δ 之间表现出良好的规律性，对 E_c 与 Δ 进行无量纲化分析，如图 7-6 和图 7-7 所示。

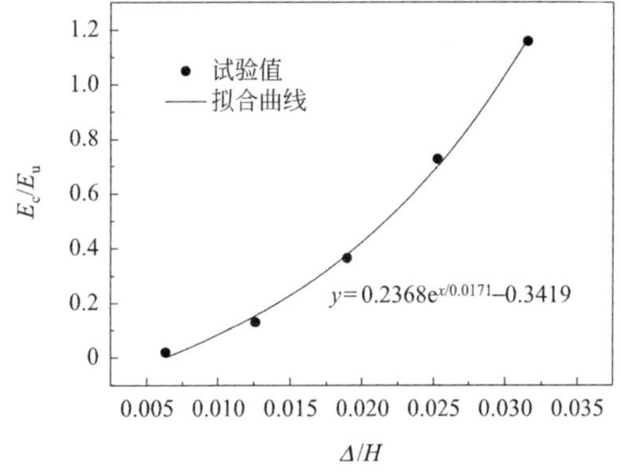

图 7-6 圆形试件 E_c/E_u 与 Δ/H 关系

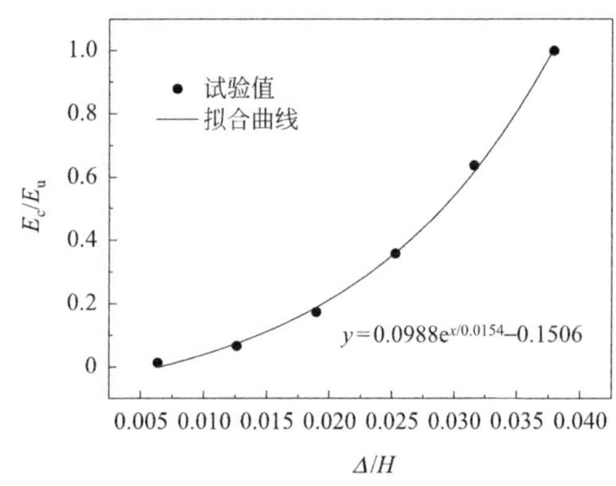

图 7-7 方形试件 E_c/E_u 与 Δ/H 关系

拟合曲线的数学模型如式(7-30）所示。

$$y=a\mathrm{e}^{-x/b}+c \tag{7-30}$$

式中，$y=E_c/E_u$；$x=\Delta/H$；a、b 和 c 为控制参数。对于试件 KJ-1，拟合得到的 a、b 和 c 分别为 0.2368、−0.0171 和−0.3419，$R^2=1.00$；对于试件 KJ-2，拟合得到的 a、b 和 c 分别为 0.0988、−0.0154 和−0.1506，$R^2=1.00$。

7.4.2 极限滞回耗能

参考邱法维等的研究成果，极限滞回耗能 E_u 取为水平承载力降低至峰值荷载的 85% 时的累积滞回耗能，此时试件达到破坏点，$D=1$。实测的两榀框架试件的极限滞回耗能见表 7-5。

为评估本章两榀框架在等位移幅值循环下的疲劳寿命，基于耗能相等的原则，采用第 4 章相关公式，计算得到试件等效等位移幅值 X' 和等价滞回圈数 N_q，见表 7-5。

试件 E_u、X' 和 N_q　　表 7-5

试件编号	E_u	X'(mm)	N_q
KJ-1	41895.73	80.39	3.71
KJ-2	81165.98	77.40	6.76

7.4.3 累计损伤指标

基于实测数据，采用上述双参数累积损伤模型，分析 RACFST 框架试件低周反复荷载作用下的累积损伤。表 7-6 呈现了两榀框架试件在不同循环位移下的累计损伤指标 D，其中，D 取为各级循环位移下第三次循环的累积损伤指标。

在不同循环位移下试件 D　　表 7-6

试件编号	Δ_y	$2\Delta_y$	$3\Delta_y$	$4\Delta_y$	$5\Delta_y$	$6\Delta_y$
KJ-1	0.141	0.318	0.540	0.812	1.110	
KJ-2	0.108	0.231	0.375	0.549	0.759	1.000

由表 7-6 可见，随着循环位移 Δ 的增加，损伤指标 D 逐渐增大。D 与 Δ 之间表现出良好的线性发展规律。对 D 与 Δ 进行量纲化分析，如图 7-8 和图 7-9 所示。

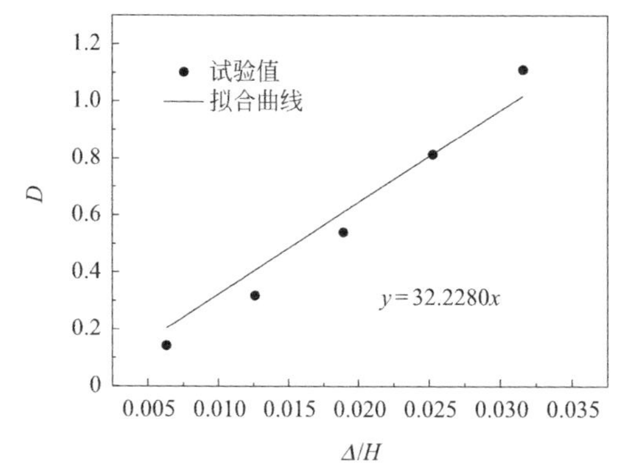

图 7-8　圆形试件 D 与 Δ/H 关系

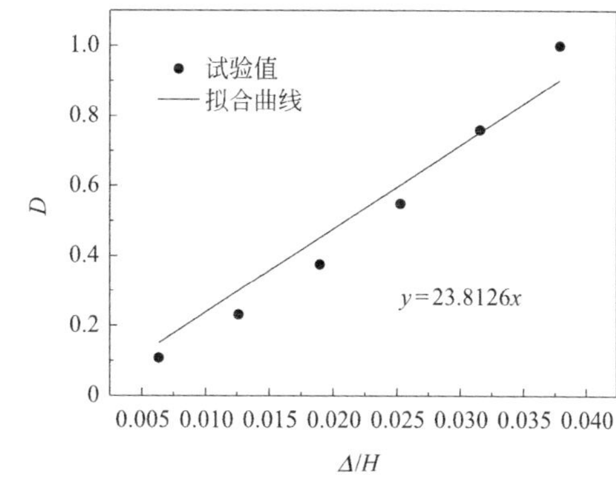

图 7-9　方形试件 D 与 Δ/H 关系

采用最小二乘法拟合分析 D 与 Δ/H 之间的变化规律，其数学模型如式（7-31）所示。

$$y=ax \tag{7-31}$$

式中，y 代表损伤指标 D；$x=\Delta/H$；a 为控制参数。对于试件 KJ-1，拟合得到的 a 为 32.2280，$R^2=0.99$；对于试件 KJ-2，拟合得到的 a 为 23.8126，$R^2=0.99$。

基于变形和累积耗能双控的双参数地震损伤模型，能够有效地评价 RACFST 框架损伤发展过程和抗震能力，建议用于此类结构的弹塑性地震反应分析。

7.5 恢复力模型

7.5.1 骨架曲线模型

将实测的骨架曲线简化为三折线型骨架曲线，两榀框架试件三折线骨架曲线理论模型如图 7-10 所示。简化后的骨架曲线采用无量纲化坐标，点 A、点 B 和点 C 分别表示试件的正向相对屈服点、相对峰值点和相对破坏点，点 A'、点 B' 和点 C' 分别表示试件的负向相对屈服点、相对峰值点和相对破坏点。各特征点的确定方法见第 4 章的相关确定方法，在此不再赘述。试件特征点无量纲化荷载与位移见表 7-7。

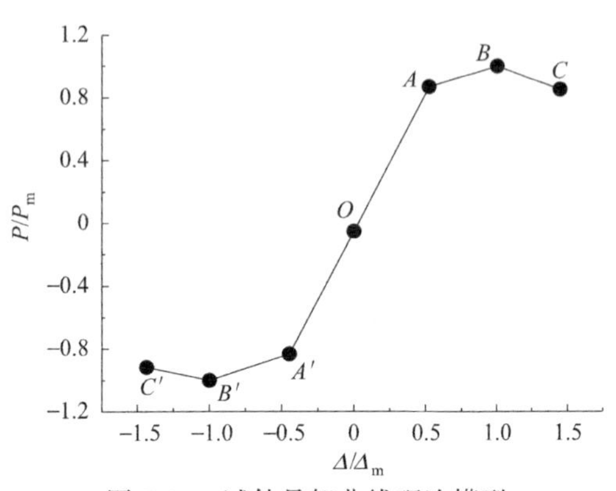

图 7-10　试件骨架曲线理论模型

试件实测骨架曲线无量纲化特征点荷载与位移　　表 7-7

试件编号	加载方向	屈服点		峰值点		破坏点	
		P_y/P_m	Δ_y/Δ_m	P_m/P_m	Δ_m/Δ_m	P_u/P_m	Δ_u/Δ_m
KJ-1	正向	0.5495	0.8633	1.0000	1.0000	1.4182	0.8500
	负向	0.4900	0.8352	1.0000	1.0000	1.6676	0.8814
KJ-2	正向	0.4958	0.8698	1.0000	1.0000	1.4721	0.8500
	负向	0.4010	0.8304	1.0000	1.0000	1.2003	0.9516
平均值	正向	0.5227	0.8665	1.0000	1.0000	1.4452	0.8500
	负向	−0.4455	−0.8328	−1.0000	−1.0000	−1.4340	−0.9165

试件骨架曲线模型中各直线段的线性方程如式(7-32)～式(7-37) 所示：

OA 段：

$$\frac{P}{P_m}=1.6579\frac{\Delta}{\Delta_m} \tag{7-32}$$

AB 段：

$$\frac{P}{P_m}=0.7204+0.2796\frac{\Delta}{\Delta_m} \tag{7-33}$$

BC 段：

$$\frac{P}{P_m}=1.3369-0.3369\frac{\Delta}{\Delta_m} \tag{7-34}$$

OA'段：

$$\frac{P}{|P_m|}=1.8694\frac{\Delta}{|\Delta_m|} \tag{7-35}$$

$A'B'$段：

$$\frac{P}{|P_{\mathrm{m}}|}=-0.6985+0.3015\frac{\Delta}{|\Delta_{\mathrm{m}}|}\tag{7-36}$$

$B'C'$段：

$$\frac{P}{|P_{\mathrm{m}}|}=-1.1924-0.1924\frac{\Delta}{|\Delta_{\mathrm{m}}|}\tag{7-37}$$

采用上述线性表达式，得到特征点荷载的理论计算值，将实测骨架曲线与理论骨架曲线进行对比分析，如图 7-11 所示，其中，T 表示试验实测曲线，M 表示理论模型曲线。可见，试验实测骨架曲线与理论计算骨架曲线吻合较好，表明经过数理统计分析所提出的理论模型能够较好地预测低周反复荷载作用下 RACFST 框架的骨架曲线。

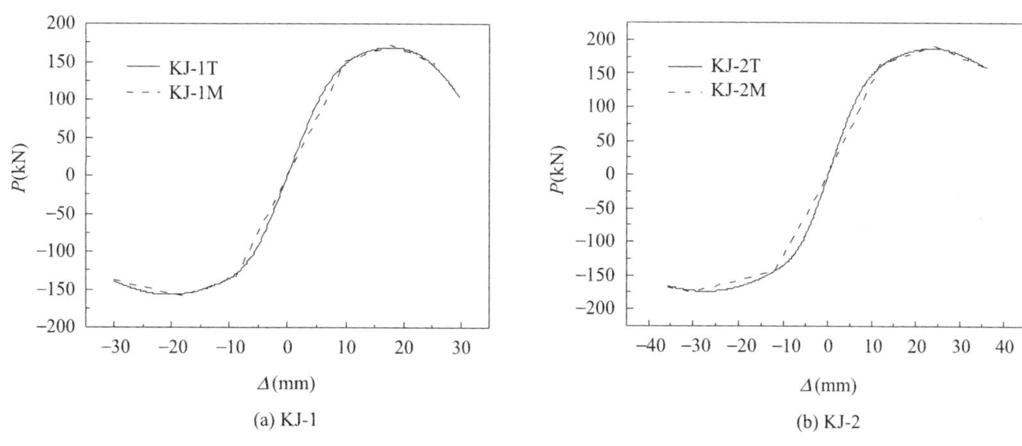

图 7-11　试件实测骨架曲线与理论计算骨架曲线对比

7.5.2　刚度退化

从试验滞回、骨架曲线可见，加、卸载刚度随循环位移的增加逐渐退化。反复荷载作用下试件加、卸载刚度退化如图 7-12 所示，其中，K 表示正向卸载刚度，即点 1(卸载开始）与点 2(卸载至零）之间连线的斜率，K'表示负向卸载刚度，即点 3(卸载开始）与点 4(卸载至零）之间连线的斜率。

(1）正向卸载刚度 K 退化规律

将点 1 与点 2 之间的所有数据点进行线性回归拟合，得到直线 12 的斜率 K，对正向卸载刚度 K 与循环位移进行无量纲化分析，如图 7-13 所示。K/K_0 与$\Delta/\Delta_{\mathrm{m}}$之间表现出了良好的指数函数关系，采用最小二乘法进行拟合分析，其数学模型如式(7-38)所示。

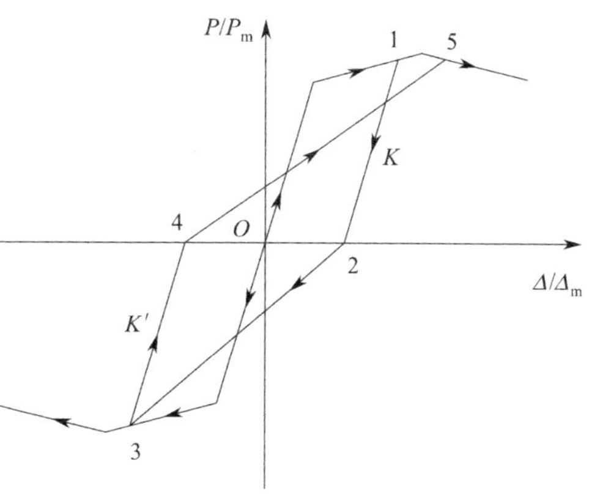

图 7-12　刚度退化规律

$$y=a\mathrm{e}^{-x/b}+c \tag{7-38}$$

式中，$y=K/K_0$；$x=\Delta/\Delta_m$；K_0 为正负屈服点经线性回归得到的斜率，即试件的初始刚度；Δ_m 为正向峰值点循环位移；a、b 和 c 为控制参数，拟合得到的数据分别为 1.6970、0.6081 和 0.7926，$R^2=0.94$。

正向卸载刚度回归方程如式（7-39）所示。

$$\frac{K}{K_0}=1.6970\mathrm{e}^{\frac{-\Delta}{0.6081\Delta_m}}+0.7926 \tag{7-39}$$

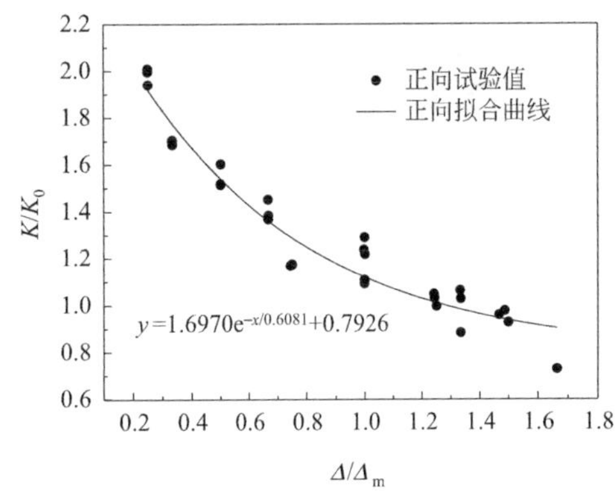

图 7-13　正向卸载刚度 K 退化规律曲线

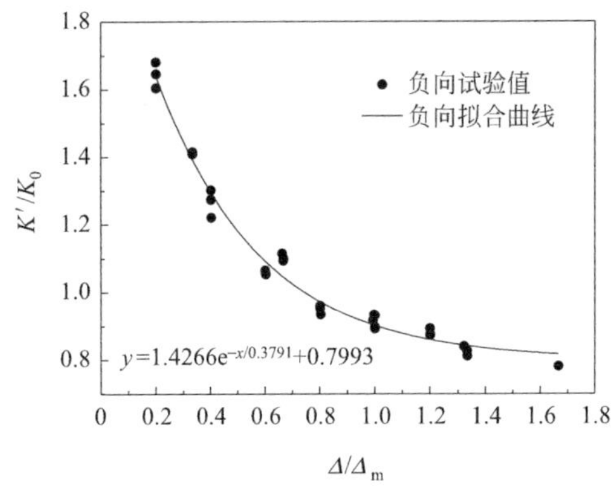

图 7-14　负向卸载刚度 K 退化规律曲线

（2）负向卸载刚度 K 退化规律

将点 3 与点 4 之间的所有数据点进行线性回归拟合，得到直线 34 的斜率 K'，对负向卸载刚度 K' 与循环位移进行无量纲化分析，如图 7-14 所示。K'/K_0 与 Δ/Δ_m 之间同样表现出了良好的指数函数关系，采用数学表达式(7-38) 进行拟合分析。拟合得到的数据分别为 1.4266、0.3791 和 0.7993，$R^2=0.98$。

负向卸载刚度回归方程可表示为：

$$\frac{K'}{K_0}=1.4266\mathrm{e}^{\frac{-\Delta}{0.3791\Delta_m}}+0.7993 \tag{7-40}$$

7.5.3　恢复力模型的建立

将骨架曲线理论模型与卸载刚度变化规律进行组合，并考虑位移幅值承载力突降的特殊处理方法，建立了适合于 RACFST 框架试件的恢复力模型，如图 7-15 所示，对此恢复力模型的相关说明如下所示。

（1）$A(A')$为正(负)向屈服点，$B(B')$为正(负)向峰值点，$C(C')$为正(负)向破坏点；相应地，$OA(OA')$为正(负)向弹性段，$AB(A'B')$为正(负)向屈服段，$BC(B'C')$为正(负)向破坏段；

（2）试件正(负) 向达到位移幅值并开始卸载时，承载力降低较多，通过对大量数据对比分析，直线降低后的正负向荷载值建议分别取为 $0.8P_m$ 和 -0.8；

（3）对试件进行正(负) 向加载时，沿骨架曲线 $OABC$（$OA'B'C'$）进行。当在 OA（OA'）段卸载时，卸载路线沿 $AO(A'O)$，刚度为初始弹性刚度 K；在 AB 段卸载时，首先承载力降低至 0.8P，并沿卸载路线 1′2 进行，卸载刚度按照 K 进行计算；当正向卸载到点 2 再负向加载时，若试件负向并未屈服，则指向负向屈服点 A'，即沿着 $2A'B'C'$进行，若负向已经屈服，则指向上次经过的最大点 3，即沿着 $23B'C'$进行；若在 $A'B'$卸载时，首先承载力降低至 0.8P，并沿卸载路线 3′4 进行，卸载刚度按照 K'进行计算；当负向卸载到点 4 再进行正向加载时，则指向正向上次经过的最大点 1，即沿着 41BC 进行；当在破坏段 BC 卸载时，首先承载力降低至 0.8P，并沿卸载路线 5′6 进行，卸载刚度按照 K 进行计算；当正向卸载到点 6 并负向加载时，若负向加载未达到峰值荷载，则指向极限点 B'，即沿着 $6B'C'$进行，若负向加载超过峰值点，则指向上次经过的最高点 7，即沿着 $67C'$进行；当在破坏段 $B'C'$卸载时，首先承载力降低至 0.8P，并沿卸载路线 7′8 进行，卸载刚度按照 K'进行计算；当负向卸载到点 8 并正向加载时，沿着 85C 进行；其他情况依此类推。

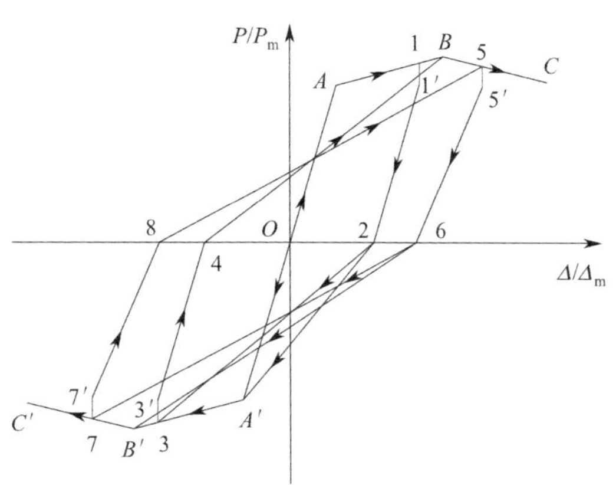

图 7-15 恢复力模型

7.5.4 恢复力模型与试验结果的比较

将实测的滞回曲线与恢复力模型计算曲线进行对比，如图 7-16 所示。可见，恢复力模型计算曲线与实测滞回曲线吻合较好，表明本章建立的低周反复荷载作用下 RACFST 框架的恢复力模型能较好地反映荷载与位移的滞回关系，建议用于该类结构的弹塑性地震反应分析。需要说明的是，试件 KJ-1 的实测曲线与计算曲线在最后一级正向循环位移时差别较大，这是由于最后一级正向循环位移所对应的荷载已远远低于 0.85P_m，超出了三折线型骨架曲线的覆盖范围，故计算值与试验值差别较大。

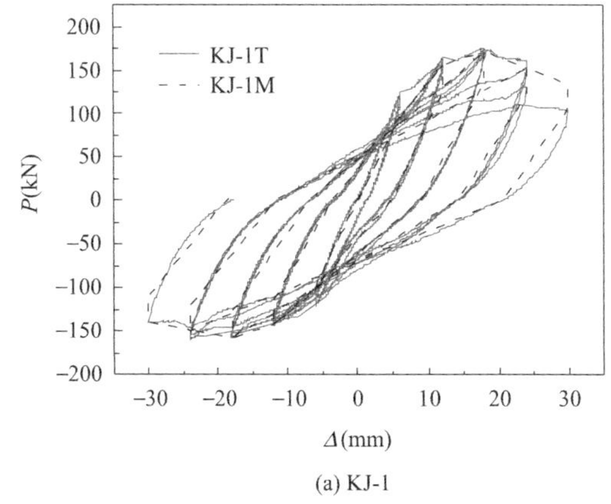

(a) KJ-1

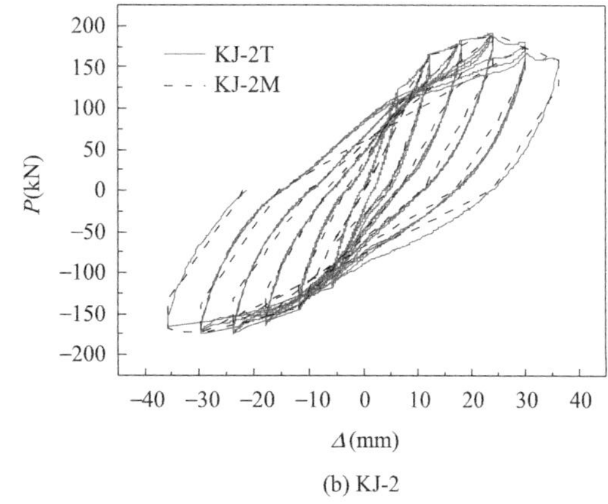

(b) KJ-2

图 7-16 试件恢复力模型计算曲线与实测滞回曲线对比

7.6 小　　结

本章在两榀 RACFST 框架试件抗震性能试验研究的基础之上，对其抗震性能指标与相关模型进行了探讨，主要得到以下结论：

（1）P-Δ 二阶效应对 RACFST 框架强度有影响。随循环位移的增加，影响越来越大。

（2）建议采用柱端弹性弯矩法、柱顶塑性铰法或柱底塑性铰法用于单层单跨 RACFST 框架的层间受剪承载力的设计计算。

（3）建议本章采用的方法用于压弯 RACFST 框架初始弹性层间刚度的估算。

（4）基于变形和累积耗能控制的双参数地震损伤模型能够有效地评价 RACFST 框架损伤发展过程和抗震能力，建议用于此类结构的弹塑性地震反应分析。

（5）本章建立的低周反复荷载作用下 RACFST 框架结构的三折线恢复力模型能较好地反映荷载与位移的滞回关系，建议用于该类结构的弹塑性地震反应分析。

第 8 章　钢管再生混凝土框架结构基于位移的抗震设计方法

8.1　抗震性能设计控制参数

8.1.1　地震设防水准

地震设防水准是指未来可能作用于结构上的地震作用的大小，也称为地震风险水平。由于技术和经济条件的不同，国内外对地震设防水准的规定并不相同。国内地震设防水准见表 8-1。

我国地震设防水准的划分　　**表 8-1**

地震设防水准	50 年超越概率(%)	重现期(a)
多遇地震(小震)	63.2	50
设防地震(中震)	10	475
罕遇地震(大震)	2～3	1642～2475

上述三水平地震设防水准考虑了建筑物可能遭受的地震作用大小，比较适合我国国情，本章将沿用此设防水准进行钢管再生混凝土结构性能设计的基础研究。

8.1.2　性能水准

性能水准是指在某一设计地震水平下，建筑物达到的最大破坏程度。欧进萍等研究结果表明：将结构或构件的性能水准划分为五档，可以在设计基准期内有效地控制结构或构件在未来地震作用下的经济损失。本章将钢管再生混凝土柱及框架的破坏状态划分为基本完好、轻微破坏、中等破坏、不严重破坏和严重破坏，并定义相应的性能水准分别为正常使用、暂时使用、修复后使用、生命安全和防止倒塌。

由本书第 2 章试验结果可知，钢管再生混凝土柱发生了弯曲破坏，其性能水准及宏观描述见表 8-2。

钢管再生混凝土柱性能水准及宏观描述　　**表 8-2**

性能水准	宏观描述	破坏状态	继续使用的可能性
正常使用	构件处于弹性阶段，无残余变形	基本完好	一般不需要修理

续表

性能水准	宏观描述	破坏状态	继续使用的可能性
暂时使用	构件出现残余变形,进入非线性工作阶段	轻微破坏	不需要修理或稍加修理
修复后使用	柱底钢管截面部分屈服	中等破坏	需一般修理,并采取安全措施
生命安全	柱底钢管全截面屈服	不严重破坏	排险大修,局部拆除
防止倒塌	柱底钢管鼓曲严重,塑性铰非常明显	严重破坏	拆除

由本书第 5 章试验结果可知，钢管再生混凝土框架梁发生了弯曲及弯剪破坏，框架柱底部出现弯曲破坏，其性能水准及宏观描述见表 8-3。

RACFST 框架性能水准及宏观描述 **表 8-3**

性能水准	宏观描述	破坏状态	继续使用的可能性
正常使用	梁内 RAC 出现少量弯曲裂缝,RACFST 柱完好,结构处于弹性变形阶段,无残余变形	基本完好	一般不需要修理
暂时使用	梁端出现多条弯曲裂缝,RACFST 柱内 RAC 轻微开裂,梁中纵向钢筋开始屈服,结构进入非线性工作阶段	轻微破坏	不需要修理或稍加修理
修复后使用	RACFST 柱内 RAC 出现多条弯曲裂缝,横梁两端均形成塑性铰,RACFST 柱端钢管屈服,结构出现明显的塑性变形	中等破坏	需一般修理,并采取安全措施
生命安全	梁端 RAC 压碎剥落,RACFST 柱底钢管全截面屈服,结构整体进入屈服状态,但结构保持稳定,具有足够的承载力储备	不严重破坏	排险大修,局部拆除
防止倒塌	梁端 RAC 大面积剥落,损坏严重,RACFST 柱底钢管鼓曲,结构处于软化工作阶段,保持不倒	严重破坏	拆除

8.1.3 性能水准量化准则

门进杰等研究表明：水平位移角能够反映结构或构件的宏观变形，与结构或构件的破坏程度有较高的关联性，且与我国《建筑抗震设计规范》GB 50011—2010 规定的量化指标一致。本章以水平位移角作为量化指标，进行量化准则的分析。

为使水平位移角量化准则更具有代表性，基于本书第 2 章、李卫秋、黄一杰与肖建庄、吴波等、张金锁、Yang 等、Yang 与 Zhu 相关研究数据，分别对 47 个圆钢管再生混凝土柱（C-RACFST）和 36 个方钢管再生混凝土柱（S-RACFST）抗震试验结果进行汇总分析，分别如图 8-1、图 8-2 所示。其中，正常使用性能水准量化水平位移取为 0.6 倍峰值荷载所对应的位移，防止倒塌性能水准量化水平位移取为荷载下降至 85%峰值荷载所对应的位移。

高晓旺与沈聚敏研究结果表明：构件性能水准水平位移角试验结果数据服从正态分布。由图 8-1、图 8-2 可见，尽管所统计的 RACFST 柱设计参数以及加载方案并不一致，但其正常使用和防止倒塌水平位移角的统计数据表现出了良好的正态分布规律。基于正态分布统计方法，得到圆、方 RACFST 柱在不同保证率下正常使用和防止倒塌水平位移角限值，见表 8-4。

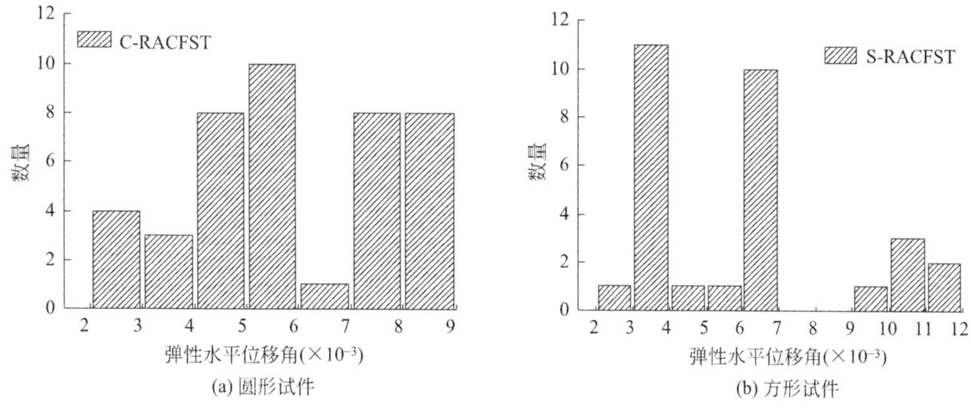

(a) 圆形试件　　(b) 方形试件

图 8-1　RACFST 柱正常使用水平位移角统计

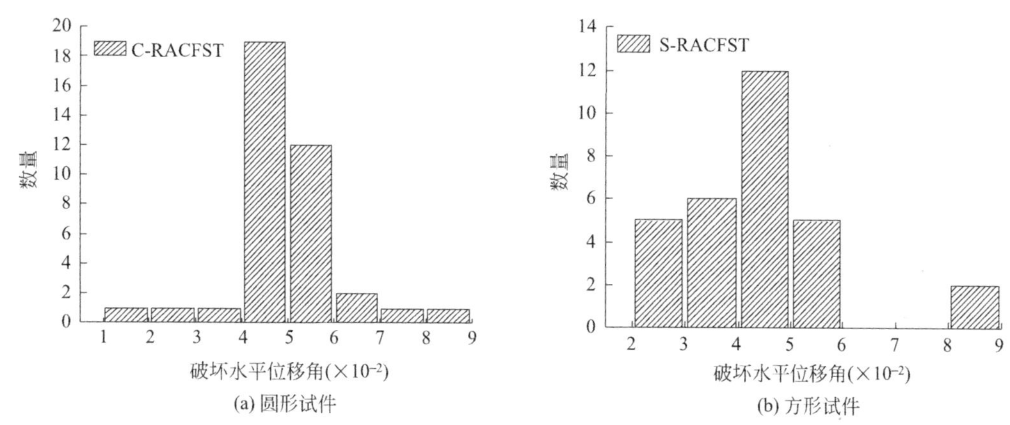

(a) 圆形试件　　(b) 方形试件

图 8-2　RACFST 柱防止倒塌水平位移角统计

圆、方 RACFST 柱在不同保证率下正常使用和防止倒塌水平位移角限值　　表 8-4

圆形试件	正常使用	水平位移角限值	1/172	1/180	1/188	1/198	1/210	1/224	1/242	1/267	1/307	1/395
		保证率(%)	50	55	60	65	70	75	80	85	90	95
	防止倒塌	水平位移角限值	1/21	1/22	1/22	1/23	1/24	1/25	1/27	1/29	1/31	1/36
		保证率(%)	50	55	60	65	70	75	80	85	90	95
方形试件	正常使用	水平位移角限值	1/167	1/177	1/188	1/201	1/217	1/238	1/266	1/308	1/385	1/611
		保证率(%)	50	55	60	65	70	75	80	85	90	95
	防止倒塌	水平位移角限值	1/22	1/23	1/24	1/26	1/27	1/29	1/31	1/34	1/39	1/50
		保证率(%)	50	55	60	65	70	75	80	85	90	95

由表 8-4 可见，针对圆、方形试件，正常使用和防止倒塌水平位移角限值越小，其保证率越大，结果越偏于保守，且过高的保证率会使试件的性能发挥不充分，浪费较多的建筑成本，所以，保证率不宜过高。门进杰等建议保证率取为 70%～85%，本章取为 80%。在此保证率下，圆形试件的正常使用和防止倒塌水平位移角限值分别为 1/242 和 1/27，

方形试件的正常使用和防止倒塌位移角限值分别为 1/266 和 1/31。

依据《建筑抗震设计规范》GB 50011—2010，中等破坏时柱的变形取为弹性限值和弹塑性限值的平均值，轻微破坏时柱的变形取为中等破坏的一半，不严重破坏取为防止倒塌的弹塑性变形限值的 90%。在 80%的保证率下，圆、方形试件在正常使用、暂时使用、修复后使用、生命安全和防止倒塌五档性能水准下的量化水平位移角限值见表 8-5。

圆、方形试件量化水平位移角限值 **表 8-5**

性能水准	正常使用	暂时使用	修复后使用	生命安全	防止倒塌
圆形试件	1/242	1/98	1/49	1/30	1/27
方形试件	1/266	1/112	1/56	1/34	1/31

由于仅开展了两榀框架试件的抗震试验结果，试验样本数据不足，难以进行框架层面水平位移角量化准则分析。尽管框架结构的变形是梁、柱、节点等构件变形的综合结果，但框架的变形能力主要取决于柱的变形能力。偏于安全设计，在五档性能水准下 RACFST 框架结构的水平位移角限值取为 RACFST 柱的水平位移角限值。

8.1.4 性能目标

性能目标是指具有一定超越概率的地震发生时，结构或构件期望的最大破坏程度。换而言之，性能目标是地震设防水准与构件性能水准的组合。性能目标的建立需要综合考虑场地特征、构件功能与重要性、投资与效益、震后损失与恢复重建、潜在的历史或文化价值、社会效益及业主的承受能力等诸多因素。本章按照三水平地震设防水准和五档性能水准，建立了 RACFST 结构指导性的性能目标，如表 8-6 所示。根据结构抗震设防类别的不同，将 RACFST 建筑分为甲类建筑、乙类建筑和丙类建筑，如表 8-7 所示。

RACFST 结构性能目标 **表 8-6**

地震设防水准	性能水准				
	正常使用	暂时使用	修复后使用	生命安全	防止倒塌
多遇烈度地震	②	①	①	①	①
基本烈度地震	④	③或④	②或③	②	①
罕遇烈度地震	①	④	③或④	②或③	②

注：表中①、②、③和④分别表示不可接受的情况、基本性能目标、重要性能目标和特殊性能目标。

RACFST 建筑性能目标分组 **表 8-7**

建筑分组	性能目标	说 明
甲类	特殊性能目标④	涉及国家公共安全的重大建筑工程。在基本烈度地震作用下，处于弹性阶段，可以正常使用，细部构造满足低等延性的要求即可
乙类	重要性能目标③	地震时使用功能不能中断或需要尽快恢复的生命线建筑工程。在基本烈度地震作用下，有轻微或明显的塑性变形；在罕遇烈度地震作用下，有明显的塑性变形，细部构造需要满足中等延性的要求
丙类	基本性能目标②	按标准要求进行设防的建筑，相当于基本设防目标。在多遇烈度地震作用下，处于弹性阶段；在基本烈度地震作用下，结构整体进入屈服状态或出现明显的塑性变形；在罕遇烈度地震作用下，塑性变形严重但不倒塌，细部构造需要满足高等延性的要求

综合表 8-6、表 8-7，确立了基于性能的三水准抗震设防目标。以基本性能目标为例，在多遇烈度地震作用下，建筑结构正常使用；在基本烈度地震作用下，建筑结构须保证生命安全或修复后使用；在罕遇烈度地震作用下，建筑结构不发生倒塌或保证生命安全。

此外，由表 8-6 可见，对于基本烈度地震和罕遇烈度地震，同一个性能目标可以对应不同的性能水准。以基本烈度地震为例，对应于基本性能目标的性能水准可以是生命安全，也可以是修复后使用。业主可以根据建筑构件的使用功能和重要性、实际需求和自身投资能力等因素选择生命安全的性能水准或者一个稍高的修复后使用性能水准，其他情况以此类推。

综上所述，基于位移的 RACFST 抗震结构性能设计，首先要确定地震设防水准、性能水准和性能目标等性能设计控制参数，同时要考虑建筑结构的重要性、场地条件以及业主的需要，进行不低于抗震基本设防目标的性能设计。

8.2　等效单自由度体系的等效参数

基于位移的抗震设计方法需要将具有 n 个自由度的多自由度体系转化为等效单自由度体系。为此，进行下列三点假定：

（1）等效单自由度体系的变形侧移模式与多自由度体系的变形侧移模式相同；

（2）等效单自由度体系的基底剪力等于多自由度体系的基底剪力；

（3）在地震作用下，等效单自由度体系所做的功与多自由度体系所做的功相等。

现将具有 10 个自由度的 10 层方 RACFST 框架结构转化为等效单自由度体系。等效单自由度体系的等效质量为 M_{eff}，等效阻尼比为 ζ_{eff}，等效位移为 u_{eff}，等效刚度为 K_{eff}，等效加速度为 a_{eff}，基底剪力为 V_{B}，等效周期为 T_{eff}。

由假定（1）可知，多自由度体系中各质点的位移 u_i 如式(8-1) 所示。

$$u_i=\phi_i z(t) \tag{8-1}$$

式中，ϕ_i 为侧移形状系数；$z(t)$为与时间相关的函数。

假定在水平地震作用下，各质点做简谐振动，则式(8-1) 中各质点位移 u_i 可由式(8-2) 计算得到，各质点加速度如(8-3) 所示。

$$u_i=Y_0\sin\omega t\phi_i \tag{8-2}$$

$$a_i=-\omega^2 Y_0\sin\omega t\phi_i=-\omega^2 u_i \tag{8-3}$$

式中，Y_0 为振幅；ω 为圆频率。

在多自由度体系中，各质点水平地震作用如式(8-4) 所示。

$$F_i=m_i a_i=m_i c_i a_{\mathrm{eff}} \tag{8-4}$$

式中，$c_i=\dfrac{u_i}{u_{\mathrm{eff}}}$；由式(8-2)、式(8-3) 可知，加速度与位移成正比关系。因此，

$$c_i=\frac{u_i}{u_{\mathrm{eff}}}=\frac{a_i}{a_{\mathrm{eff}}} \tag{8-5}$$

由假定（2）可知，由于单自由度体系与多自由度体系的基底剪力相等，则基底剪力 V_B 如式(8-6) 所示。

$$V_B=\sum_{i=1}^{n}F_i=\sum_{i=1}^{n}m_ia_i=(\sum_{i=1}^{n}m_ic_i)a_{eff}=M_{eff}a_{eff} \tag{8-6}$$

把式(8-5) 代入式(8-6)，得到等效单自由度体系的等效质量 M_{eff}，如式(8-7) 所示。

$$M_{eff}=\frac{(\sum_{i=1}^{n}m_iu_i)}{u_{eff}} \tag{8-7}$$

假定水平地震按照倒三角分布加载，联立式(8-4) ～式(8-7)，得到各质点的水平地震作用 F_i 如式(8-8) 所示。

$$F_i=\frac{m_iu_i}{\sum_{j=1}^{n}m_ju_j}V_B \tag{8-8}$$

由假定（3）可知，单自由度体系与多自由度体系的水平地震做功相同。因此，

$$V_B\cdot u_{eff}=\sum_{i=1}^{n}F_iu_i \tag{8-9}$$

将式(8-8) 代入式(8-9)，得到单自由度体系等效位移 u_{eff}，如(8-10) 所示。

$$u_{eff}=\frac{\sum_{i=1}^{n}m_iu_i^2}{\sum_{i=1}^{n}m_iu_i} \tag{8-10}$$

单自由度体系等效刚度示意如图 8-3 所示。等效刚度 K_{eff} 取最大位移对应的割线刚度，根据动力学基本原理，可以得到等效刚度 K_{eff} 和基底剪力 V_B，分别如式(8-11)、式(8-12) 所示。

$$K_{eff}=\left(\frac{2\pi}{T_{eff}}\right)^2M_{eff} \tag{8-11}$$

$$V_B=K_{eff}\cdot u_{eff} \tag{8-12}$$

等效单自由度体系的等效阻尼比 ζ_{eff} 为黏滞阻尼比 ζ_{vis} 和滞回阻尼比 ζ_{hys} 之和，如式（8-13）所示。

$$\zeta_{eff}=\zeta_{vis}+\zeta_{hys} \tag{8-13}$$

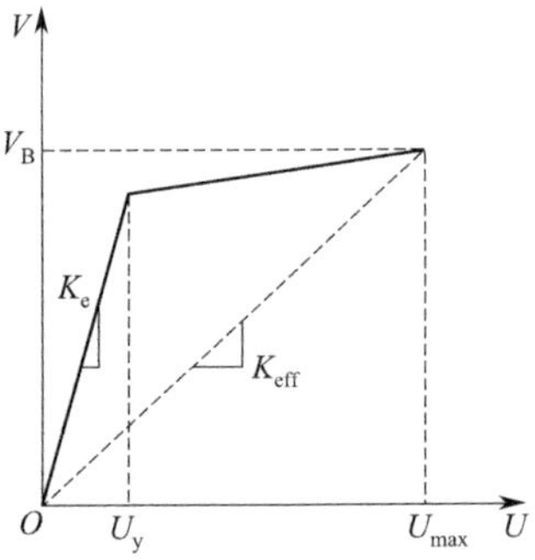

图 8-3　单自由度体系等效刚度示意

由于阻尼比的取值与众多因素有关，很多学者对此做出了研究。本章采用 Miranda 与 Ruiz-Garcia 提出的计算模型，如式(8-14) 所示。

$$\zeta_{eff}=\zeta_0+0.2\left(1-\frac{1}{\sqrt{\mu}}\right) \tag{8-14}$$

式中，ζ_0 为黏滞阻尼比，取 0.05。μ 为位移延性要求。方 RACFST 框架结构在正常使用、暂时使用、修复后使用、生命安全和防止倒塌五档性能水准下的 μ 值分别取为 1.5、2.0、3.0、4.0 和 4.5。

8.3　位移反应谱

根据式(8-15) 将加速度反应谱转化为位移反应谱，转换后的结果如式(8-16)～式(8-19) 所示。转换后的位移反应谱分为直线上升段、水平段、曲线下降段和直线下降段四个阶段。当已知等效单自由度体系的位移反应谱 S_d、设防水准、场地类别、阻尼比 ζ，可根据式(8-16)～式(8-19)确定自振周期 T，即等效周期 T_{eff}。

$$S_d=\left(\frac{T}{2\pi}\right)^2 S_a \tag{8-15}$$

式中，S_d 为位移反应谱；S_a 为基于《建筑抗震设计规范》GB 50011—2010 的加速度反应谱；T 为自振周期。

（1）直线上升段

$$T^2[0.45+10(\eta_2-0.45)T]=\frac{4\pi^2 S_d}{a_{max}g} \qquad (T\leqslant 0.1s) \tag{8-16}$$

式中，a_{max} 为水平地震影响系数最大值。对于基本烈度地震，当设防烈度为 7 度，8 度、9 度时，a_{max} 分别为 0.23、0.45、0.90；对于与基本烈度地震相应的多遍地震和罕遇地震，按《建筑抗震设计规范》GB 50011—2010 取值。η_2 表示阻尼调整系数，$\eta_2=1+\frac{0.05-\zeta}{0.08+1.6\zeta}$；当 $\eta_2<0.55$ 时，$\eta_2=0.55$。ζ 为阻尼比。

（2）水平段

$$T=2\pi\sqrt{\frac{S_d}{\eta_2 a_{max}g}} \qquad (0.1s\leqslant T\leqslant T_g) \tag{8-17}$$

（3）曲线下降段

$$T=\left(\frac{4\pi^2}{T_g^r}\cdot\frac{S_d}{\eta_2 a_{max}g}\right)^{\frac{1}{2-r}} \qquad (T_g\leqslant T\leqslant 5T_g) \tag{8-18}$$

式中，r 为曲线下降段衰减系数，$r=0.9+\frac{0.05-\zeta}{0.3+6\zeta}$。

（4）直线下降段

$$T^2[0.2^r\eta_2-\eta_1(T-5T_g)]=\frac{4\pi^2 S_d}{a_{max}g} \qquad (5T_g\leqslant T\leqslant 6.0s) \tag{8-19}$$

式中，η_1 表示下降斜率调整系数，$\eta_1=0.02+\frac{0.05-\zeta}{4+32\zeta}$；当 $\eta_1<0$ 时，取 $\eta_1=0$。

8.4　目标位移确定

首先，假定结构在水平地震作用下各楼层均达到层间位移角限值。根据不同性能水准的层间位移角限值，由式(8-20)～式(8-22) 可以得到楼层目标位移。

$$(\Delta u)_i=[\theta]h_i \tag{8-20}$$

$$u_i=\sum_{j=1}^{i}(\Delta u)_j \tag{8-21}$$

$$u_t=\sum_{j=1}^{n}(\Delta u)_j \tag{8-22}$$

式中，$(\Delta u)_i$ 为层间相对位移；$[\theta]$ 为结构的层间位移角限值；h_i 为层高；u_i 为楼层绝对位移；u_t 为结构顶点的位移。

显然，在通常情况下，结构某一层或某几层能够达到层间位移角限值，其他各楼层均未达到极限状态。因此，需要对式(8-20)～式(8-22) 计算得到的目标位移进行修正。参考史庆轩等研究成果，方 RACFST 框架结构侧移形状系数的表达式如式(8-23)～式(8-25) 所示。修正后的方 RACFST 框架结构楼层绝对位移如式(8-26) 所示。

$$\phi_i=\frac{h_i}{h_n} \qquad (n\leqslant 4) \tag{8-23}$$

$$\phi_i=\frac{h_i}{h_n}\left(1-\frac{0.5(n-4)h_i}{16h_n}\right) \qquad (4<n<20) \tag{8-24}$$

$$\phi_i=\frac{h_i}{h_n}\left(1-0.5\frac{h_i}{h_n}\right) \qquad (n\geqslant 20) \tag{8-25}$$

$$u_i=\phi_i\cdot\left(\frac{u_c}{\phi_c}\right) \tag{8-26}$$

式中，n 为方 RACFST 框架结构的层数；ϕ_i 为侧移形状系数；h_i 为第 i 层的位置高度；h_n 为建筑物总高度；u_c 为最先达到极限状态楼层的水平位移，可直接按照式(8-20)、式(8-21)计算；ϕ_c 为最先达到极限状态楼层的侧移形状系数，按式(8-23)～式(8-25)确定。

8.5 基于位移的抗震性能设计步骤

对方 RACFST 框架结构进行基于位移的抗震设计，具体设计步骤如下所示：

(1) 确定框架结构的柱网、层高和构件截面尺寸以及材料强度等级等。

(2) 依据建筑重要性的需求，确定方 RACFST 框架结构在一定强度水准地震作用下层间位移角限值 $[\theta]$。由式(8-20)～式(8-22) 得出层间相对位移、顶点位移和绝对位移。

(3) 由式(8-7)、式(8-10) 分别确定等效单自由度体系的等效质量 M_{eff} 和等效位移 u_{eff}。

(4) 由式(8-14) 计算等效阻尼比 ζ_{eff}，然后根据设防烈度、等效阻尼比 ζ_{eff} 和单自由度体系等效位移 u_{eff}，按照式(8-16)～式(8-19)得到等效单自由度体系的等效周期 T_{eff}。然后，按式(8-11) 计算等效单自由度体系的等效刚度 K_{eff}，由 K_{eff} 和 u_{eff} 按式(8-12) 计算得到基底剪力 V_B。将基底剪力按倒三角进行分配，按式(8-8) 计算得到各质点的水平地震作用 F_i。

(5) 由式(8-23)～式(8-26) 设计得到方 RACFST 框架结构的侧移曲线，对比分析设计得到的侧移曲线形状与基于静力弹塑性分析得到的侧移曲线形状是否一致。如有较大差距，将静力弹塑性分析所得到的某一层达到层间位移角限值时的侧移曲线作为修正的侧移曲线重新计算，直至完成最终计算。

8.6 方 RACFST 框架结构算例及其分析

选取某 10 层方 RACFST 框架结构为研究对象，纵、横向结构跨度均为 5.0m，平面布置如图 8-4 所示。首层层高为 3.9m，其余楼层层高为 3.6m；再生混凝土强度等级为 C40；方钢管牌号 Q345，壁厚为 5mm，密度为 7800kg/m^3，泊松比为 0.3；楼板厚度 120mm，其保护层厚度为 15mm。方钢管再生混凝土柱截面尺寸为 500mm×500mm，梁截面尺寸为 300mm×600mm，梁的保护层厚度为 25mm。抗震设防烈度为 8 度、Ⅱ类场地、设计地震分组为第一组。梁内上、下各配置 2 根钢筋，钢筋级别 HRB400，钢筋直径 20mm。板内配置双层双向配筋，钢筋级别 HRB400，双层双向钢筋间距均为 200mm。

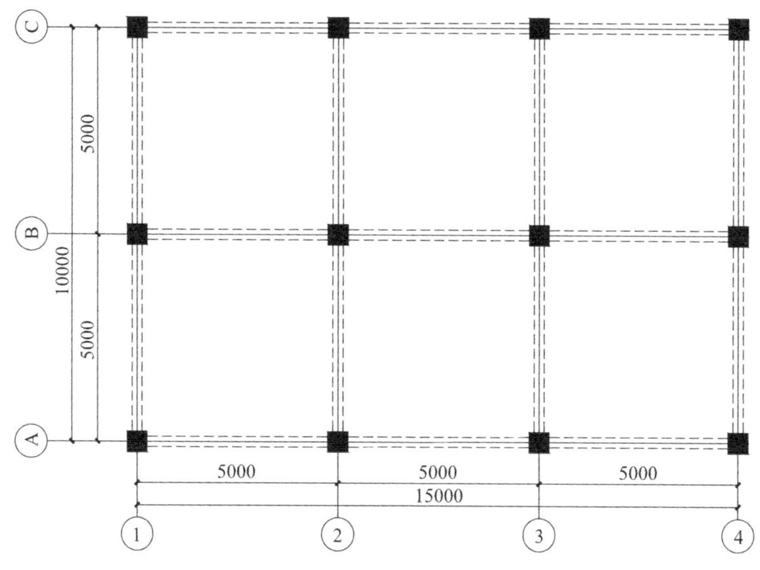

图 8-4 方 RACFST 框架结构平面图

8.6.1 按"暂时使用"性能水准设计

选取②号轴线对应的横向平面框架进行设计分析，其他横向轴线对应的平面框架可按相同的方法进行设计。假设首层最先达到层间位移角限值（$\theta=1/112$），计算框架结构的楼层质量 m_i，计算结果见表 8-8。首层层高为 3.9m，则其对应"暂时使用"性能水准的极限位移为 $u_c=u_1=1/112\times3900=34.82$mm，根据式(8-24) 可得楼层 ϕ_i。取 $\phi_c=\phi_1$，根据式(8-26) 可得楼层位移 u_i，ϕ_i 和 u_i 的计算结果如表 8-8 所示。

由式(8-10) 确定等效单自由度体系的等效位移 u_{eff} 为 198.54mm，将 u_{eff} 代入式(8-7)，得到等效质量 M_{eff} 为 150.77t。然后，根据式 (8-14) 确定结构的等效阻尼比

ζ_{eff} 为 0.109。将 ζ_{eff}、u_{eff}、$a_{max}=0.45$、$T_g=0.35$、$r=0.838$、$\eta_1=0.012$ 和 $\eta_2=0.768$ 代入式(8-19) 求得 T_{eff}。

$$T_{eff}{}^2\left[0.2^{0.838}\times0.768-0.012\times(T_{eff}-1.75)\right]=\frac{4\pi^2}{0.45\times9800}\times198.54$$

则 $T_{eff}=3.11$s，满足 $5T_g<T_{eff}<6$s 的条件。将 M_{eff}、T_{eff} 代入式(8-11) 得到等效单自由度体系的等效刚度 $K_{eff}=0.615$kN/mm，由式(8-12) 得到基底剪力 $V_B=122.06$kN。将基底剪力按照倒三角形式进行分配，得到各质点的水平力，如表 8-8 所示。

"暂时使用"性能水准的设计过程 **表 8-8**

楼层	高度 h_i (m)	质量 m_i (t)	形状 ϕ_i	侧移 u_i (mm)	m_iu_i (t·mm)	$m_iu_i^2$ (t·mm²)	侧向力 F_i (kN)	楼层剪力 V_i (kN)
10	36.3	18.22	0.813	256.4	4797.8	1263387.8	19.56	19.6
9	32.7	18.22	0.774	243.7	4570.6	1146587.2	18.64	38.2
8	29.1	18.22	0.721	227.9	4259.4	995745.3	17.37	55.6
7	25.5	18.22	0.656	207.7	3874.9	824106.6	15.80	71.4
6	21.9	18.22	0.581	183.8	3428.2	645030.0	13.98	85.3
5	18.3	18.22	0.496	157.1	2930.0	471179.2	11.95	97.3
4	14.7	18.22	0.405	128.2	2391.3	313842.2	9.75	107.0
3	11.1	18.22	0.306	96.8	1805.7	178946.3	7.36	114.4
2	7.5	18.22	0.207	65.4	1220.0	81695.7	4.97	119.4
1	3.9	18.85	0.107	34.8	656.4	22854.4	2.68	122.1
Σ		182.83			29934.3	5943374.6	122.06	

利用 ABAQUS 软件对方 RACFST 框架结构进行静力推覆分析，得到基底剪力 顶点位移（P-Δ）曲线，如图 8-5 所示。方 RACFST 框架结构静力推覆结果见表 8-9。可见，当推覆加载至第 8 步时，基底剪力达到 129.30kN，推覆得到的基底剪力达到了"暂时使用"性能水准设计的基底剪力。因此，将设计结果与推覆结果的各楼层目标位移进行对比，如图 8-6 所示。由图 8-6(a) 可见，在同一楼层下，静力推覆的位移均小于初始设计的目标位移，表明该结构能够满足 8 度设防地震作用下的性能目标。

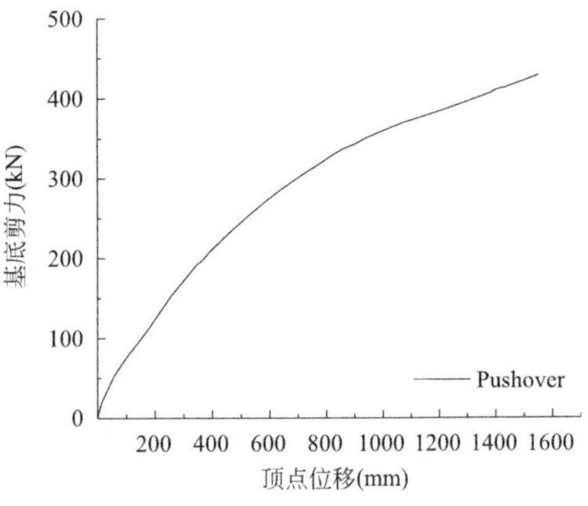

图 8-5 基底剪力-顶点位移曲线

由图8-6 (b)、(c) 可见，1～8 层静力推覆的层间位移（层间位移角）均小于初始设计的目标，能够满足设计要求，但 9～10 层却出现相反的情况。此外，在进行初始结构设计时，假定方 RACFST 框架结构底层首先达到层间位移角限值，而静力推覆的第四层层间位移（层间位移角）达到最大，即静力推覆层间位移（层间位移角）曲线与初始设计目标位移（层间位移角）曲线相差较大。因此，需对设计过程进行修正。

方 RACFST 框架结构静力推覆结果　　　　**表 8-9**

加载步	基底剪力(kN)	位移	10	9	8	7	6
8	129.3	绝对位移(mm)	210.7	194.1	176.6	157.6	136.5
		层间位移(mm)	16.6	17.4	19.0	21.1	23.3
		层间位移角	1/217	1/207	1/189	1/171	1/154
9	152.6	绝对位移(mm)	255.4	235.3	214.1	190.8	165.0
		层间位移(mm)	20.0	21.2	23.3	25.8	28.4
		层间位移角	1/180	1/169	1/154	1/140	1/127
8	129.3	绝对位移(mm)	113.2	87.7	61.1	35.0	12.6
		层间位移(mm)	25.4	26.7	26.1	22.4	12.6
		层间位移角	1/142	1/135	1/138	1/161	1/309
9	152.6	绝对位移(mm)	136.6	105.8	73.6	42.1	15.0
		层间位移(mm)	30.8	32.2	31.5	27.1	15.0
		层间位移角	1/117	1/112	1/114	1/133	1/206

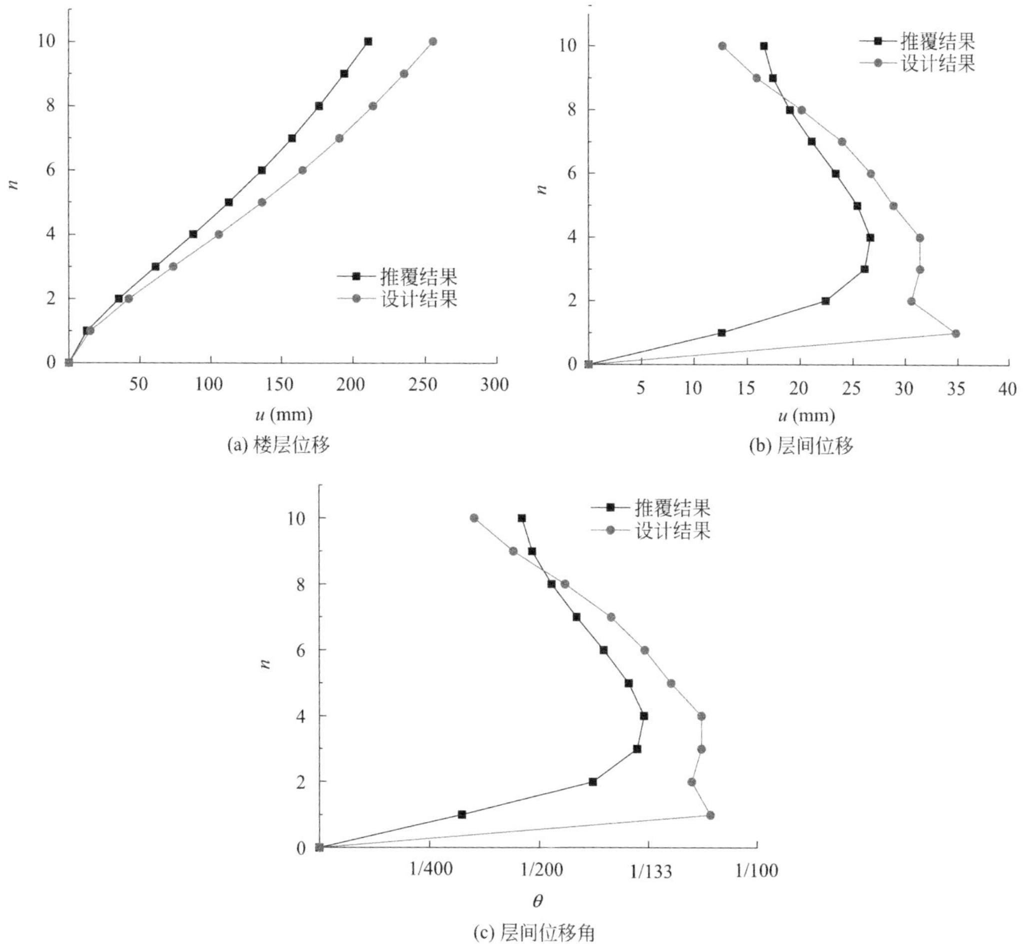

(a) 楼层位移

(b) 层间位移

(c) 层间位移角

图 8-6　设计曲线与推覆曲线对比

由表 8-9 可知，当加载至第 9 步时，方 RACFST 框架结构第四层达到“暂时使用”层间位移角限值（$\theta=1/112$），取该加载步的位移作为修正的目标位移。将该位移值代入式(8-10) 中，得到等效单自由度体系的等效位移 u_{eff} 为 185.93mm；将得到的 u_{eff} 代入式(8-7) 中，得到等效质量 M_{eff} 为 149.8t。然后根据式(8-14) 确定结构的等效阻尼比 ζ_{eff} 为 0.109。最后将 ζ_{eff}、u_{eff}、$a_{max}=0.45$、$T_g=0.35$、$r=0.838$、$\eta_1=0.012$ 和 $\eta_2=0.768$ 代入式 (8-19) 求得 T_{eff}。

$$T_{eff}{}^2\left[0.2^{0.838}\times0.768-0.012\times(T_{eff}-1.75)\right]=\frac{4\pi^2}{0.45\times9800}\times185.93$$

则 $T_{eff}=3.01$s，满足 $5T_g<T_{eff}<6$s 的条件。因此，将 M_{eff}、T_{eff} 代入式(8-11) 中，得到等效单自由度体系的等效刚度 $K_{eff}=0.656$kN/mm，进而按式(8-12) 求得基底剪力为 $V_B=122.05$kN，如表 8-10 所示。由表 8-8 和表 8-10 计算结果对比可知，修正侧移曲线的基底剪力 122.05kN 和设计得到的侧移曲线基底剪力 122.06kN 基本一致。修正后设计曲线与推覆曲线对比如图 8-7 所示，可知，修正后的楼层位移、层间位移（层间位移角）曲线均大于静力推覆曲线。因此，方 RACFST 框架结构的截面尺寸满足要求，修正结束。

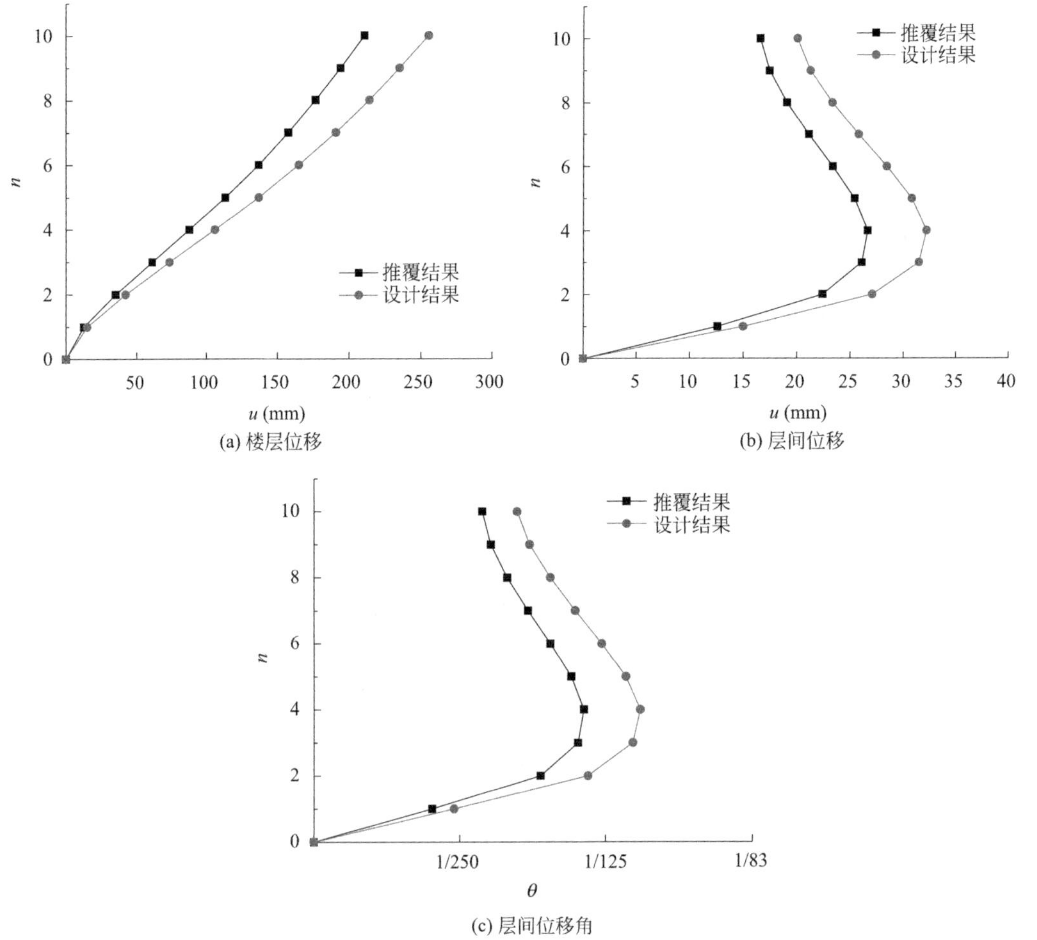

(a) 楼层位移

(b) 层间位移

(c) 层间位移角

图 8-7　修正后设计曲线与推覆曲线对比

“暂时使用”性能水准的修正设计过程　　表 8-10

楼层	高度 h_i (m)	质量 m_i (t)	侧移 u_i	m_iu_i (t·mm)	$m_iu_i^2$ (t·mm²)	侧向力 F_i (kN)	楼层剪力 V_i (kN)
10	36.3	18.22	255.38	4652.98	1188266.92	20.39	20.39
9	32.7	18.22	235.35	4288.07	1009197.40	18.79	39.18
8	29.1	18.22	214.10	3900.97	835212.09	17.09	56.27
7	25.5	18.22	190.79	3476.27	663250.55	15.23	71.51
6	21.9	18.22	165.01	3006.51	496108.59	13.17	84.68
5	18.3	18.22	136.60	2488.79	339958.98	10.91	95.59
4	14.7	18.22	105.79	2488.79	339958.98	10.91	106.49
3	11.1	18.22	73.56	1927.47	203904.25	8.45	114.94
2	7.5	18.22	42.06	1340.28	98591.78	5.87	120.81
1	3.9	18.85	14.99	282.64	4237.85	1.24	122.05
Σ		182.83		27852.75	5178687.41	122.05	

8.6.2 按“正常使用”性能水准校核

由表 8-11 可知，当结构加载至第 4 步时，结构的第三层首先达到“正常使用”的层间位移角限值（$\theta=1/266$），取该步的楼层绝对位移作为目标位移进行计算。将目标位移代入式(8-10)，得到等效单自由度体系的等效位移 u_{eff} 为 78.17mm；将 u_{eff} 代入式(8-7)中得到等效单自由度体系的等效质量 M_{eff} 为 141.48t。然后按照式(8-14) 确定结构的等效阻尼比 ζ_{eff} 为 0.087。最后将 ζ_{eff}、u_{eff}、$a_{max}=0.16$、$T_g=0.35$、$r=0.855$、$\eta_1=0.015$ 和 $\eta_2=0.831$ 代入式(8-19) 求得 T_{eff}。

$$T_{eff}^2\left[0.2^{0.855}\times0.831-0.015\times(T_{eff}-1.75)\right]=\frac{4\pi^2}{0.16\times9800}\times65.55$$

则 $T_{eff}=3.23s$，满足 $5T_g<T_{eff}<6s$。因此，将 M_{eff}、T_{eff} 代入式（8-11）中，求得等效单自由度体系的等效刚度 $K_{eff}=0.534kN/mm$，然后按式（8-12）求得基底剪力 $V_B=41.81kN$，具体结果见表 8-12。

方 RACFST 框架结构静力推覆结果　　表 8-11

加载步	基底剪力(kN)	楼层	10	9	8	7	6
3	42.9	绝对位移(mm)	56.8	52.0	47.2	42.3	37.1
		层间位移(mm)	4.9	4.8	4.9	5.2	5.7
		层间位移角	1/738	1/751	1/737	1/695	1/629
4	107.9	绝对位移(mm)	107.0	98.4	89.6	80.2	70.0
		层间位移(mm)	13.3	13.8	15.0	16.6	18.5
		层间位移角	1/417	1/409	1/385	1/352	1/316
3	42.9	绝对位移(mm)	31.4	24.9	17.7	10.3	3.6
		层间位移(mm)	8.6	8.8	9.4	10.2	11.4
		层间位移角	1/557	1/501	1/481	1/540	1/1088

续表

加载步	基底剪力(kN)	楼层	10	9	8	7	6
4	107.9	绝对位移(mm)	58.6	45.9	32.2	18.4	6.5
		层间位移(mm)	12.7	13.7	13.8	11.9	6.5
		层间位移角	1/284	1/263	1/261	1/302	1/600

按“正常使用”性能水准设计过程 **表 8-12**

楼层	高度 h_i (m)	质量 m_i (t)	侧移 u_i	m_iu_i (t·mm)	$m_iu_i^2$ (t·mm²)	侧向力 F_i (kN)	楼层剪力 V_i (kN)
10	36.3	18.22	107.03	1950.17	208735.32	7.37	7.37
9	32.7	18.22	98.39	1792.75	176397.92	6.78	14.15
8	29.1	18.22	89.58	1632.19	146214.51	6.17	20.32
7	25.5	18.22	80.22	1461.63	117253.11	5.53	25.84
6	21.9	18.22	69.99	1275.28	89260.72	4.82	30.66
5	18.3	18.22	58.60	1067.74	62572.73	4.04	34.70
4	14.7	18.22	45.92	836.64	38417.54	3.16	37.86
3	11.1	18.22	32.21	586.78	18897.66	2.22	40.08
2	7.5	18.22	18.41	335.46	6176.50	1.27	41.35
1	3.9	18.85	6.50	122.48	795.87	0.46	41.81
Σ		182.83		11061.13	864721.88	41.81	

图 8-8 为当结构加载至第 3 步时，V_B=42.90kN 的推覆侧移曲线与按“正常使用”性能水准设计的侧移曲线对比图。可知，推覆结果小于方 RACFST 框架结构设计的侧移曲线。因此，方 RACFST 框架结构满足 8 度多遇地震作用下正常使用性能水准的要求。

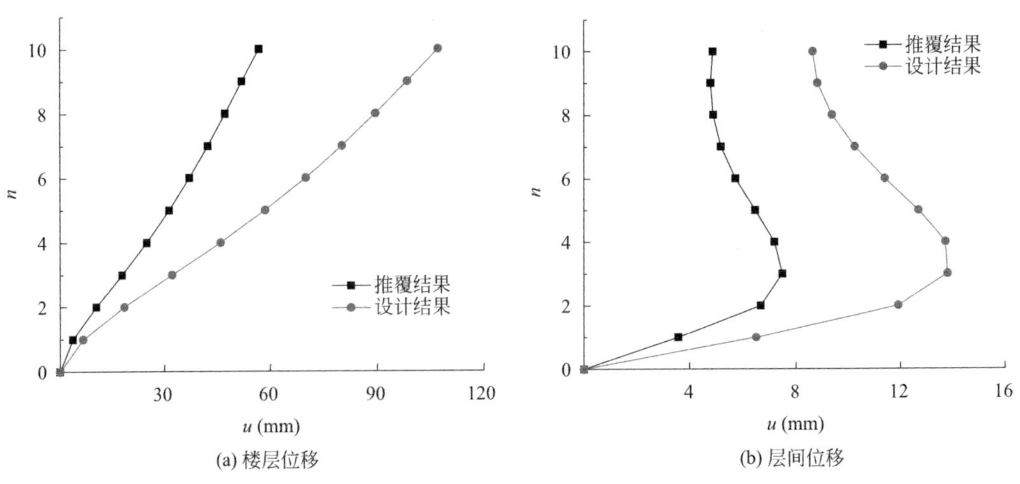

图 8-8 V_B=42.90kN 时推覆侧移曲线与正常使用性能水准下设计侧移曲线对比（一）

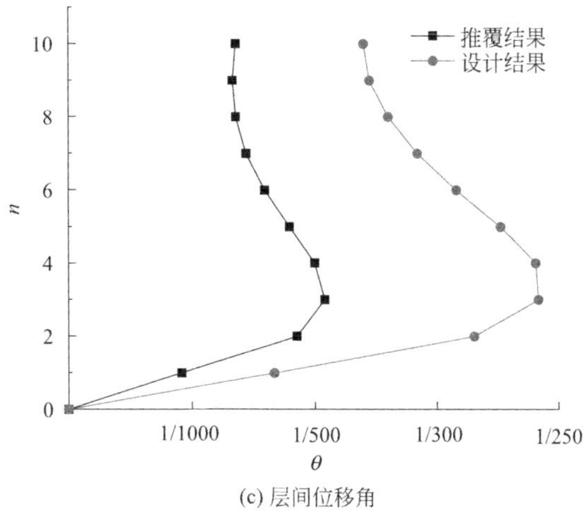

(c) 层间位移角

图 8-8　V_B=42.90kN 时推覆侧移曲线与正常使用性能水准下设计侧移曲线对比（二）

8.6.3 按“防止倒塌”性能水准校核

由表 8-13 可知，当结构加载至第 36 步时，结构的第四层首先达到“防止倒塌”的层间位移角限值（$\theta=1/31$），取该步的楼层绝对位移作为目标位移进行计算。将目标位移代入式(8-10) 中，得到等效单自由度体系的等效位移 u_{eff} 为 640.75mm；将得到的 u_{eff} 代入式(8-7) 中，得到等效质量 M_{eff} 为 139.39t。按式(8-14) 确定结构的等效阻尼比 ζ_{eff} 为 0.156。将 ζ_{eff}、u_{eff}、$a_{max}=0.9$、$T_g=0.35$、$r=0.814$、$\eta_1=0.008$ 和 $\eta_2=0.678$ 代入式(8-19) 求得 T_{eff}。

$$T_{eff}^2\left[0.2^{0.814}\times0.678-0.008\times(T_{eff}-1.75)\right]=\frac{4\pi^2}{0.9\times9800}\times640.75$$

则 $T_{eff}=4.19s$，满足 $5T_g<T_{eff}<6s$。因此，将 M_{eff}、T_{eff} 代入式(8-11) 得等效单自由度体系的等效刚度 $K_{eff}=0.313kN/mm$，按式(8-11) 求得基底剪力 $V_B=200.55kN$，具体结果见表 8-14。

方 RACFST 框架结构静力推覆结果　　表 8-13

加载步	基底剪力(kN)	楼层	10	9	8	7	6
18	206.20	绝对位移(mm)	386.0	356.9	325.4	290.2	250.7
		层间位移(mm)	27.4	29.5	33.0	36.8	40.7
		层间位移角	1/132	1/122	1/109	1/98	1/89
36	336.24	绝对位移(mm)	864.5	805.3	739.2	662.1	572.4
		层间位移(mm)	59.2	66.2	77.1	89.6	101.7
		层间位移角	1/61	1/54	1/47	1/40	1/35
18	206.20	绝对位移(mm)	207.0	159.7	110.3	62.2	21.3
		层间位移(mm)	44.1	46.0	44.8	38.2	20.1
		层间位移角	1/82	1/78	1/80	1/94	1/183

续表

加载步	基底剪力(kN)	楼层	10	9	8	7	6
36	336.24	绝对位移(mm)	470.7	359.8	245.1	134.7	44.5
		层间位移(mm)	110.9	114.7	110.4	90.1	44.5
		层间位移角	1/32	1/31	1/33	1/40	1/88

按“防止倒塌”性能水准设计过程　　表 8-14

楼层	高度 h_i (m)	质量 m_i (t)	侧移 u_i	m_iu_i (t·mm)	$m_iu_i^2$ (t·mm^2)	侧向力 F_i (kN)	楼层剪力 V_i (kN)
10	36.3	144.19	864.51	15751.40	13617271.00	35.38	35.38
9	32.7	157.69	805.33	14673.04	11816585.43	32.96	68.35
8	29.1	157.69	739.17	13467.76	9955021.01	30.25	98.60
7	25.5	157.69	662.06	12062.82	7986366.47	27.10	125.70
6	21.9	157.69	572.44	10429.79	5970387.07	23.43	149.13
5	18.3	157.69	470.71	8576.39	4037022.55	19.27	168.39
4	14.7	157.69	359.82	6555.89	2358929.77	14.73	183.12
3	11.1	157.69	245.10	4465.70	1094538.43	10.03	193.15
2	7.5	157.69	134.67	2453.64	330424.97	5.51	198.67
1	3.9	159.94	44.54	839.58	37395.29	1.89	200.55
Σ		1565.65		89276.02	57203941.99	200.55	

图 8-9 所示为当结构加载至第 18 步时，V_B＝206.20kN 的推覆侧移曲线与按“防止倒塌”性能水准设计的侧移曲线对比。可知，实际方 RACFST 框架结构变形小于设计变形。因此，方 RACFST 框架结构能满足 8 度罕遇地震作用下“防止倒塌”性能水准的要求。

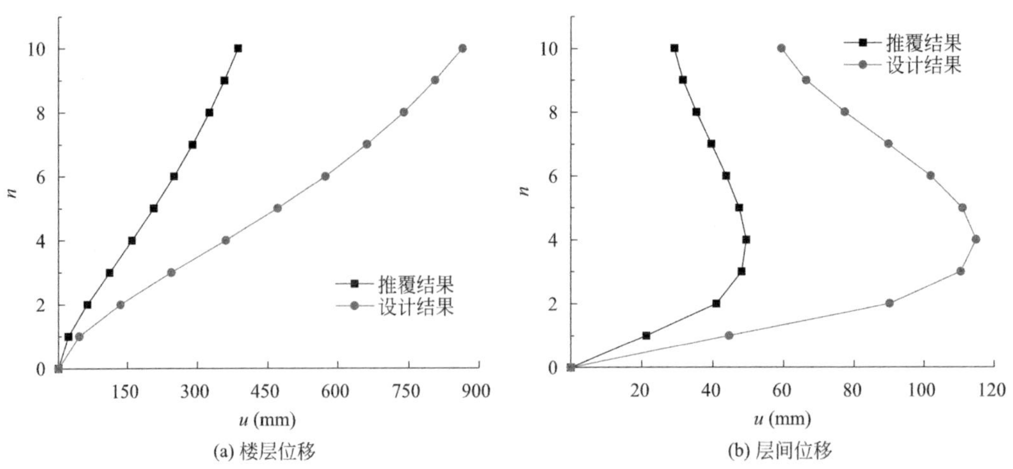

图 8-9　V_B＝206.20kN 时推覆侧移曲线与防止倒塌性能水准下设计侧移曲线对比（一）

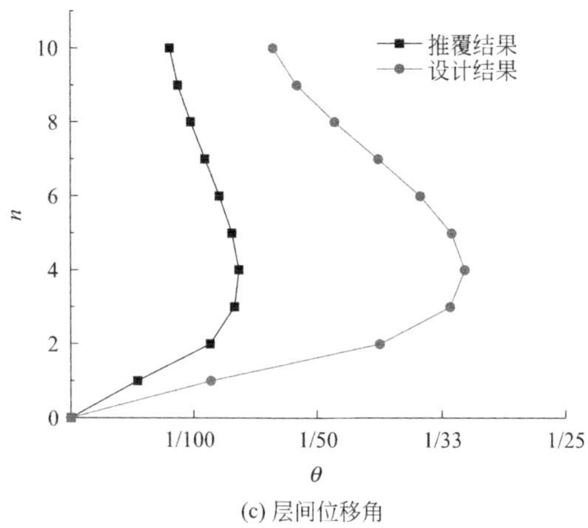

(c) 层间位移角

图 8-9　V_B=206.20kN 时推覆侧移曲线与防止倒塌性能水准下设计侧移曲线对比（二）

8.7　小　　结

本章基于位移反应谱，采用等效单自由度体系，以层间位移角限值作为性能水准的量化指标，给出了方 RACFST 框架结构基于位移的抗震设计具体步骤，采用静力弹塑性分析方法，获取了 10 层方 RACFST 框架结构在“暂时使用”“正常使用”“防止倒塌”等性能水准下的推覆侧移曲线，并与基于位移的抗震设计曲线对比，结果表明：基于位移的抗震设计方法是实现结构性能化设计的有效途径之一。

参考文献

[1] 蔡绍怀．现代钢管混凝土结构(修订版)[M]. 北京：人民交通出版社，2007.

[2] 查晓雄．空心和实心钢管混凝土结构[M]. 北京：科学出版社，2011.

[3] 陈娟，曾磊．钢管再生混凝土短柱轴压力学性能试验[J]. 兰州理工大学学报，2013，39(3)：112- 116.

[4] 陈林之，蒋欢军，吕西林．修正的钢筋混凝土结构 Park-Ang 损伤模型[J]. 同济大学学报(自然科学版)，2010，38(8)：1103-1107.

[5] 陈梦成，刘京剑，黄宏．方钢管再生混凝土轴压短柱研究[J]. 广西大学学报(自然科学版)，2014，39(4)：693-700.

[6] 陈宗平，柯晓军，薛建阳．钢管约束再生混凝土的受力机理及强度计算[J]. 土木工程学报，2013，46(2)：70-77.

[7] 陈宗平，徐金俊，薛建阳，等．钢管再生混凝土黏结滑移推出试验及黏结强度计算[J]. 土木工程学报，2013，46(3)：49-58.

[8] 陈宗平，余兴国，柯晓军，等．再生混凝土抗折强度试验研究[J]. 混凝土，2010(6)：58-60，120.

[9] 陈宗平，张士前，王妮．钢管再生混凝土轴压短柱受力性能的试验与理论分析[J]. 工程力学，2013，30(4)：107-114.

[10] 程斌，薛伟辰．基于性能的框架结构抗震设计研究[J]. 地震工程与工程振动，2003，23(4)：50-55.

[11] 刁波，李淑春，叶英华．反复荷载作用下混凝土异形柱结构累积损伤分析及试验研究[J]. 建筑结构学报，2008，29(1)：57-63.

[12] 丁健．钢筋混凝土框架直接基于损伤性能的能力设计理论及方法的研究[D]. 西安：西安建筑科技大学，2004.

[13] 丁发兴，余志武．钢管混短柱力学性能研究—理论分析[J]. 工程力学，2005，22(1)：175-181.

[14] 丁发兴，余志武．钢管混凝土短柱力学性能研究—实用计算方法[J]. 工程力学，2005，22(3)：134-138.

[15] 杜修力．结构弹塑性地震反应现状评述[J]. 工程力学，1994，11(2)：99-104.

[16] 付国，刘伯权，邢国华．基于有效耗能的改进 Park-Ang 双参数损伤模型及其计算研究[J]. 工程力学，2013，30(7)：84 -90.

[17] 傅剑平，王敏，白绍良．对用于钢筋混凝土结构的 Park-Ang 双参数破坏准则的识别和修正[J]. 地震工程与工程振动，2005，25(5)：73-79.

[18] 高晓旺，沈聚敏．"大震"作用下钢筋混凝土框架房屋变形能力的抗震可靠度分析[J]. 土木工程学报，1993，26(3)：3-12.

[19] 龚胡广，沈蒲生．一种基于位移的改进静力弹塑性分析方法[J]. 地震工程与工程振动，2005，25(3)：18-23.

[20] 郭蓉，王铁成，赵少伟．方钢管混凝土柱的地震损伤模型[J]. 河北农业大学学报，2007，30(3)：109-112.

[21] 郭远臣，王雪．建筑垃圾资源化与再生混凝土[M]. 南京：东南大学出版社，2015.

[22] 郭子雄，杨勇．恢复力模型研究现状及存在问题[J]. 世界地震工程，2004，20(4)：47-51.

[23] 过镇海．钢筋混凝土原理和分析[M]．北京：清华大学出版社，2003.
[24] 韩林海．钢管混凝土结构—理论与实践(第3版)[M]．北京：科学出版社，2016.
[25] 何利，叶献国．Kratzig 及 Park-Ang 损伤指数模型比较研究[J]．土木工程学报，2010，43(12)：1-6.
[26] 黄宏，陈梦成，万城勇．带肋方钢管混凝土柱偏心受压力学性能研究[J]．土木工程学报，2011，44(10)：26-34.
[27] 黄一杰，肖建庄．钢管再生混凝土柱抗震性能与损伤评价[J]．同济大学学报(自然科学版)，2013，41(3)：330-335，354.
[28] 康希良．钢管混凝土组合力学性能及粘结滑移性能研究[D]．西安：西安建筑科技大学，2007.
[29] 李佰寿，张平，金爱花，等．薄壁方形钢管再生块体混合短柱轴压试验研究[J]．土木工程学报，2012，45(10)：125-134.
[30] 李宏男，王强，李兵．钢筋混凝土框架柱多维恢复力特性的试验研究[J]．东南大学学报(自然科学版)，2002，32(5)：728-732.
[31] 李黎明，李宁，陈志华．方钢管混凝土柱的抗震性能试验研究[J]．吉林大学学报(工学版)，2008，38(4)：817-822.
[32] 李平先，宋新伟，夏成．钢筋再生混凝土简支梁的使用性能研究[J]．建筑结构学报，2008(S1)：27-31.
[33] 李秋义，全洪珠，秦原．混凝土再生骨料[M]．北京：中国建筑工业出版社，2011.
[34] 李卫秋，查晓雄，余敏．空心普通和再生钢管混凝土柱抗震性能研究Ⅰ：试验与有限元研究[J]．建筑钢结构进展，2014，14(3)：27-35.
[35] 李卫秋．空心普通和再生钢管混凝土柱抗震性能的试验与理论研究[D]．深圳：哈尔滨工业大学深圳研究生院，2011.
[36] 李占印．再生骨料混凝土性能的试验研究[D]．西安：西安建筑科技大学，2003.
[37] 李兆霞．损伤力学及其应用[M]．北京：科学出版社，2010.
[38] 梁启智，梁平．框架柱的侧移刚度[J]．华南理工大学学报(自然科学版)，1995，23(1)：91-99.
[39] 梁兴文，黄雅捷，杨其伟．钢筋混凝土框架结构基于位移的抗震设计方法研究[J]．土木工程学报，2005，38(9)：53-60.
[40] 刘锋，余银银，李丽娟．钢管再生骨料混凝土柱抗震性能研究[J]．土木工程学报，2013，46(S2)：178-184.
[41] 刘威．钢管混凝土局部受压时的工作机理研究[D]．福州：福州大学，2005.
[42] 刘义．型钢混凝土异形柱框架节点抗震性能及设计方法研究[D]．西安：西安建筑科技大学，2009.
[43] 刘晶波，刘阳冰，闫秋实，等．基于性能的方钢管混凝土框架结构地震易损性分析[J]．土木工程学报，2010，43(2)：39-47.
[44] 刘晶波，郭冰，刘阳冰．组合梁-方钢管混凝土柱框架结构抗震性能的 pushover 分析[J]．地震工程与工程振动，2008，28(5)：87-93.
[45] 刘数华．高性能再生骨料混凝土试验研究[J]．沈阳建筑大学学报(自然科学版)，2009，25(2)：262-266.
[46] 刘祖强．型钢混凝土异形柱框架抗震性能及设计方法研究[D]．西安：西安建筑科技大学，2013.
[47] 卢方伟，李四平，孙国钧．方钢管混凝土轴压短柱的非线性有限元分析[J]．工程力学，2007，24(3)：110-114.
[48] 鲁军凯．酸雨和冻融环境对再生及钢管再生混凝土性能影响的研究[D]．哈尔滨：哈尔滨工业大学，2011.
[49] 马骥．圆钢管再生混凝土柱静力性能研究[D]．黑龙江：哈尔滨工业大学，2013.
[50] 马静，王振波．圆钢管再生混凝土轴压短柱承载力试验研究[J]．贵州大学学报(自然科学版)，

2012，29(3)：104-107.

[51] 马宏旺，吕西林．建筑结构基于性能抗震设计的几个问题[J]. 同济大学学报(自然科学版)，2002，30(12)：1429-1434.

[52] 门进杰，史庆轩，周琦．框架结构基于性能的抗震设防目标和性能指标的量化[J]. 土木工程学报，2008，41(9)：76-82.

[53] 聂建国，秦凯，肖岩．方钢管混凝土框架结构的 pushover 分析[J]. 工业建筑，2005，35(3)：68-70.

[54] 聂建国，王宇航．基于 Abaqus 的钢-混凝土组合结构纤维梁模型的开发及应用[J]. 工程力学，2012，29(1)：70-80.

[55] 牛获涛，任利杰．改进的钢筋混凝土结构双参数地震破坏模型[J]. 地震工程与工程振动，1996，16(4)：44-54.

[56] 欧进萍，何政，吴斌．钢筋混凝土结构的地震损伤控制设计[J]. 建筑结构学报，2000，21(1)：63-70，76.

[57] 钱稼茹，徐福江．钢筋混凝土剪力墙基于位移的变形能力设计方法[J]. 清华大学学报(自然科学版)，2007，47(3)：1-4.

[58] 邱昌龙．再生混凝土研究及钢管再生混凝土短柱力学性能分析[D]. 成都：西南交通大学，2009.

[59] 邱慈长，王清远，石宵爽，等．薄壁钢管再生混凝土轴压实验研究[J]. 实验力学，2011，26(1)：8-15.

[60] 邱法维，杨卫东，欧进萍．钢管混凝土柱滞回耗能和累积损伤的实验研究[J]. 哈尔滨建筑大学学报，1996，29(3)：41-45.

[61] 沈祖炎，董宝，曹文衔．结构损伤累积分析的研究现状和存在的问题[J]. 同济大学学报(自然科学版)，1997，25(2)：135-140.

[62] 史庆轩，王秋维，雷健．型钢混凝土框架结构基于位移的抗震设计方法研究[J]. 建筑结构，2009，39(7)：66-70.

[63] 孙跃东．再生混凝土框架抗震性能试验研究[D]. 上海：同济大学，2006.

[64] 王文达，夏秀丽，史艳莉．钢管混凝土框架基于性能的抗震设计探讨[J]. 工程抗震与加固改造，2010，32(2)：96-101.

[65] 王永新，李云霞，李秋义．再生混凝土的用水量和强度试验研究[J]. 新型建筑材料，2006(12)：13-15.

[66] 王玉银，陈杰，纵斌，等．钢管再生混凝土与钢筋再生混凝土轴压短柱力学性能对比试验研究[J]. 建筑结构学报，2011，32(12)：170-177.

[67] 王振宇，刘晶波．建筑结构地震损伤评估的研究进展[J]. 世界地震工程，2001，17(3)：43-48.

[68] 魏琏，李德虎．钢筋混凝土框架层屈服抗剪强度的计算方法[J]. 建筑结构，1987，17(6)：1-6.

[69] 吴波，张金锁，赵新宇．薄壁方钢管再生混合短柱轴压性能试验研究[J]. 建筑结构学报，2012，33(9)：30-37.

[70] 吴波，赵新宇，杨勇．采用大尺度废弃混凝土的再生混合构件研究进展[J]. 华南理工大学学报(自然科学版)，2012，40(10)：174-183.

[71] 吴波，赵新宇，张金锁．薄壁圆钢管再生混合柱的抗震性能试验研究[J]. 土木工程学报，2012，45(11)：1-11.

[72] 吴波，赵新宇，张金锁．薄壁圆钢管再生混合中长柱的轴压与偏压试验研究[J]. 土木工程学报，2012，45(5)：65-77.

[73] 吴凤英，杨有福. 钢管再生混凝土轴压短柱力学性能初探[J]. 福州大学学报(自然科学版)，2005，33(10)：305-308，315.

[74] 肖建庄，雷斌，袁飚．不同来源再生混凝土抗压强度分布特征研究[J]．建筑结构学报，2008，29(5)：94-100.

[75] 肖建庄，杨洁，黄一杰，等．钢管约束再生混凝土轴压试验研究[J]．建筑结构学报，2011，32(6)：92-98.

[76] 肖建庄．再生混凝土[M]．北京：中国建筑工业出版社，2008.

[77] 谢里阳．疲劳损伤问题中有效应力的一种定义[J]．应用力学学报，1992，9(1)：32-36.

[78] 邢燕，牛荻涛．基于结构性能的抗震设计与抗震评估方法综述[J]．西安建筑科技大学学报(自然科学版)，2005，37(1)：24-34.

[79] 徐培福，戴国莹．超限高层建筑结构基于性能抗震设计的研究[J]．土木工程学报，2005，38(1)：1-10.

[80] 徐亦冬，周士琼．再生混凝土骨料试验研究[J]．建筑材料学报，2004，7(4)：447-450.

[81] 薛强，郝际平，王迎春．基于性能的钢管混凝土空间筒体结构抗震设计[J]．世界地震工程，2011，27(4)：116-122.

[82] 杨有福．钢管再生混凝土构件力学性能和设计方法若干问题的探讨[J]．工业建筑，2006，36(11)：1-5，10.

[83] 殷小溦，吕西林，蒋欢军．高含钢率型钢混凝土压弯构件受力性能影响因素分析[J]．建筑结构学报，2013，34(5)：105-113.

[84] 尹海鹏，曹万林，张亚齐，等．不同再生骨料取代率再生混凝土柱抗震试验研究[J]．世界地震工程，2010，26 (1)：57-63.

[85] 余志武，丁发兴．钢管混凝土偏压柱的力学性能[J]．中国公路学报，2008，21(1)：40-46.

[86] 张金锁．薄壁方钢管再生混合柱的轴压合抗震性能试验研究[D]．广州：华南理工大学，2011.

[87] 张 明，孟焕陵，沈蒲生．考虑轴压比影响时框架侧移计算的试验及理论研究[J]．建筑结构学报，2007，28(6)：190-197.

[88] 张锐，王成刚，张传兵，等．方钢管再生混凝土柱抗震性能试验研究[J]．合肥工业大学学报(自然科学版)，2015，28(3)：369-372.

[89] 张国伟．钢管混凝土柱在地震作用下的累积损伤性能研究[D]．长沙：湖南大学，2009.

[90] 张卫东，王振波，丁海军．小径厚比钢管再生混凝土短柱轴压性能研究[J]．建筑结构，2012，42(12)：86-89.

[91] 张向冈，陈宗平，薛建阳，等．钢管再生混凝土长柱偏压性能研究[J]．工程力学，2013，30(3)：331-340.

[92] 张向冈，陈宗平，薛建阳，等．钢管再生混凝土轴压长柱试验研究及力学性能分析[J]．建筑结构学报，2012，33(9)：12-20.

[93] 张向冈，陈宗平，薛建阳，等．钢管再生混凝土柱抗震性能试验研究[J]．土木工程学报，2014，47(9)：45 -56.

[94] 张新培．钢筋混凝土抗震结构非线性分析[M]．北京：科学出版社，2003.

[95] 张亚梅，秦鸿根，孙伟，等．再生混凝土配合比设计初探[J]．混凝土与水泥制品，2002，12(1)：7-9.

[96] 赵军，刘秋霞，林立清，等．大城市建筑垃圾产生特征演变及比较[J]．中南大学学报(自然科学版)，2013，44(3)：1297 -1304.

[97] 支正东，张大长，徐恩祥．钢管再生混凝土短柱轴压性能试验研究[J]．工业建筑，2012，42(12)：91-95.

[98] 钟善桐．钢管混凝土统一理论：研究与应用[M]．北京：清华大学出版社，2006.

[99] 周云，尹庆利，林绍明，等．带防屈曲耗能腋撑钢筋混凝土框架结构抗震性能研究[J]．土木工程

学报，2012，45(11)：29-38.

[100] 朱伯龙．结构抗震试验[M]. 北京：地震出版社，1989.

[101] Abbas A，Fathifazl G，Isgor O B，et al. Durability of recycled aggregate concrete designed with equivalent mortar volume method [J]. Cement and Concrete Composites，2009，31(8)：555-563.

[102] Achtemichuk S，Hubbard J，Sluce R，et al. The utilization of recycled concrete aggregate to produce controlled low-strength materials without using Portland cement [J]. Cement and Concrete Composites，2009，31(8)：564-569.

[103] AIJ，Recommendations for design and construction of concrete filled steel tubular structures[S]. 1997.

[104] AISC-LRFD，Load and resistance factor design specification for structural steel buildings (2nd ed.) [S]. 1999.

[105] Bairagi N K，Ravadne K. Behavior of concrete with different proportions of natural and recycled aggregate [J]. Resource，Conservation and Recycling，2008，24(4)：109-126.

[106] BS5400，Steel，concrete and composite bridges，Part5：Code of practice for design of composite bridges[S]. 2005.

[107] 矩形钢管混凝土结构技术规程：CECS 159：2004[S]. 北京：中国计划出版社，2004.

[108] 建筑工程抗震性态设计通则：CECS 160：2004[S]. 北京：中国计划出版社，2004.

[109] 实心与空心钢管混凝土结构技术规程：CECS 254：2012[S]. 北京：中国计划出版社，2012.

[110] 钢管混凝土结构设计与施工规程：CECS 28：2012[S]. 北京：中国计划出版社，2012 .

[111] Cipollina A. A simplied damage mechanics approach to nonlinear analysis of frame[J]. Composite & Structure，1995，54(6)：1113-1126.

[112] 钢管混凝土结构技术规程：DBJ 13-51-2010 [S]. 北京：中国建筑工业出版社，2003.

[113] de Juan M S，Gutierrez P A. Study on the influence of attached mortar content on the properties of recycled concrete aggregate[J]. Construction and Building Materials，2009，23(2)：872-877.

[114] 钢-混凝土组合结构设计规程：DL/T 5085-1999 [S]. 北京：中国电力出版社，1999.

[115] Design of Composite Steel and Concrete Structures：Part 1：General Rules and Rules for Building：EC4-2004[S]. 2004.

[116] Eguchi K，Teranishi K，Nakagome A. et al. Application of recycled coarse aggregate by mixture to concrete construction[J]. Construction and Building Materials，2007，21(7)：1542-1551.

[117] Etxeberria，M，Vazquez E，Mari A，et al. Influence of amount of recycled coarse aggregates and production process on properties of recycled aggregate concrete[J]. Cement and Concrete Research，2007，37(5)：735-742.

[118] Evangelista L，de Brito J. Durability performance of concrete made with fine recycled concrete aggregates [J]. Cement and Concrete Composites，2009，84(4)：141-146.

[119] Evangelista L，de Brito J. Mechanical behavior of concrete made with fine recycled concrete aggregates[J]. Cement and Concrete Composites，2007，29(5)：397-401.

[120] Fajfar P. Equivalent ductility factors taking into account low-cycle fatigue[J]. Earthquake Engineering and Structural Dynamics，1992，21：837-848.

[121] 建设用卵石、碎石：GB/T 14685—2011[S]. 北京：中国标准出版社，2011.

[122] 金属材料 拉伸试验 第 1 部分：室温试验方法：GB/T 228. 1—2021[S]. 北京：中国标准出版社，2022.

[123] 混凝土结构设计规范：GB 50010—2010[S]. 北京：中国建筑工业出版社，2010.

[124] 混凝土物理力学性能试验方法标准：GB/T 50081—2019[S]. 北京：中国建筑工业出版社，2019.

[125] 建筑抗震设计规范：GB 5011—2010[S]. 北京：中国建筑工业出版社，2010.

[126] 混凝土结构试验方法标准：GB/T 50152—2012[S]. 北京：中国建筑工业出版社，1992.

[127] 战时军港抢修早强型组合结构技术规程：GJB 4142—2000，[S]. 北京：中国人民解放军总后勤部，2000.

[128] Gonzalez-Fonteboa B, Martinez-Abella F. Shear strength of recycled concrete beams[J]. Construction and Building Materials, 2007, 21(4): 887-893.

[129] Hajjar J F, Gourley B C. Representation of concrete-filled steel the cross-section strength[J]. ASCE Journal, 1996, 122: 1327-1336.

[130] Huang B S, Shu X, Li G Q. Laboratory investigation of portland cement concrete containing recycled asphalt pavements[J]. Cement and Concrete Research, 2005, 35(10): 2008-2013.

[131] Jennings P C . Periodic response of a general yielding structure[J]. Proc of Asce, 1964, 2(2): 131-166.

[132] 建筑抗震试验规程：JGJ/T 101—2015[S]. 北京：中国建筑工业出版社，2015.

[133] 高层建筑混凝土结构技术规程：JGJ 3—2010，[S]. 北京：中国建筑工业版社，2010.

[134] Katz A. Properties of concrete made with recycled aggregate from partially hydrated old concrete [J]. Cement and Concrete Research, 2003, 33(5): 703-711.

[135] Konno K, Sato Y, Kakuta Y, et al. Property of recycled concrete column encased by steel tube subjected to axial compression[J]. Transactions of the Japan Concrete Institute, 1997, 19(2): 231-238.

[136] Konno K, Sato Y, Uedo T. Mechanical property of recycled concrete under lateral confinement [J]. Transactions of the Japan Concrete Institute, 1998, 20(3): 287-292.

[137] Krawinkler H, Zohrei M. Cumulative damage in steel structures subjected to earthquake ground motions [J], Computer & Structures, 1983, 16: 531-541.

[138] Li X P. Recycling and reuse of waste concrete in China: Part I. Material behavior of recycled aggregate concrete[J]. Resources, Conservation and Recycling, 2008, 53(1-2): 36-44.

[139] Miner M A. Cumulative damage in fatigue[J]. Journal of Applied Mechanics, 1945, 12(3): 159-164.

[140] Miranda E, Ruiz-Garcia J. Evaluation of approximate methods to estimate maximum inelastic displacement demands[J]. Earthquake Engineering and Structural Dynamics, 2002, 31: 539-560.

[141] Mohanraj E K, Kandasamy S, Malathy R. Behaviour of steel tubular stub and slender columns filled with concrete using recycled aggregates[J]. Journal of the South African Institution of Civil Engineering, 2011, 53(2): 31-38.

[142] Nishiyama I, Fujimoto T, Fukumoto T, et al. Inelastic force-deformation response of joint shear panels in beam - column moment connections to concrete-filled tubes[J]. Journal of Structural Engineering, 2004, 130(2): 244-252.

[143] Oikonomou N D. Recycled concrete aggregates[J]. Cement and Concrete Composites, 2005, 27 (2): 315-318.

[144] Padmini A K, Ramamurthy K, Mathews MS. Influence of parent concrete on the properties of recycled aggregate concrete [J]. Construction and Building Materials, 2009, 23(2): 829-836.

[145] Park Y J, Ang A H S. Mechanistic seismic damage model for reinforced concrete[J]. Journal of Structural Engineering, 1985, 111(4): 722-739.

[146] Poon C S, Shui Z H, Lam L, et al. Influence of moisture states of natural and recycled aggregates on the slump and compressive strength of concrete [J]. Cement and Concrete Research, 2004, 34

(1): 31-36.

[147] Rahal K. Mechanical properties of concrete with recycled coarse aggregate[J]. Building and Environment, 2007, 42(1): 407-415.

[148] Roufaiel M, Meyer C. Analytical modeling of hysteretic behavior of RC frames[J] Journal of Structure Engineering, 1987, 113(3): 429-444.

[149] Sagoe-Crentsil K K, Brown T, Taylor A H. Performance of concrete made with commercially produced coarse recycled concrete aggregate[J]. Cement and Concrete Research, 2001, 31(5): 707-712.

[150] Sakino K, Nakahara H, Morino S, et al. Behavior of centrally loaded concrete - filled steel-tube short columns[J]. Journal of Structural Engineering, 2004, 130: 180-188.

[151] Souche J C, Devillers P, Salgues M, et al. Influence of recycled coarse aggregates on permeability of fresh concrete[J]. Cement & Concrete Composites, 2017, 83: 394-404.

[152] Tabsh S W, Abdelfatah A S. Influence of recycled concrete aggregates on strength properties of concrete [J]. Construction and Building Materials, 2009, 23(2): 1163-1167.

[153] Tam V W Y, Gao X F, Tam C M. Microstructural analysis of recycled aggregate concrete produced from two-stage mixing approach[J]. Cement and Concrete Research, 2005, 35(6): 1195-1203.

[154] Tian G D, Zhang H H, Feng Y X, et al. Green decoration materials selection under interior environment characteristics: a grey-correlation based hybrid MCDM method[J]. Renewable & Sustainable Energy Reviews, 2018, 81: 682-692.

[155] Wang Y Y, Chen J, Geng Y. Testing and analysis of axially loaded normal-strength recycled aggregate concrete filled steel tubular stub columns [J]. Engineering Structures, 2015, 86: 192-212.

[156] Xiao J Z, Huang Y J, Sun Z H. Seismic Behavior of recycled aggregate concrete filled steel and glass fiber reinforced plastic tube columns[J]. Advances in Structural Engineering, 2014, 17(5): 693-707.

[157] Xiao J Z, Sun Y D, Falkner H. Seismic performance of frame structures with recycled aggregate concrete[J]. Engineering Structures, 2006, 28(1): 1-8.

[158] Yang Y F, Han L H, Zhu L T. Experimental performance of recycled aggregate concrete-filled circular steel tubular columns subjected to cyclic flexural loadings[J]. Advance in Structural Engineering, 2009, 12(2): 183-194.

[159] Yang Y F, HAN L H. Compressive and flexural behaviour of recycled aggregate concrete filled steel tubes(RACFST) under short-term loadings[J]. Steel and Composite Structures, 2006, 6(3): 257-284.

[160] Yang Y F, Han L H. Experimental behavior of recycled aggregate concrete filled steel tubular columns[J]. Journal of Constructional Steel Research, 2006, 62(12): 1310-1324.

[161] Yang Y F, Zhu L T. Recycled aggregate concrete filled steel SHS beam-columns subjected to cyclic loading[J]. Steel and Composite Structures, 2009, 9(1): 19-38.

[162] Zaharieva R, Buyle-Bodin F, Skoczylas F, et al. Assessment of the surface permeation properties of recycled aggregate concrete[J]. Cement and Concrete Composites, 2003, 25(2): 223-232.

[163] Zega C J, Di Maio A A. Recycled concrete made with different natural coarse aggregates exposed to high temperature [J]. Construction and Building Materials, 2009, 23(5): 2047-2052.

[164] Zhang X G, Gao X. The hysteretic behavior of recycled aggregate concrete-filled square steel tube columns [J]. Engineering Structures, 2019, 198: 109523.